设施农业人工环境

丁力行　邓玉艳　编著

中国建筑工业出版社

图书在版编目（CIP）数据

设施农业人工环境/丁力行，邓玉艳编著. —北京：
中国建筑工业出版社，2017.5
ISBN 978-7-112-20483-0

Ⅰ.①设…　Ⅱ.①丁…②邓…　Ⅲ.①设施农业-
环境工程-研究　Ⅳ.①S62

中国版本图书馆 CIP 数据核字（2017）第 039002 号

责任编辑：张文胜　姚荣华
责任设计：李志立
责任校对：李美娜　张　颖

设施农业人工环境

丁力行　邓玉艳　编著

*

中国建筑工业出版社出版、发行（北京海淀三里河路9号）

各地新华书店、建筑书店经销

霸州市顺浩图文科技发展有限公司制版

北京君升印刷有限公司印刷

*

开本：787×1092毫米　1/16　印张：13¾　字数：332千字
2017年7月第一版　2017年7月第一次印刷
定价：**39.00** 元
ISBN 978-7-112-20483-0
（29959）

前　　言

设施农业作为当前实现由传统农业向现代化集约型农业转变的有效方式，是走向现代工厂化农业和环境安全型农业生产的必由之路，同时已在世界范围成为高投入、高产出，资金、技术、劳动力密集型的高新技术产业。而农业人工环境工程是覆盖设施农业的主要技术手段和重要科技内涵，是集生物工程、农业工程、环境工程为一体的多部门、多学科的系统工程。设施农业及其人工环境相关产业与技术的迅速发展导致相关领域各类从业人员急剧增加，专业人才培养与继续教育任务加重，各类专业教材与参考书籍的需求显著增长。

本书共分7章，从设施农业对人工环境的整体需求出发，在集中分析以热湿性能为代表的各类人工环境空气参数的基础上，系统讨论了农业设施的调湿与降温、通风、供暖和输配系统设计与运行调节。本书可作为设施农业人工环境相关技术领域与学科专业研究生与本科生教材，并可作为设施农业人工环境设计、制造、安装与检测等各类从业人员的参考书。

本书第1、2、3、7章由丁力行执笔，第4、5、6章由邓玉艳执笔，丁力行负责全书统稿。由于编者水平所限，本书在内容选择、体系安排和文字叙述上存在的缺点和错误，敬请读者不吝指正。

编者
2016 年 12 月

目　　录

第1章 概 述

1.1 设施农业

设施农业亦称环境控制农业或工厂化农业,是利用工程技术手段和工业化生产方式改善或创造局部环境,为动植物生产提供相对可控的最适宜的温度、湿度、光照等生长环境条件,充分利用土壤、气候和生物潜能,在一定程度上摆脱对自然环境的依赖而进行的有效生产的农业。设施农业是依靠科技进步而形成的高新技术产业,是实现由传统农业向现代化集约型农业转变,在有限的土地上使用较少的劳力,充分利用土壤、气候和生物潜能,生产出更多的农产品的有效方式。

设施农业属于高投入、高产出,资金、技术、劳动力密集型的产业。它是利用人工建造的设施,使传统农业逐步摆脱自然的束缚,走向现代工厂化农业、环境安全型农业生产、无毒农业的必由之路;同时也是农产品打破传统农业的季节性,实现农产品的反季节上市,进一步满足多元化、多层次消费需求的有效方法。

设施农业按主体不同可分为设施园艺和设施养殖两大部分。设施园艺的主要设施有温室、塑料棚和人工气候室及其配套设备等。设施养殖主要包括有水产养殖和畜牧养殖。设施养殖的主要设施有保温、遮阳棚舍、现代集约化饲养畜舍及配套设备等。

1.2 设施农业与环境控制技术的关系

设施农业是在人为可控环境保护设施下的农业生产,是集生物工程、农业工程、环境工程为一体的多部门、多学科的系统工程,涉及园艺学、环境调节学、机械和建筑学等学科,是以工程控制气候环境和种养技术相结合为特点的农业生产体系。

设施农业区别于传统农业的根本不同之处在于能够利用各种有效调控环境的设施进行农业产品的生产。因此,农业生物环境工程是设施农业的主要技术手段,是设施农业的重要科技内涵。设施农业中采用农业生物环境工程技术的程度与技术的先进性,决定了设施农业水平的高低。

设施农业中采用的环境设施大体上可分为三类:

(1)各类农业建筑。即用于农业的各种生产性建筑物或构筑物,如畜禽舍、温室和塑料大棚、水果蔬菜贮藏库和水产养殖的构筑物等。其作用是利用具有一定保温隔热效果、限制水、气自由移动的围护结构,为农业动植物生长发育提供一个与外界自然环境相对隔离的空间,以有效减弱外界不利环境条件对动植物的直接作用。

(2)能够对环境因子进行调控的各种设备。如供暖设备、通风与降温设备、光照设备、温室中的 CO_2 和果蔬贮藏库中的气体成分调节设备、水产养殖中的增氧机等。

（3）环境自动监测与控制系统。为了对农业建筑与环境调控设备进行有效管理和运行，必须在外界条件不断变化的情况下，根据动植物在不同生育阶段、不同时间对环境条件的要求，利用环境自动监控系统对设施内环境进行实时监测，通过控制各种环境设备的运行进行及时调控。

设施农业的核心是对设施内环境能够有效地调控，营造适于生物生长发育的最佳环境条件。环境调节控制技术包括室内供暖、降温、通风、灌水、配电、照明、二氧化碳气调等技术以及环境监视、信息传递设备，光、温、湿、气的监测仪器和自动控制等配套使用技术（见表 1-1）。

现代化温室可以自动控制室内的温度、湿度、灌溉、通风、二氧化碳浓度和光照，温室的计算机智能化调控装置采用不同功能的传感器探测头，准确采集设施内环境参数和作物生育状况等参数，通过数字电路转换后传回计算机，并对数据进行统计分析和智能化处理。

设施内环境控制内容   表 1-1

设施内环境因素	控制技术
土壤与空气温度	供暖、降温、可再生能源利用
空气湿度	通风、降温
CO_2	通风、CO_2施肥
光照	光照调控
根圈环境（水分、养分）	灌溉、施肥

设施农业是在人们生活需要不断增长的同时发展起来的，目前已由简易塑料大棚、温室发展到具有人工环境控制设施的自动化、机械化程度极高的现代化大型温室和植物工厂。

现代化温室的工厂化农业一般包括加热系统、降温系统、通风系统、遮阳系统、滴灌系统和中心控制系统。农业生产工厂化的关键技术是无土栽培和环境的自动控制。当代发达的设施农业以及植物工厂就是用人为的方式创造人工气候，消除一些对植物生长不利的环境因素。

植物工厂是继温室栽培之后发展起来的一种高度自动化、现代化的设施农业，是在全封闭的设施内周年生产作物的高度自动化控制的生产体系。植物工厂能免受外界不良环境影响，实现高技术密集型省力化作业，与温室生产的不同点在于它完全摆脱了大田生产条件下自然条件和气候的制约，应用现代先进设备，完全由人工控制环境条件，全年均衡供应农产品。植物工厂以采用营养液栽培和自动化综合环境调控为重要标志，为使栽培环境达到高度自动化调控，设备的建造及运转费用均很高。

将自动控制技术应用于设施栽培使农作物生产，实现了温室环境自动控制，脱离了自然条件的束缚，有效利用了资源，大大提高了生产效率。将自动控制技术应用于设施养殖中，同样可以摆脱传统农业生产条件下的自然气候、季节的制约，提高农牧产品的产量和质量，使设施养殖实现大规模、集约化、工厂化生产。

工厂化养畜禽就是为畜禽舍提供最适宜的卫生环境和气候环境，以自动化装置和设备代替手工劳动，以先进的畜牧业技术改善生产流程，提高劳动生产率，节约资源，取得最大的经济效益。现在已发展到工厂化养鸡、养猪、养肉羊和养奶牛等生产领域。其中以工厂化养鸡规模最大、效益最高。

近年来，在发达国家已经形成设施制造、环境调控、生产资料为一体的多功能体系。大力发展集约化的温室产业，温室内的温度、湿度、光照、肥料、二氧化碳均通过计算机调控。从品种选择、栽培管理到采收包装形成一整套规范化的技术体系。自动测量、环境条件自动控制，计算机技术自 20 世纪 80 年代以来已在各国设施农业领域中得到广泛应用，从而促进了设施农业高新技术的兴起和发展。塑料大棚、玻璃温室、人工气候室环境的自动监控和管理，植物工厂的自动化等设施农业高新技术的发展，都是以自动测量、计算机和通信技术的发展为前提。设施农业的大规模化、机械化和自动化是其今后的发展趋势。

1.3 设施农业环境控制技术的发展状况

设施农业的发展在欧洲已经有 100 多年的历史了。荷兰农民从 19 世纪末就开始把玻璃盆覆盖在植物上用于透光和保温，但大规模的现代型设施农业是近年来随着农业环境工程技术的突破而迅速发展起来的一种集约化程度很高的农业生产技术。随着现代工业向农业的渗透和微电子技术的应用，集约型设施农业在美国、荷兰、日本等一些发达国家得到迅速发展，并形成了一个强大的支柱产业。

由于设施农业摆脱了传统农业生产条件下的自然气候、季节的制约，不仅使单位面积产量及畜禽个体生产量大幅度增长，而且保证了农牧产品，尤其是蔬菜、瓜果和肉、蛋、奶的全年均衡供应。近年来，世界各国发展设施农业的环境控制技术主要包括以下内容：

1. 设施园艺方面

（1）地膜覆盖

目前世界大多数国家大田所用的塑料薄膜一般为厚 0.2～0.3mm 的聚乙烯透明薄膜（只用 1 季）。用地膜覆盖农田，可以提高地温，保持土壤水分，促进有机质的分解，提高作物产量。应用地膜覆盖可使喜温作物向北推移 2～4 个纬度，即延长无霜期 10～15 天，提高旱地水分利用率 30%～50%，在中、轻盐碱地上，配合营养钵育苗移栽，使棉花、玉米保苗率达 80%～90%。现在已研制出吸光、抑制杂草滋生的塑料地膜，同时用生物技术正在研制可降解、无公害的生物地膜。

（2）温室栽培

近代园艺作物温室栽培主要包括塑料大棚温室栽培和现代化玻璃温室栽培两类。目前世界上塑料大棚最多的国家是中国、意大利、西班牙、法国、日本。现代化玻璃温室主要以荷兰、日本、英国、法国、德国为最多。由于这种温室可以自动控制室内的温度、湿度、灌溉、通风、二氧化碳浓度和光照，每平方米温室一年可产番茄 30～50kg，黄瓜 40kg，或产月季花 180 枚，相当于露地栽培产量的 10 倍以上。当前，现代化温室发展的主要问题是能源消耗大、成本高，因此近年来一些发达国家大力研究节能措施。可如室内采用保温帘、双层玻璃、多层覆盖和利用太阳能等技术措施，可节省能源 50% 左右。另外，有些国家，如美国、日本、意大利开始把温室建在适于喜温作物生长的温暖地区，也减少了能源消耗。

（3）植物工厂

植物工厂是继温室栽培之后发展的一种高度专业化、现代化的设施农业。它与温室生产的不同点在于，完全摆脱了大田生产条件下自然条件和气候的制约，应用先进设备，完全由人工控制环境条件，全年均衡供应农产品。目前，高效益的植物工厂在某些发达国家发展迅速，初步实现了工厂化生产蔬菜、食用菌和名贵花木。

美国正在研究利用"植物工厂"种植小麦、水稻以及进行植物组织培养和快繁、脱毒。这种植物工厂的作物生产环境不受外界气候等条件影响，蔬菜（如生菜）种苗移栽2周后，即可收获，全年收获产品20茬以上，蔬菜年产量是露地栽培的数十倍，是温室栽培的10倍以上。此外，在植物工厂可实现无土栽培，不用农药，能生产无污染的蔬菜等。植物工厂由于设备投资大，耗电多（占生产成本一半以上），因此如何降低成本是植物工厂今后研究的主要课题。

2. 设施养殖方面

（1）工厂化养殖

工厂化养畜禽是为畜禽舍创造最适宜的卫生环境和小气候，以机械、电器代替手工劳动，以先进的畜牧业技术（包括饲料配合、现代饲养管理方式及先进的繁殖技术）改善生产流程，从而取得高的劳动生产率，良好的饲养效率，最大的经济效益，达到高产、高效、优质、低耗的目标。

工厂化养畜禽自20世纪70年代兴起，现在已发展到工厂化养鸡、养猪、养肉羊和养奶牛诸生产领域。其中以工厂化养鸡规模最大、效益最高，现被广泛采用。

（2）塑料暖棚养殖

在寒冷地区，冬季用塑料棚养畜禽，因成本低廉，近年也较多应用，一般用厚度 $300 \mu m$ 的两层薄膜，中间用聚苯乙烯填充保温，内壁膜通常用白色或银色以反射光和热，外层多用黑色塑料膜以增加热量吸入，目前主要用于养殖鸡、猪、羊等畜禽。

（3）草地围栏及供水系统

太阳能、电围栏以及放牧场防冻供水系统是现代化草地建设最基本的措施，美国、澳大利亚等国已普遍采用。

与发达国家相比，我国设施农业起步较晚。在两千多年前，我国有利用暖房栽培葱、韭菜供皇室御用的记载，称得上是最早的设施农业。然而受当时设施条件和技术手段的限制，很难形成规模。20世纪70年代末开始在一些大城市郊区进行以地膜覆盖、塑料拱棚和日光温室为主的保护地栽培。现在的设施农业早已超越早先的瓜菜花卉等园艺植物，设施类型也从简单的地膜覆盖和小拱棚发展到能自动控制光、温的大型现代化连栋温室。

塑料大、中棚及日光温室为我国主要的保护设施结构类型。其中能充分利用太阳光热资源、节约燃煤、减少环境污染的日光温室为我国所特有。

采用单层薄膜、PC（聚碳酸酯）板、玻璃为覆盖材料的大型现代化连栋温室以其土地利用率高、环境控制自动化程度高和便于机械化操作，自1995年以来发展迅速，到2008年全国共有大型温室面积已达19.6万亩（见表1-2）。

作为温室和大棚的保温、遮阳、防虫的覆盖材料也相应发展。塑料薄膜年耗用量为55万吨左右，其生产工艺和技术水平不断提高，新型多功能棚膜的研制、试验工作亦在不断进行中。现已研制开发出高保温、高透光、流滴、防雾、转光等功能性棚膜及多功能

4

复合膜和温室专用薄膜，且使用面积逐年扩大。塑料遮阳网和防虫网设施园艺上的覆盖面积达 7 万公顷。便于机械化卷帘的轻质保温被正逐渐取代沉重的草帘。

全国设施农业种类面积　　　　　万亩　　表 1-2

年份	小拱棚	大中棚	节能日光温室	普通日光温室	加温温室	连栋温室	合计
1978	5.6	1.9			0.5		8.0
1982	10.6	2.7	0.0	1.6	0.7		15.5
1984	32.5	8.3	0.2	4.7	1.8		47.4
1986	80.9	20.5	0.9	12.7	3.8		118.8
1988	118.1	32.2	3.3	21.4	5.0		180.0
1990	144.9	50.1	11.3	22.9	6.0		235.1
1992	214.9	85.9	33.3	23.6	7.6		365.3
1994	334.6	160.1	94.3	54.5	8.3		651.9
1996	563.5	383.8	188.0	107.4	14.5	0.2	1257.1
1998	819.9	783.9	310.7	130.6	37.8	1.0	2083.0
2000	1036.8	1069.1	425.3	175.2	42.7	1.9	2749.0
2002	1137.2	1236.9	574.7	175.1	35.7	1.6	3159.5
2004	1483.1	1599.7	587.9	161.7	22.1	11.0	3865.5
2006	1614.3	1636.0	680.7	143.2	26.6	11.6	4112.3
2008	1918.2	1953.2	926.5	173.5	29.0	19.6	5020.0

注：引自张真和讲稿。

设施园艺栽培技术不断提高发展，新品种、新技术及农业技术人才的投入提高了设施园艺的科技含量。现已培育出一批适于保护设施栽培的耐低温、弱光、抗逆性强的设施专用品种。工厂化育苗、嫁接育苗、二氧化碳施肥、喷灌、滴灌、无土栽培技术、小型机械、生物技术和微电脑自控及管理的使用，提高了劳动生产率，使栽培作物的产量和质量得以提高。

随着社会的进步和科学的发展，我国设施农业的发展将向着地域化、节能化、专业化发展，由传统的作坊式生产向高科技、自动化、机械化、规模化、产业化的工厂型农业发展，为社会提供更加丰富的无污染、安全、优质的绿色健康食品。

第 2 章　设施农业的人工环境

2.1　作物与环境

2.1.1　作物生长的自然环境

地球上的一切生物都有其生长所需的适宜环境，生物与其自然环境之间是相互联系、相互作用的。生物的自然环境是指生物生存空间的外部自然条件的总和。不仅包括对其有影响的非生物世界，还包括其他生物有机体的影响和作用。在生物所需的环境条件中，地球和太阳是基本环境基础，一切环境特征都由此而产生。

地球表面环绕着厚厚的一层大气层，其中靠近地球表面厚度约 16km 的对流层是与地面交界、对生物活动影响最大的一个层。地球表面的岩石圈和土壤圈蕴藏丰富的化学物质，为植物的生长创造了不同的土壤环境，是形成植被分布的重要因素。水圈是地球表面千变万化的气候特征的构成原因，水中也溶有各种矿质营养，可满足生物体生长需要。对流层、水圈、岩石圈和土壤圈综合作用共同组成地球生物圈环境。

在大气圈、水圈和土壤圈的界面上，适合生物生存的范围统称为生物圈。生物圈的核心是植物，植物在其连续不断的生命活动中获取太阳辐射，吸收大气中的 CO_2，释放氧气，吸收土壤中的水分和矿物质，完成有机质的积累，使得生物圈内的物质循环和能量流动成为可能。

作物是与人类日常生活密切相关的植物，包括各种粮食作物、经济作物和园艺作物等。其中园艺作物主要包括果树、蔬菜和花卉。

作物的生长发育除取决于其本身的遗传特性外，还取决于环境因子。作物赖以生存的环境因子包括光照（光照强度、光照时间及光谱成分）、温度（气温与地温）、水分（空气湿度和土壤湿度）、土壤（土壤组成、物理性质及 pH 值等）、大气因子及生物因子。各个环境因子之间不是孤立的，而是相互联系、相互促进和相互制约的，环境中任何一个因子的变化必然会引起其他因子不同程度的变化。比如太阳辐射强度的变化会带来空气和土壤温度和湿度的变化。因此，自然环境对生物的作用是各个环境因子的综合作用。

作物生长的环境因子都是作物直接或间接所必需的，但在一定条件下，只有其中的一两个起主导作用，称为主导因子。主导因子有时对作物环境变化起主要作用，如冬季日光温室内环境温度往往是对果菜生产起主导作用的生态因子。主导因子有时对作物的生长发育起决定作用，如日照长度对作物花期开花起主导作用。分析作物主导环境因子是调控作物环境、实现优质高产的基础。

环境因子对作物的作用是不相等的，但都是不能缺少的，任何一个环境因子都不能被另外一个环境因子代替。不过，在一定情况下，某一环境因子在量上的不足可以由其他因子量的增加得到调剂。例如，在作物栽培中增加 CO_2 浓度可以补偿由于光照强度不足引起的光合作用强度的降低。

环境因子对作物的影响程度不是一成不变的，是随着生长发育阶段的推移而变化的。例如，种子发芽期作物的适宜温度一般较高，幼苗期则较低，成苗期更低。

2.1.2 作物生产与环境的关系

作物生产旨在为人类提供产品，作物的根、茎、叶、花、果实等均有可能成为产品。作物一生所合成的全部干物质称为其"生物产量"，作物品质则是指产品营养成分、颜色和风味等。作物产量和作物产品的品质都和环境有着密切的关系。

1. 作物产量与环境因子

所有作物产量的 90%～95% 均来自于光合作用，只有 5%～10% 是由其根系吸收矿质元素形成的。因此，作物产量取决于干物质的生产效率。作物干物质的生产效率常用净同化率这个概念来表示。净同化率指单位叶面积在一定时间内由光合作用所形成的干物质重量，它是光合作用同化量除去呼吸作用消耗量之后的剩余量。因此光合作用和呼吸作用是作物最基本的生理活动，一切影响作物光合作用和呼吸作用的环境因素都会影响作物产量。

（1）作物光合作用及其环境因子

光合作用是植物叶绿素等物质利用光能将 CO_2 和水合成糖和淀粉等碳水化合物的生理过程。光合作用包括光反应和暗反应。

绿色植物在光照作用下其色素分子吸收光能，由色素系统的电子传递功能使水分解，释放氧并放出电子，并使 NADP 还原成 NADPH，使 ADP 转化为 ATP，这就是光反应，它是一种光的物理化学反应，是电子的激发与传递过程；而暗反应则是 CO_2 的同化过程，其功能是通过一系列卡尔循环将 CO_2 还原成碳水化合物，它是一种酶促反应。

影响植物光合作用的主要环境因子有光照强度、CO_2 浓度、温度及水分等。

光照是光合作用的能量来源，当光照强度低于植物的光饱和点时，植物光合速率随着光照强度的增加而加速。当光照强度达到光饱和点后，光照强度增加，光合速率将不再增加。

CO_2 是植物光合作用的原料，对光合速率影响很大。当光照强度较强时，提高 CO_2 浓度可以显著提高植物光合速率。

植物光合作用中暗反应是由酶催化产生的，而温度直接影响生物酶的活性，因此温度是影响植物光合作用的重要的环境因子。

水分是植物光合作用的原料之一，植物缺水时，其光合速率下降。

（2）作物呼吸作用及其环境因子

呼吸作用是植物线粒体等物质吸收氧气和分解有机物而排放 CO_2 与释放能量的生理过程。呼吸作用包括有氧呼吸和无氧呼吸两类。有氧呼吸指细胞在有氧条件下将有机物彻底分解，释放 CO_2 和能量的过程。有氧呼吸是高等植物进行呼吸的主要形式。无氧呼吸则是指细胞在无氧条件下将有机物分解为不彻底的氧化产物，同时释放能量的过程。

呼吸作用对植物具有重要的生理意义。首先，呼吸作用释放的能量，一部分以热的形式散失于环境中，另一部分贮存于有机化合物中，输送到植物体各处，供各种生理活动需要；其次，呼吸作用对植物体内有机物的转变起着枢纽作用。呼吸作用产生一系列的中间产物，这些中间产物很不稳定，是进一步合成植物体内各种化合物的重要原料。

作物呼吸过程需要消耗氧气，因此氧气浓度直接影响作物呼吸作用。作物缺氧，呼吸作用受阻，其能量释放和物质转化均难以继续，进而影响其光合作用。

作物呼吸作用的过程也是酶促反应，因此环境温度直接影响作物呼吸强度，作物呼吸强度随温度的上升而提高。温度高，作物呼吸作用旺盛，养分消耗多，干物质积累减少。

2. 作物品质与环境因子

作物产品品质除取决于其遗传特性外，环境因子也会影响其生长发育、代谢水平和物质合成与积累。

作物色泽与生长时的受光量有关。如西红柿在叶子遮阳部位结果着色好，直接接受直射光着色果实色泽较差。彩叶草在强光下叶黄素合成多，叶子呈现黄色，在弱光下胡萝卜素合成较多，叶子则呈红色。

温度是影响花卉颜色的主要环境因子，温度对花色的影响表现在花青素系统的色素上。温度也影响蔬菜品质，比如菜豆生长在高温下其纤维素的含量要高。

此外，水分、空气等环境因子也影响花卉颜色、蔬菜营养成分结构。

2.1.3 温室作物环境

作物在陆地自然环境中生长，经常会遇到各种气象灾害的危害，如冻害、冰雹、高温高湿、大风等，这些极端天气往往会给作物生长带来严重的危害，给种植业带来不可估量的损失。采用温室则可以避免极端天气的危害，创造作物生长的小气候，保护作物的正常生长。此外，利用温室环境的可调控性，还可以实现作物的反季节栽培以及品种改良等。温室内影响作物生长、可以进行调控的环境因子主要有光照、温度、湿度、气体环境和土壤环境等。

① 光照　温室内光照环境包括室内光照分布均匀性、光照强度、光照周期和光质等方面。温室通常主要靠自然采光，所以温室的覆盖材料一般采用透光性能高的材料，以保证室内获得足够的光照度。有时温室也配置补光系统和遮光设备，调节室内光照强度和光周期，满足作物栽培需要。温室覆盖材料的性质往往影响室内光照的光谱特性，有些情况下需要采用特殊的覆盖材料或补光设备改变室内光质。

② 温度　温室内的温度条件包括空气温度和土壤温度。温室截获太阳辐射后，由于"温室效应"室内能积蓄一定的热量，为作物生长提供基本的温度条件。此外，温室一般还配置降温、加温设备，以保证室内不致出现过高或过低的温度。

③ 湿度环境　温室内湿度环境指空气湿度和土壤湿度，通风换气是调节室内空气湿度的常用方法。此外，也可以根据需要设置除湿、加湿设备改善室内空气湿度状况。节水灌溉、地膜覆盖是调节土壤湿度的有效途径。

④ 土壤环境　温室土壤环境包括土壤有机质含量、pH值及盐分含量等。采用节水灌溉技术、配方施肥、增施有机肥、轮作栽培及土壤消毒技术可以有效改善温室内土壤环境。为克服土壤栽培的诸多缺点，无土栽培技术在温室生产中日益受到重视和推广应用。

⑤ 气体环境　温室气体环境包括O_2、CO_2及有害气体等，通风换气和CO_2施肥技术是目前温室气体环境控制最有效的方法。

2.1.4 光照环境及调控

地球上几乎所有植物都是通过吸收太阳光来生长发育，并通过各器官得到的光刺激来获得周围环境条件的有关信息。植物的光合作用是地球上所有生物赖以生存和发展的基础。光不仅是植物进行光合作用等基本生理活动的能量源，也是花芽分化、开花结果等形态建成和控制生长过程的信息源，因此，光照是园艺设施中极其重要的环境因素。

在自然光照下，光照状况随着温室所在的地理位置、季节、时间和气候条件的变化而变化。自然光照环境的某要素不能满足植物生长发育的要求时，就需要进行人工调控。

1. 光照环境与作物

（1）太阳辐射与光合作用有效辐射

太阳辐射是自然光照的来源，每秒向地球辐射的能量约为 3.8×10^{26} J。大气圈外的太阳辐射的光谱能量分布基本上类似于 6000K 黑体的辐射能量分布，是由不同波长的连续光谱组成（见图 2-1），以 475nm 波长的辐射能量最强。太阳辐射穿过大气层到达地面时，经过大气中 O_3、H_2O、CO_2 和尘埃等吸收和反射，能量衰减至 48% 左右。由于大气层对太阳辐射有选择吸收的特性，其中 O_3 层对紫外辐射、H_2O、和 CO_2 对红外辐射有强烈的吸收，故到达地面时其光谱分布发生了很大变化。到达地面的太阳辐射能量的 99% 集中在波长 $0.17 \sim 4.00 \mu m$ 的辐射范围内。其中，可见光（VIS，$0.38 \sim 0.76 \mu m$）占 52%，近红外光（NIR，$0.76 \sim 2.00 \mu m$）占 43%，紫外光（UV，$0.17 \sim 0.38 \mu m$）和红外光谱（IR，$2.00 \mu m$ 以上）只占 5%。

经大气分子、云雾及尘埃等吸收和散射后到达地球表面的太阳辐射由两部分组成：以平行光形式到达地面的称为直接辐射。以来自天空四面八方散乱光形式到达地面的称为散射辐射。直接辐射和散射辐射之和称为总辐射。照射到单位面积上的辐射能量称为辐射照度。经过大气和尘埃吸收与散射的结果，到达地表的太阳辐射只有大气圈外的 50%±5%，直接辐射和散射辐射约各占一半（见图 2-2），其吸收和散射的大致比例随地理位置、时间和气候的变化而变化。例如，晴天时的散射辐射只有到达地表的太阳辐射的 10%～20%，阴天或雨天时近 100%。投射到物体上的辐射能一部分被吸收，一部分被反射，一部分透过物体。物体吸收、反射和透过的辐射能与到达到该物体上的辐射能的百分比分别称之为吸收率、反射率和透过率。

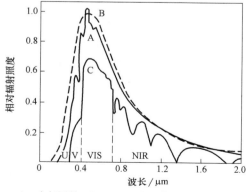

A—大气圈外；B—6000K 的黑体；C—地表面

图 2-1 太阳辐射分光光谱的相对能量分布

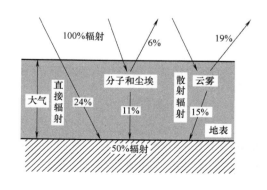

图 2-2 太阳辐射在大气圈的衰减

对于光照强度，过去采用按人的视觉效应评价的光照度进行度量，单位为 lx（勒克斯）。这是在 380～760nm 的可见光范围内，以对人眼视觉效应最强的 555nm 光为基准，按人眼的视觉效应对不同波长光区别计算来进行度量的。但照度用于植物光照强度的评价是不适宜的。对植物生理产生作用的主要是 300～780nm 的辐射，称为生理辐射。参与光合作用的太阳辐射只有 400～720nm 的波段，只占太阳辐射的较小一部分，称为光合作用有效辐射。由于植物对辐射具有选择吸收的特性，不同波长光的光合作用效率与人眼的视觉效应是完全不同的。因此，在园艺界已改用单位时间、单位面积上照射的光合有效辐射能量进行度量，称为光合有效辐射照度（Photosynthetically Active Radiation，PAR），一般在 400～700nm 的光辐射范围进行度量，单位为 W/m²。进一步研究表明，植物光合作用强度与所吸收的光量子数量有关，因此更合理的度量单位为单位时间、单位面积上照射的光合有效辐射范围的光量子数，称为光合有效光量子流密度（Photosynthetic Photon Flux Density，PPFD 或 PPF），单位为 μmol/(m² · s)。这几种量的大小均与光谱能量分布状况有关，相互间无固定换算比例关系。只有在确定光源的光谱能量分布下才有明确的对应关系（见表 2-1）。

光合有效辐射照度（W/m²）、光合有效光量子流密度［μmol/(m² · s)］及照度（klx）之间的换算

表 2-1

换算单位	不同光源				
	太阳辐射	荧光灯	金属卤化灯	高压钠灯	白炽灯
(W/m²)/klx	3.93	2.73	3.13	2.8	3.96
［μmol/(m² · s)］/klx	18.1	12.5	14.4	14	19.9
［μmol/(m² · s)］/(W/m²)	4.57	4.59	4.59	5	5.02

（2）光合作用和呼吸作用

光合作用和呼吸作用是植物生长必不可少的生理过程（见图 2-3）。作物的光合作用与呼吸作用之间有一个相互平衡过程，随着生长阶段的不同，其平衡点也不同。实际生产中经常利用控制作物的光合速度和呼吸速度来调节其营养生长和生殖生长的相对平衡，最终达到提高产量或改善产品品质的目的。

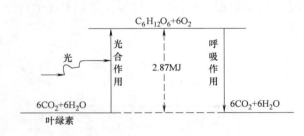

图 2-3　植物的光合作用和呼吸作用

植物的光合作用是 CO_2 的吸收过程，呼吸作用是 CO_2 的排放过程，因此两种作用的强度可以用 CO_2 吸收或排放的速度进行度量，单位为 kg/(m² · s) 或 mol/(m² · s)，表示单位叶面积在单位时间内 CO_2 的吸收、排放或交换量。由于两种生理活动一般是同时进行的，所以光合器官的叶片内外的 CO_2 交换速度也就等于光合速度减去呼吸速度，称为净光合速度。净光合速度为零时，光合速度等于光呼吸速度。进行光合速度测量时，常把植物的个体或叶片放置在透明容器中并导入一定流量的空气，根据该容器的流入与流出空气的 CO_2 浓度差和流量来计算光合速度。

$$P_n = kV(C_{in} - C_{out}) \quad \mu mol/s \tag{2-1}$$

式中　k——变换系数，mol/cm^3；

　　　V——通气流量，cm^3/s；

　　C_{in}——流入同化箱空气中的CO_2浓度，$\mu mol/mol$；

　C_{out}——流出同化箱空气中的CO_2浓度，$\mu mol/mol$。

（3）光照环境与植物的生长发育

1）光照强度与植物生长发育　　光照强度是影响植物光合速率的最主要因素。如图2-4所示，光照强度为零时，净光合速率为负值（点 A），等于当时的暗呼吸速率。随着光照强度的增强，光合速率线性增大，当光照强度增达到点 B 时，净光合速率为零，光合速率等于呼吸速率，称此时的光照强度为光补偿点。光补偿点以上，净光合速率为正值，光照强度越大，净光合速率越大，但增加幅度逐渐减小。光照强度增大到一定程度时，净光合速率不再提高，此时的光照强度称为光饱和点 C。当光照强度超过光饱和点时，净光合速率不但不会增加，相反会引起抑制作用，使叶绿素分解而导致生理障碍。

不同作物的光饱和点差异较大，光饱和点还随着环境中CO_2浓度的增加而提高（见图2-5）。如果光照强度长时间处于光补偿点之下，作物中有机物的消耗多于积累，则生长缓慢，严重时导致植株枯死。根据蔬菜对光照强度的要求，蔬菜可分为喜光型、喜中光型、耐弱光型。多数蔬菜属于喜光型植物，其光补偿点和光饱和点均比较高（见表2-2）。

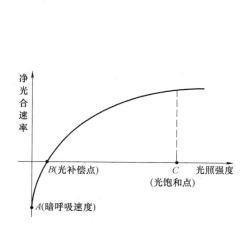

图2-4　光照强度与光合速率的相对关系

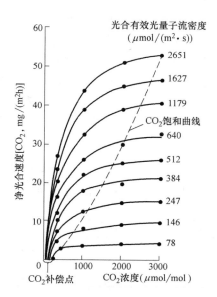

图2-5　黄瓜净光合速率与光照强度

资料来源：《设施栽培学》，［日本］安井秀夫1990。

不同类型作物固定CO_2的速度差别很大。玉米、高粱、甘蔗等热带作物吸收CO_2的速度随光照强度的增加呈线性增长，对光的依赖性较强。大豆、甜菜等作物的光饱和点低，固定CO_2的速度对光的依赖性低。蔬菜大致可以从光饱和点和光补偿点看出其对光的依赖性（见表2-2）。据统计，农作物对光能的利用率很低。植物可利用的光合有效辐射（400～700nm）只占太阳辐射总能量的41%，入射到作物表面的太阳辐射约25%被反射和透过。此外，还原1mol CO_2形成碳水化合物约需469kJ的能量，大约3mol生理辐射波段的光量子，而实际能量转化的量子效率只有 20% 左右。因此，太阳到达地面的总辐射能量的 6% 可以转化为碳水化合物的化学能。实际农业生产中的农作物光利用效率还达不到 6%，只有 1% 左右。为此，研究光能的转化和提高光合效率是提高农业生产的重要课题。

部分蔬菜作物的光饱和点和光补偿点 表 2-2

蔬菜种类	光饱和点/ $[\mu mol/(m^2 \cdot s)]$	光补偿点/ $[\mu mol/(m^2 \cdot s)]$	测量条件		
			生育阶段(叶期)	叶面积/cm^2	通风量/(m^3/h)
番茄	3867	55	4	188	1500
茄子	2210	110	6	446	600
辣椒	1657	83	14	320	600
南瓜	2486	83	2	368	600
西瓜	4420	221	3	250	600
菜豆	1381	83	4	460	600
甘蓝	2210	110	12	710	600
白菜	2210	83	4	630	600
黄瓜	3039	55	4	341	1800
芹菜	2480	110	3	476	600

2）光质与植物的生长发育　影响植物生长发育的因素除光照强度量外，光谱分布（光质）也是很重要的因素。光质对植物生长发育的影响与植物色素的光谱吸收特性与色素含量有关。太阳辐射中与植物生理活动有密切关系的光谱范围是紫外光、可见光与近红外光。光合作用的分光特性曲线中有两个峰值，为 400～500nm 的蓝紫光和 600～700nm 的红橙光（见图 2-6），对 550nm 左右的绿色光的吸收率较低。植物几乎不能吸收 800～2500nm 的近红外线，这是一种避免高温伤害的自我保护反应。

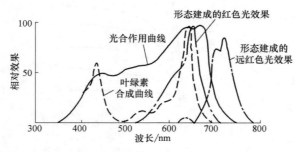

图 2-6　与植物光合作用和形态建成有关的分光特性曲线

光质影响植物生长中的干物质积累，同时对光合产物也产生直接影响。通常，红光有利于碳水化合物的合成；蓝光有利于蛋白质的合成；绿光对植物生长有抑制作用；青紫光能抑制作物伸长而形成矮小形态，并促进花青素和叶绿素的形成。红外光主要转化成热能，可改变叶温从而间接地影响植物生长。紫外光可以抑制作物徒长，促进果实成熟，提高蛋白质和维生素的含量，同时促进花果着色。但 300nm 以下的紫外光对于多数植物具有杀伤作用，可能导致植物气孔关闭，影响光合作用，增加病菌感染。

不同植物适应不同的光谱分布（见表 2-3）。大量实验表明，强光条件下蓝色光促进叶绿素合成而红色光阻碍其合成。虽然红色光是植物光合作用的重要能量源，但如果没有蓝色光会造成植物形态建成的异常。适当的红色光（600～700nm）与蓝色光（400～500nm）的比例（R/B 比）才能保证培育出健全形态的植物。红色光谱过多会引起植物徒长，蓝色光谱过多会抑制植物成长。

光合作用曲线的光质平衡比例   表 2-3

		蓝色光 （400～500nm） （%）	绿色光 （500～600nm） （%）	红色光 （600～700nm） （%）	R/B 比	备　　注
光量子感度曲线		27.3	33.3	39.4	1.44	
光合 作用 曲线	Inada 1	26.7	31.6	41.7	1.56	草木类 26 种平均
	Inada 2	19.4	34.2	46.4	2.39	木本类 7 种平均
	McCree 1	24.0	32.2	43.8	1.83	人工气象室 20 种平均
	McCree 2	25.3	31.6	43.2	1.71	大田作物 8 种平均
平均光合作用曲线		23.8	32.4	43.8	1.84	

注：资料来源：［日］宫地重遠《光合成》朝倉書店，1992。

此外，改变红色光（R，600～700nm）与远红色光（FR，700～800nm）二者光量子束之比（R/FR），可以改变植物伸长的生长趋势。大 R/FR 比能够缩短茎节距而起到矮化植物的效果，小 R/FR 比可以促进植物的伸长生长。

3）光照周期与植物的生长发育 光照周期是指光照在一个周期变化中的光照时间的长短，即周期性的明期和暗期时间长短的变化。植物的光合作用和形态建成受光照周期影响的特性称为植物的光周性，根据植物的光周性可把植物分为长日照植物、短日照植物和中性植物。暗期小于临界暗期才能开花、光照周期越长越促进生长发育的植物，如萝卜、菠菜、小麦等，属于长日照植物；暗期大于临界暗期才能开花、光照周期越短越促进生长发育的植物，如水稻、玉米、高粱等，属于短日照植物；对光照周期长短不敏感的植物，如番茄、香石竹、月季等属于中性植物。还有一类植物称为中间植物，它们只有在最适合的光照周期下，才能保持旺盛的生长速度，其他光照周期下则会抑制其生长发育。但是，也有一些植物的光周期性会在花芽分化前后发生变化。

植物的光周期性主要与植物体中二种光敏色素的作用有关。吸收 660～670nm 波长光的 R_{660} 光敏色素和吸收 730～740nm 波长光的 P_{730} 光敏色素是控制植物发芽、生根和花芽分化等生理过程的重要物质。R_{660} 对 660～670nm 的红色光吸收敏感，当 R_{660} 占优势时，可促进短日照植物、抑制长日照植物的生长发育；而 P_{730} 对 730～740nm 远红光吸收敏感，当 P_{730} 占优势时，可促进长日照植物、抑制短日照植物的生长发育。它们之间是可逆的，经一定的连续明期或 660～670nm 的光照射，R_{660} 可转变为 P_{730}，经一定的连续暗期或 730～740nm 的光照射，P_{730} 可转变为 R_{660}。

光照在对植物的光周期作用中是作为植物生长发育的信息源发挥作用的，其连续光照的时间与光质是决定作用的重要因素，光照能量大小是次要因素。光照度仅数十勒克斯即可发挥作用。

光照时间对蔬菜等作物的影响表现在三个方面：一是影响光合作用时间，二是影响温室内热量的累积，三是对开花、结果、着色等形态建成的影响，即光周期效应。

自然光照周期完全由该地区的地理位置、季节和天气状况来决定，一天内从日出到日落的理论时数称为可照时数，而实际的可照时数与降雨及云雾的多少有关。我国北方地区的年可照时数的季节性差异很大，南方地区的差异相对较小。

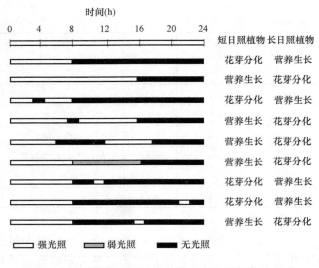

图 2-7 光照周期对短日照植物和长日照植物的影响

实际生产中可根据长日照植物和短日照植物对光照时间的要求，采用一定措施来进行光照周期调控（见图 2-7）。长日照植物对暗期要求不高，可以在连续光照条件下开花。短日照植物对暗期的要求很高，只要有某个周期以上的暗期，无论光照时间多少都能诱导花原基的产生。中性植物无论光照时间如何，开花结果主要与自身的营养关系密切相关。在花卉生产中的光照周期处理只需要在适宜的一定时间内进行，不需要持续到花芽分化为止，这种措施也叫光照周期诱导。另外，光照周期还对地下贮藏器官的形成有重要影响。洋葱和大蒜等鳞茎形成时起决定作用的是光照周期。形成鳞茎的临界光照周期因品种而异，一般为 12～16h，当光照周期加长时更易形成鳞茎。因此，某些作物在实际生产中对播种期和采收期有严格要求。

2. 光照控制与调节

温室内光照条件来源于自然光照，自然光照随季节和纬度有着明显差异，无论弱光、短日照还是强光、长日照都有可能成为温室作物生长的限制因素。因此，在实际生产中进行光照控制与调节是很有必要的。

光照环境的人工调控可分为光照强度调控、光周期调控、光质调控以及光照分布的调控几个方面，如表 2-4 所列。

温室内光照环境的调控手段

表 2-4

调控目的	调控手段
光照强度的调控	内外遮光处理
	光调节性覆盖材料的选用
	温室构造和建设方位的选择
	人工光源补光
	反射板的利用
	覆盖材料的清洗和替换
光质的调控	覆盖材料的选择
	采用特定光谱的光源补光
光照周期的调控	人工光源补光
	遮光处理
光照分布的调控	人工光源的补光
	反射板的利用
	扩散型覆盖材料的利用
	温室的合理设计

注：本表制作的参考资料为［日］古在丰树，狩野敦等。《新施設園芸学》，朝倉書店，1992。

（1）光照强度的调控

1）光合补光　当设施内光照强度不足，不能满足光合作用要求时，可采用人工光源补光调节（光合补光）来促进作物的生长。光合补光量应依据作物种类和生长发育阶段来确定，一般要求补光后光合有效光量子流密度在 $150\mu mol/(m^2 \cdot s)$ 以上。

2）光合遮光　当光照强度过大时，可采用遮阳幕（网）进行遮光调节（光合遮光）。光合遮光的主要目的是削减部分光热辐射，温室内仍需具有保证作物正常光合作用的光照强度，遮阳幕四周不要严密遮蔽，一般遮光率为 $40\%\sim70\%$。遮光覆盖材料应根据不同的遮光目的进行选择（见表 2-5）。

光调节性覆盖材料的利用目的和方法　　　　　　　表 2-5

调控类型	调控目的	利用资材
光照强度调控	遮光 高温抑制 光量分布均匀化 光量增加	塑料遮阳网、缀铝膜、白色涂料 红外阻隔资材、遮光资材 光扩散型资材（加强纤维、皱褶处理） 反射板等
光周期调控	花芽分化	高遮光率资材
光质调控	病虫害防治 植物的形态调节 光合促进	紫外阻隔资材 R/FR 调节资材，用特定光谱的人工光源补光 光质转换资材，用特定光谱的人工光源补光

（2）光周期调控

作物生产中一般根据作物种类控制其光照时间，同时也通过间歇补光或遮光的方式调节光照时间。适当降低光照强度而延长光照时间、增加散射辐射的比例、间歇或强弱光照交替等均可大大提高作物的光利用效率。

1）光周期补光　对光同期敏感的作物，当黑夜时间过长而影响作物的生长发育时，应进行人工光周期补光。人工光周期补光是作为调节作物生长发育的信息提供的，一般是为了促进或抑制作物的花芽分化，调节开花期，因此对补光强度的要求不高。光照周期补光的时间和强度及使用光源依作物种类不同和补光目的而定。一般光照强度大于数十勒克斯即可。

2）光周期遮光　光照周期遮光的主要目的是延长暗期，保证短日照作物对最低连续暗期的要求以进行花芽分化等的调控。延长暗期要保证光照强度低于临界光照周期强度（一般在 $1\sim2\mu mol/(m^2 \cdot s)$ 或 20lx 左右），通常采用黑布或黑色塑料薄膜在作物顶部和四周严密覆盖。光照周期遮光期间应加强通风，防止出现高温高湿环境而危害植株。

（3）光质调控

光质调控多采用对 R/B 比和 R/FR 比的调控。如塑料覆盖材料在其生产中添加不同助剂，改变其分光透过特性，从而改变 R/B 比和 R/FR 比。某些塑料膜或玻璃板可过滤掉不需要的红色光或远红色光，以达到调节花卉的高度或抑制种苗徒长的效果。玻璃基本不透过紫外辐射，对花青素的显现、果色、花色和维生素的形成有一定影响，采用 PE 和 FRA 覆盖材料的温室能透过较多紫外辐射，种植茄子和紫色花卉等的品质和色度比玻璃温室好。

光质的调控也可以利用人工光源实现。人工光照中，选择不同分光光谱特性的人工光源组合，能够获得不同的光质环境，可以对不同作物所需光质环境，选择合适的光源组合。此外，光质的调控还可选择具有所需补充波长光的人工光源补光来实现。许多研究成果表明，在自然光照前进行蓝色光的短时间补光可以促进蔬菜苗的生长，人工光条件下蓝色光、红色光、远红色光对植物生长有复合影响。在嫁接苗的驯化实验中，LED 光源比荧光灯和高压钠灯的效果要好。

随着 LED 和 LD 技术的不断普及，可以自由调节光质组成、光合有效光量子流密度和光照时间的 LED 光源装置将会得到普遍应用。近年来，为植物生产而开发的改良型高压钠灯和高频荧光灯不仅改善了光质的 R/B 比和 R/FR 比，也大大提高了光利用效率。

2.1.5 温度环境及调控

温度是影响植物生长发育的重要环境因素，植物在整个生命周期中的一切生物、化学过程，都必须在一定的温度条件下进行。在自然界气候条件的各环境因子中，温度条件因昼夜、季节和地区的不同其变化范围最大，最易出现不满足作物生长条件的情况，这是露地不能进行作物周年生产的最主要原因。因此，突破自然条件的限制，可靠地提供满足作物生长的、优于自然界温度环境的条件，正是温室最首要的基本功能。

1. 作物对温度的要求

（1）温度对作物生育的影响

温室内的气温、地温对作物的光合作用、呼吸作用、光合产物的输送、根系的生长和水分、养分的吸收均有着显著的影响。为了使这些生长和生理作用过程能够正常进行，必须为其提供必要的温度条件。可采用最低温度、最适温度和最高温度三个指标来表述，称为"温度三基点"。温度三基点根据作物种类、品种、生育阶段和生理活动的昼夜变化以及光照等条件而有所不同。

在一定温度范围内，随气温的升高作物光合强度提高，每提高 10℃，光合强度可提高约 1 倍，最适温度多为 20～30℃，超过此范围光合强度反而会降低。呼吸作用一般随气温的升高而增强，温度提高 10℃，呼吸强度提高约 1～1.5 倍。在较低的温度环境下，作物光合作用强度低，光合产物少，生长缓慢；温度过高，则呼吸消耗光合产物的数量增加，同样不利于光合产物的积累。低于最低温度和高于最高温度时，作物停止生长发育，但仍可维持正常生命活动。如温度继续降低或升高，就会对作物产生不同程度的危害，在一定温度条件下甚至导致死亡，这样的温度称为致死温度。

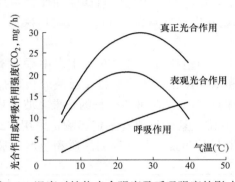

图 2-8　温度对植物光合强度及呼吸强度的影响

作物的最适温度还随光照条件的不同而变化，一般光照越强，作物的最适温度越高，反之越低。在光照较弱时，如果气温过高，则光合产物较少，呼吸消耗较多，作物中光合产物不能有效积累，会使作物叶片变薄，植株瘦弱。

作物光合作用产物的输送同样需要一定的温度条件，较高的温度有利加快光合产物输送，如图 2-8 所示。如果下午与夜间温度过低，叶片内的光合产物不能输送出去，叶片中碳水化合物积累，不仅影响次日的光合作用，还会产生叶片变厚、变紫、加快衰老的情况，使叶片光合作用能力降低。

作物的不同生长发育阶段对温度的需求也是不同的。在植株生长前期，其叶面积较小，光照较多地投射到地面，不能被植株充分利用。为了尽快增加截获的光能，需要提供较高的温度，尽快增加叶面积。而对于已长成的植株，叶面积已大大增加，已形成茂密的植物冠层，可截获绝大部分光能，此时物质生产主要由单位面积的净同化率决定。在这个阶段中，应适当降低温度，以增加净光合产物的积累和贮藏。

地温（即土壤温度）的高低影响着植物根系的生长发育和根系对水分、营养物质的吸收及输送等过程。在过低的地温下，植物根系发育受阻，不能有效吸收和输送水分及营养物质。过低的地温还不利于土壤微生物的活动，从而影响有机肥的分解和转化。适宜的土壤温度一般为 15～20℃（一般指 15～20 cm 深处），最低一般不能低于 10℃左右。

（2）温室的温度调控指标与变温管理

常见温室作物的温度调控指标见表 2-6 与表 2-7。表中给出的是在一般常见情况下，温度管理要求的一个简化的表达。但为了达到高产、优质和高效的目标，需要有合理优化的温度调控管理方式。

蔬菜的温度指标 表 2-6

蔬菜种类	生长时期	对温度的要求（℃）			
		适宜温度	最高温度		最低温度
			白昼	夜间	
黄瓜	苗期 苗期到开始结瓜 结瓜期	19～25 20～28 22～30	28 33 38	22 22 24	15 15 15
番茄、辣椒	苗期 苗期到开始结果 结果期	15～21 19～25 18～26	26 28 30	18 20 22	10 10 6
茄子	苗期 苗期到开始结果 结果期	16～24 18～26 22～30	28 30 34	20 20 24	15 15 12
菜豆	结荚前 结荚后	17～23 18～26	25 30	20 22	15 12
菠菜		12～20	25	14	2
白菜、芹菜、莴苣、茴香、蒿子秆		12～24	30	15	2

花卉的温度指标 表 2-7

种类	繁殖适温（℃）		生育适温（℃）		成花适温（℃）		备 注
	种子发芽	插木发根	日气温	夜气温	日气温	夜气温	
惠兰			18～26	20～25		15～18	花芽形成需 15℃左右，6～8 周花蕾在 25～30℃可消蕾
仙客来	18～20		20～25	10～15		16～17	花蕾在 25℃以上将产生高温障碍

种类	繁殖适温(℃)		生育适温(℃)		成花适温(℃)		备注
	种子发芽	插木发根	日气温	夜气温	日气温	夜气温	
菊		18	17~21	16~17	17~20	16~20	
郁金香		20~25	16~18	9~13			
香石竹		16~18	18~25	9~14			夜温超过15℃切花品质下降
蔷薇		13~20	21~26	12~18			
玫瑰	20~22	20~22	20~25	18~20	13~15	13~15	
铁炮百合			20~24	13~18	18~23	13~16	

注：资料来源：《Greenhouse Management》，J. J. Hanan et al.

研究结果表明，作物在一日内对温度的要求是变化的。昼夜不变的温度管理方式，作物生长率比昼高夜低的管理方式低。进一步的研究表明，作物的物质生产总量是由每天生产的物质生产量累积起来的，而温度对物质生产的影响，是温度对一日间光合作用、产物输送与呼吸消耗的综合影响。一日间温度管理的目标是要增加光合作用产物及促进产物的输送、贮藏和有效分配，抑制不必要的呼吸消耗。因此，应根据作物在一日内不同时间的主要生育活动，采取不同的温度水平，这样的温度管理方式称为变温管理。

变温管理依据随光照昼夜变化的作物生理活动的中心，将一日内的时间划分为促进光合作用时间带、促进光合产物转运的时间带和抑制呼吸消耗时间带等若干时段（见图2-9），确定不同时间段的适宜温度调控目标进行分别的管理。具体分段有3段变温、4段变温和5段变温等，而以4段变温管理居多。白昼上午和正午光照条件较好的时间段，采用适温上限作为目标气温，以增进光合作用。夜间采用适当的较低温度，不仅可减少因呼吸对光合产物的消耗，还能节省加温能源。在白昼促进光合作用时间带和夜间抑制呼吸消耗时间带之间，采用比夜间抑制呼吸的温度略高的气温，以促进光合产物转运。阴雨天白昼光照较弱，成为限制光合强度的主要制约因素，较高的气温并不能显著提高光合强度，为避免无谓的加温能源消耗，温度可控制得低一些。

2. 温度调节与控制

与陆地相比，温室光、温、水、气等环境因子中控制手段最完善的是温度环境的控制。温室温度调节与控制包括温室温度管理及各种保温、加温和降温措施。

（1）温度管理

各种作物以及同一种作物在不同的生长发育阶段对温度的要求不同，因此应根据作物的实际需要制定温度管理制度。目前比较经济有效、推广应用较为成熟的是变温管理方法。

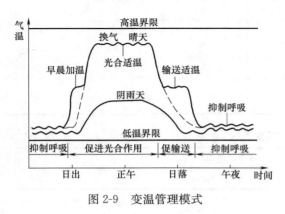

图2-9 变温管理模式

由于气温和地温对作物的生理效应有一定的互补性。在供暖季节减少空气加热量而进行地下加温的温度管理方法能达到降低能耗的目的。

（2）温室保温

采用保温措施可以有效减少温室热损失，提高温室温度，节约能源。我国大多数地区属于大陆性气候，冬季温度较低，因此温室保温措施越来越受到重视。目前温室应用比较多的保温措施主要有：选用导热性差的透光覆盖材料；降低温室高度，减小温室外表面积；改进覆盖材料的安装方法，提高温室密闭性；温室外附加外保温材料增加温室散热面的热阻；改变温室结构形式，增加采光量；设置内保温幕等。

（3）温室加温

在寒冷季节，受外界环境的影响，温室内温度降低到作物的最低温度甚至生物学零度以下，此时就要采取加温措施维持作物正常生长所需的温度。温室加温包括空气加温和土壤加温。

空气加温主要有热水供暖系统和热风供暖系统，两者的区别在于热交换介质不同，前者是热容较大的水，后者是热容较小的空气。因此，热水供暖系统的热稳定性较热风供暖系统强。此外，温室空气加热还有室内直接燃烧式，燃料常为天然气或油。

温室土壤加热多为热水加热或电加热，有些简易温室中也采用马粪等有机物发酵放热的所谓酿热加温方法。

（4）温室降温

目前温室常用的降温方法主要有：通风、遮阳和蒸发降温。通风包括自然通风和风机强制通风。遮阳有将遮阳幕设置在温室内部或外部的内遮阳和外遮阳系统以及在温室外表面刷涂料的遮阳方法。蒸发降温主要有湿帘降温和喷雾降温等方法。

（5）积温管理技术

作物发育取决于温度。在相同的平均温度下，不同的温度控制模式可以导致相同的生长速率。基于积温的管理是在保证不超过作物承受极限的情况下，提高能源利用的有效性。比如，在室外温度低、加温能耗大的情况下降低室内的设计温度，在白天则利用太阳辐射较充分的条件加热以便能及时补充积温。研究表明，利用作物对积温的反应，对温室温度进行有效的管理控制，每年可以减少 $10\% \sim 20\%$ 的能源消耗量。

2.1.6 湿度环境及调控

1. 作物对湿度的要求

水是作物体的基本组成部分，一般温室作物的含水率高达 $80\% \sim 95\%$。水是作物生命活动的基本条件，作物的一切生命活动均在水的参与下进行，比如作物的光合作用、呼吸作用及蒸腾作用等。空气湿度和土壤湿度共同构成作物的水分环境，影响作物的生长发育。

（1）湿度环境对作物的影响

1）作物对湿度环境的适应性

作物需要水完成其生理活动，但不同种类的作物需水量差异很大。为适应环境的湿度状况，作物在形态结构和生理机能上形成了各自的特殊要求。根据作物对水分要求的不同，可以将其划分为以下三类。

① 旱生作物　这类作物能长期忍受空气和土壤的干燥，叶片小而呈革质，具有厚茸毛，气孔下陷，因而能减少叶面蒸腾。此外，根系发达，吸水能力强。蔬菜中的南瓜、西

瓜，花卉中的仙人掌科、景天科，果树中的葡萄、石榴等均属于旱生作物。

②湿生作物　这类作物耐旱性差，需生长在潮湿环境下或水中，在干燥或中等湿度环境中常常发育不良甚至枯死。湿生作物通气组织发达，叶片薄而软，且根系不发达。如蔬菜中的藕、茭白、水芹，花卉中的睡莲、秋海棠、蕨类等。

③中生作物　中生作物宜生长在干湿适中的环境中，过干或过湿的环境均不利于其生长。蔬菜中的茄类、豆类、叶菜类及葱蒜类，花卉中的月季、丁香、君子兰等均属于中生作物。

2）作物在不同生长期对水分的要求

作物在不同生长期对水分的要求是不同的。

在种子发芽期，需要大量的水分以便原生质的活动和种子中贮藏物质的转化与运转，利于胚根抽出并向胚种供给水分。如果水分不足，种子虽能萌发，但胚轴不能伸长成苗。

幼苗生长期因为根系弱小，抗旱能力较弱，因此土壤要经常保持潮湿。但过高的土壤湿度往往会造成幼苗徒长或烂根。

营养生长期作物抗旱能力增强，但由于处于营养制造积累时期，生长旺盛，因此需水量大，对土壤含水量和空气湿度要求高。不过，湿度过高易引起病害。

开花结果期作物对湿度要求比较严格，对土壤湿度仍有一定的要求，以维持正常的新陈代谢，如果缺水，会引起植物体内水分从其他部位向叶面流动，导致发育不良甚至落花。开花结果期空气湿度宜低，以免影响开花、授粉和种子成熟。

3）湿度环境对作物生长发育的影响

土壤湿度直接影响作物根系的生长和对肥料的吸收，影响作物的产量、色泽及风味等。土壤湿度对作物体内饱和水分不足度有明显的影响。土壤缺水时，植物体内水分饱和不足度显著增大，反之则减小。土壤湿度低，作物易产生萎蔫现象。据研究，当土壤含水量为 $10\%\sim15\%$ 时，作物地上部分即停止生长；当土壤含水量低于 7% 时，根系生长停止，同时常因土壤溶液浓度高，根系发生外渗现象，引起烧根甚至死亡。反之，土壤水分过多会引起作物徒长、生育和成熟推迟，甚至产生落花、落果、裂果等生理障碍。另外，土壤湿度过高，土壤气体减少，会造成根系缺氧，呼吸作用减弱，影响水分和养分的吸收，甚至引起根系窒息死亡。

研究表明，空气饱和差（VPD）位于 $1.0\sim0.2kPa$ 范围内（相当于 $20℃$ 下相对湿度为 $55\%\sim90\%$）的空气湿度对作物生长发育影响较小。多数蔬菜光合作用适宜的空气湿度为 $60\%\sim85\%$，大多数花卉适宜的空气湿度为 $60\%\sim90\%$。空气湿度过低，影响细胞生长，使细胞分裂受到阻碍。由于水分不足，作物毛孔关闭，CO_2 交换下降，光合作用显著下降，从而影响作物干物质的积累。空气湿度过大时，将会引发多种病害。因为病原孢子的形成、传播、发芽与侵害各阶段均需高湿条件，如黄瓜的霜霉病和疫病、西红柿的灰霉病和叶霉病、甜椒的菌核病和花叶病、草莓的芽枯病等均与高湿度显著相关。空气湿度过高抑制作物蒸腾作用，影响作物对水分和养料的吸收。

（2）温室湿度环境特点

1）空气湿度　高湿度是温室环境的特点之一。根据 1997 年 1～3 月对上海南汇蔬菜园艺有限公司甜椒温室的相对湿度进行测试的结果，温室内每天的平均空气相对湿度均在 90% 左右，湿度是相当高的。

温室内空气湿度来源于土壤蒸发和作物蒸腾作用。温室内作物生长旺盛，作物叶面积指数高，通过蒸腾作用释放大量的水蒸气，在密闭情况下使得温室内水蒸气迅速达到饱和，空气绝对湿度和相对湿度都明显高于室外。

温室内空气湿度受天气、通风换气、供暖及作物蒸腾作用的影响。阴天温室内空气相对湿度一般都在90％以上。晴天，夜间温室处于密闭状态，温室湿度较高，往往会伴随结雾现象，甚至附着在覆盖材料内壁形成滴露。到了白天，在室外气温和太阳辐射的共同作用下，温室内温度迅速升高，结雾消散，空气相对湿度下降。在温暖季节，白天温室往往开窗进行通风，室内空气湿度进一步下降，与室外趋于一致。在供暖季节，温室夜间需进行加温，空气绝对湿度不变，而相对湿度降低，也会减少结雾现象。

温室内湿度高也会带来作物表面的结露现象，它与温室结构和覆盖材料内表面的结露现象原理相同，在春天和夏天这种结露现象在温室中是很常见的。作物表面的结露条件十分有利于病原菌的繁殖和传播。

2）土壤湿度 温室中的土壤湿度与灌溉量、土壤毛细管上升水量、土壤蒸发量、作物蒸腾及空气湿度有关。与露地相比，由于温室内空气湿度高于室外，土壤蒸发量和作物蒸腾量均小于室外，因而温室土壤相对较湿润。

2. 湿度环境调节与控制

（1）空气湿度调节

1）降低室内湿度的调节

空气湿度过高是温室内环境较易出现的情况，调节的目的是为了降低室内空气相对湿度，减少作物叶面的结露现象。降低空气湿度的方法主要有以下四种：

① 通风换气 通风换气是调节温室内湿度环境最简单有效的方法。温室内湿度一般高于室外，通过通风换气引进湿度相对较低的空气对室内空气能起到稀释作用。但是，在室外气温较低的季节，在通风排除室内多余水汽的同时，温室内的热量也被排出室外，通风量较大时将引起室内气温显著降低，因此应控制通风量的大小，或采取间歇通风的办法。

② 加热 在室内空气含湿量一定的情况下，通过加热提高温室温度自然就能起到降低室内空气相对湿度的作用。如能将通风与加热结合起来则对于降低室内空气相对湿度最为有效。

③ 改进灌溉方法及地膜覆盖 在温室中采用滴灌、微喷灌等节水灌溉措施可以减少地面的集水，显著降低地面蒸发量，从而降低空气相对湿度。与此相似，采用地膜覆盖也能减少地面水蒸气蒸发。如温室覆盖地膜后温室空气相对湿度由95％～100％下降为75％～80％。

④ 其他降湿技术与设备 采用机械制冷的方法，降低空气温度至露点以下，可使空气中的水分凝结出来，使空气绝对湿度降低。专用除湿机在运转中，其散热的部分将热量（除湿机运转中消耗的电能）散发于室内，兼有加温的作用。这种方法除湿效果显著，但设备费用和运行费用较高。

采用吸湿剂吸湿，如氯化锂、活性氧化铝、硅胶等，使用一段时间后需进行再生处理。此外，可采用稻草、麦草等吸湿，但这些方法均使用很少。

2）加湿调节

有些情况下温室内需要加湿满足作物生长要求，比如新扦插的作物、新嫁接的苗都需要高湿环境；冬季采用热风供暖系统的温室空气相对湿度过低。当室内相对湿度低于40％时，需要进行加湿。在一定的风速条件下，适当地增加一部分湿度可增大气孔开度从而提高作物光合强度。

常用的加湿方法有：增加灌水、喷雾加湿与湿帘风机降温系统加湿等。在采用喷雾与湿帘加湿的同时，还可达到降温的效果，一般可使室内相对湿度保持在80％左右，用湿帘加湿不仅降温、加湿效果显著、便于控制，还不会产生打湿叶片的现象。

（2）土壤湿度调节

对于采用地栽方式的温室，土壤湿度调控的目的是满足作物对水分的要求，因此应根据不同作物在不同生长期对水分的需求量确定灌水量。对于采用离地苗床栽培的温室，调控土壤相对湿度的目的是控制其含水量以降低水分蒸发。

2.1.7 空气环境及调控

1. 空气环境

大气中的CO_2和O_2分别是植物进行光合作用和呼吸作用的原料。空气湿度是影响植物生长发育的重要环境因子。空气中的有害气体会对作物生长带来不同程度的危害。温室气体环境来源于大气，但由于温室本身是一个半封闭的系统，因此温室内往往容易产生比大气环境更为恶劣的气体环境。为保证温室作物正常生长，需要采用空气调节和控制措施为作物提供适宜的气体环境。

（1）大气组成及其变化

大气的组成成分是比较复杂的，空气成分按照体积计算大致是O_2占20.95％，CO_2占0.035％，N_2占78.08％，其他有水汽、氩、氢、氖、氦及臭氧等。此外，随着工业发展和城市化的进程，空气中有害气体也在增多。

大气中直接参与植物生理活动的是CO_2和O_2。CO_2是植物进行光合作用的原料。在白天光照作用下，绿色植物进行光合作用，不断地吸收CO_2，将其转化为有机物，并释放出O_2。其结果是使得大气中CO_2浓度趋于降低，O_2浓度趋于升高。另一方面，无论白天黑夜，绿色植物也不断地进行着呼吸作用，消耗O_2，释放CO_2。结果是使得大气中CO_2浓度趋于升高，O_2浓度趋于降低。由于植物的光合作用远比呼吸作用旺盛，因此绿色植物光合作用和呼吸作用的结果是使得大气中CO_2浓度降低，O_2浓度升高。这种打破平衡的趋势是由动物和非绿色植物的呼吸作用来抵消的，它们吸收O_2，进行有氧代谢，释放CO_2，并获得维持其生命活动所需的能量。正因为如此，大气中CO_2和O_2的浓度基本上是保持不变的。

随着工业和城市的发展，由工厂排放的有害气体和城市汽车尾气污染了大气环境，这些有害气体主要有NH_3、SO_2、SO_3、Cl_2等。在局部地区，有害气体的排放呈上升趋势。

（2）空气环境对作物的影响

1）CO_2对作物生长发育的影响

CO_2是作物进行正常生理活动的"碳源"，CO_2浓度影响作物的光合作用，从而影响作物的发育、产量和品质。

在光照充足的情况下，当作物光合作用所消耗的CO_2与呼吸作用所释放的CO_2达到平衡时，环境中的CO_2浓度称为CO_2补偿点。如果环境中CO_2浓度低于补偿点，作物叶面将向周围空气释放 CO_2。CO_2 补偿点与作物种类有关。玉米等 C_4 作物的补偿点较低，一般为 $(0\sim10)\times10^{-6}$，因此常称为低补偿点作物；而大豆等 C_3 作物的补偿点多为 $(40\sim100)\times10^{-6}$，称为高补偿点作物。

作物周围的 CO_2 浓度高于补偿点时，一般作物的光合作用强度将会随作物周围环境与叶绿体之间 CO_2 浓度差的增加而上升。但当周围环境中的 CO_2 浓度增加到一定值时，作物光合速率将不再随着 CO_2 浓度的增加而提高，此时的 CO_2 浓度称为 CO_2 饱和点。当 CO_2 浓度过高或高浓度持续时间过长时，作物光合作用反而会因叶面气孔关闭等原因而降低。一般情况下，作物 CO_2 饱和点远比大气中 CO_2 浓度高。光照充足时，CO_2 不足往往成为作物光合生产率的限制因素。因此，为保证作物正常生长，周围环境中 CO_2 浓度应高于补偿点，并尽可能趋于饱和点。

CO_2 对作物光合作用的影响不是孤立的，而是与光照及温度等环境条件综合起来发挥作用。光照条件不同，作物 CO_2 补偿点不同，光照强，补偿点低；光照弱，补偿点高。在一定范围内，增加 CO_2 浓度可以补偿光照的不足。CO_2 浓度提高将提高作物光合作用的最适温度，且使得作物适宜温度的范围变窄。

CO_2 对作物生长发育、产量及品质均有重要影响。提高 CO_2 浓度有时可以使作物某些器官的产生和形成的物候期提前。例如，大气中 CO_2 浓度增加，可提高黄瓜碳素代谢，提高植物体内碳氮比，促进黄瓜花芽分化。绝大多数作物产量将随 CO_2 浓度的升高呈增长趋势。有人研究，黄瓜加富 CO_2，产量可以提高 $7\%\sim23\%$，增产效果非常明显。此外，提高大气中 CO_2 浓度可以改变某些作物果实中蛋白质、赖氨酸和粗淀粉的含量。

2）O_2 的生物学效应

作物在各个生命期均需要 O_2 进行正常呼吸，释放能量以维持生命活动。O_2 是作物正常呼吸的重要环境因子，O_2 不足将会使作物有氧呼吸受阻，严重时甚至中毒死亡。

O_2 浓度直接影响作物呼吸作用。O_2 浓度下降，作物有氧呼吸降低，无氧呼吸增加。无氧呼吸过程会产生酒精导致细胞质的蛋白质变性。无氧呼吸释放能量少，与有氧呼吸相比，释放等量的能量需多消耗几十倍的有机物。此外，无氧呼吸缺少氧化过程，无法提供合成其他有机物的中间过程产物。因此，作物在长时间低 O_2 浓度的环境下会产生发育不良乃至死亡的结果。

3）有害气体对作物的危害

空气中对作物生长产生危害的有害气体主要有 SO_2、SO_3、NH_3、Cl_2、C_2H_4、HF 等，这些有害气体通过作物气孔及根部进入作物体内，影响作物的生长发育。

① SO_2 和 SO_3　空气中的 SO_2 多为工厂排出或产生于温室内直接燃烧，SO_2 易氧化为 SO_3。空气中 SO_2 浓度达到 $2mL/m^3$，几天即可使作物出现受害症状；浓度达到 $100\sim200mL/m^3$ 并伴随较高的湿度时，大部分作物会受害致死。

② NH_3　肥料分解过程中易产生 NH_3，NH_3 对作物的危害是由气孔进入作物体内产生碱性损害。空气中 NH_3 浓度达到 $4\ mL/m^3$ 仅 1h，就能对作物产生危害。

③ Cl_2 和 C_2H_4　这两种有害气体均可能来自温室有毒或不纯的塑料薄膜。Cl_2 的毒性较 SO_2 大 $2\sim4$ 倍，在 $0.1mL/m^3$ 的浓度下 2h 即可使白菜、萝卜等产生受害症状。C_2H_4 的毒性与 Cl_2 相似。

④ HF　主要产生于工业污染，其污染程度虽然不如 SO_2 严重，但危害大 $10\sim100$ 倍。

空气中 HF 浓度达到 $1\sim5mL/m^3$ 时，就会危害作物生长。

（3）温室内空气环境

① CO_2 浓度　大气中 CO_2 浓度约为 $350mL/m^3$，这个浓度并不能满足作物光合作用的需要。如能提高空气中 CO_2 的浓度，将会大大促进光合作用，大幅度提高作物产量。温室是一个半封闭的系统，在充分通风换气的情况下，温室内 CO_2 浓度与大气中 CO_2 浓度的变化趋于一致。但在早春、晚秋和冬季，为加强保温，温室通风受到严格限制。在这种情况下，温室内 CO_2 浓度的变化与室外 CO_2 浓度的变化有着明显的不同。夜间，作物呼吸作用排出 CO_2 及土壤中的有机物经微生物分解释放 CO_2 使得温室内 CO_2 不断积蓄，到清晨温室内 CO_2 浓度可以达到 $400mL/m^3$，高于室外空气 CO_2 浓度（约 $320mL/m^3$）；在白天，由于作物光合作用 CO_2 被固定，室内 CO_2 浓度急剧下降，下午温室内 CO_2 浓度可能仅为 $70\sim80mL/m^3$，远远低于室外 CO_2 的浓度。由此可见，在温室生产特别是在密闭状况下的温室生产中，作物往往会处于一种 CO_2 浓度较低的饥饿状态。CO_2 亏缺不仅影响作物光合作用，而且影响根系发育，造成作物减产和品质下降。这种情况下 CO_2 施肥对增产增收往往起到很好的效果。

② O_2 浓度　一般而言，温室空气中的 O_2 浓度远远超过作物所需的最低浓度，作物缺氧的情况很少出现。不过在土壤板结或灌水过多的情况下，作物根部常常会缺氧窒息使得作物中毒死亡。此外，作物种子发芽一般对 O_2 浓度要求较高，否则种子会丧失发芽力。

③ 有害气体　温室内由于施肥、加温及通风不良等原因使得室内有害气体的分布较室外更为严重。

（a） SO_2　温室内采用直燃式供暖方式极易产生 SO_2、CO 等，过量的 CO 和 SO_2 会使作物中毒致死。

（b） NH_3　温室内施用过量的鸡粪、尿素等肥料易产生 NH_3，在温室通风换气不足的情况下很容易达到致害浓度。

（c）塑料制品挥发的有害气体　温室采用的农用聚氯乙烯塑料薄膜中的增塑剂和稳定剂，如正丁酯（C_4H_9）、磷苯二甲酸二异丁酯（DIBP）、乙二酸二辛酯［$C_8H_{17}OOC$ $(CH_2)_4COO\ C_8H_{17}$］等都可使作物受害。

（d）大气污染有害气体　温室建在化工厂附近时作物易受到工厂排放废气的污染，如 Cl_2 进入温室后在高湿度环境中容易形成盐酸雾，对作物产生极大危害。

2. 温室空气环境调节与控制

（1）通风换气

温室通风换气是改善室内空气环境最有效的措施。通过通风换气可以补偿室内 CO_2 的不足，将室内产生的有害气体排出室外或将其浓度降至致害浓度之下，此外还可以降低室内湿度，减少有害气体与水结合的机会。

（2）CO_2 施肥

作为气体环境控制的方法之一，目前 CO_2 施肥已经成为温室生产中增产增收的重要手段。采用有机肥发酵、燃烧、液态或固态 CO_2 挥发、化学反应等方法适时地提高温室内 CO_2 浓度能大大提高作物净光合作用速率，提高产品产量和品质，提高温室的生产效益。

（3）合理选址建设温室

在规划设计温室时，对于温室选址一定要经过认真论证，应选择远离污染源的空旷地进行建设。

2.1.8 土壤环境及调控

土壤是植物进行生命活动的载体，植物根系生活于土壤中，从土壤中吸收所需的营养元素、水分和氧气，只有当土壤满足植物对水、肥、气、热的要求时，植物才能生长发育良好。因此，土壤是十分重要的环境条件。

1. 土壤物理性状与作物的关系

土壤物理性状包括土壤质地与结构、土壤水分、土壤气体环境及土壤温度等。

（1）土壤质地与结构

土壤质地指土壤中各种矿物质颗粒的相对含量。根据矿物质颗粒粒径大小可以将土壤分为三类：沙土类、壤土类和黏土类。

① 沙土类　土壤质地较粗，含沙粒多，黏粒少，土粒间隙大，土壤疏松，黏结性小。通气透水性强，但保水性差，易干旱；土温易增易降，昼夜温差大；有机质分解快，养料易流失，保肥性能差，肥劲强但肥力短。适用于培养土的配制成分和改良黏土的成分，可用于耐旱作物的栽培。

② 黏土类　土壤质地较细，含黏粒和粉沙多，结构致密，干时硬、湿时黏。由于含黏粒多，表面积大，含矿质元素和有机质较多，保水保肥能力强且肥力持久，但通气透水性差。土壤昼夜温差小，早春土温上升慢，不利于作物生长。大部分作物不适应此类土壤，常需要与其他土壤或基质混配使用。

③ 壤土类　壤土质地比较均匀，沙粒、黏粒和粉沙按照一定比例配置，土壤颗粒大小居中，性状介于沙土和黏土之间，既具有较好的通气排水能力，又能保水保肥，有机质含量多，土温也比较稳定。对作物生长有利，能适应大部分作物的要求。

土壤结构指土壤颗粒排列的状况，有团粒状、块状、核状、柱状、片状等结构，其中以团粒状结构最适应植物生长。这是由于团粒结构是由土壤中的腐殖质将矿质颗粒相互粘结成直径为 $0.25 \sim 10mm$ 的小团块而形成。具有团粒结构的土壤能较好地协调土壤中的水、肥、气、热之间的矛盾，保水保肥能力强。

（2）土壤水分

土壤中的水分直接影响作物的生长，当土壤中含水量过高时，土壤孔隙被水占据，根系得不到充足的 O_2，CO_2 逐渐积累产生毒害，最后导致根系腐烂，植株枯死。土壤中缺少水分时，根系会适应性地向土壤层深处生长，同时 O_2 充足，因此根系发达。土壤黏重时，透气性差，在夏季暴雨过后植物根系难以获得充足的 O_2，地上部分又因阳光曝晒蒸腾加快，植株出现枯萎。

（3）土壤空气

植物根系进行呼吸作用要消耗相当多的 O_2，土壤中微生物活动也要消耗 O_2，所以土壤中 O_2 含量低于大气中的含量。一般土壤中含量在 $10\% \sim 21\%$ 之间。当土壤 O_2 含量为 12% 时，根系能正常生长和更新。当降到 10% 时，根系的正常机能开始衰退。下降到 2% 时，根系只能维持生存。与 O_2 相比，土壤中的 CO_2 浓度远高于大气中的浓度，有时可能超过 2% 甚至更多。而 CO_2 积累过多会产生毒害作用，对根系的呼吸作用和吸收机能产生危害，严重时导致作物根系窒息死亡。

2. 土壤化学性状与作物的关系

土壤化学性状主要指土壤酸碱度及土壤有机质和矿质元素等，它们与植物的营养状况有密切关系。

土壤酸碱度一般指土壤溶液中 H^+ 离子浓度，用 pH 值表示，土壤 pH 值多在 4~9 之间。由于土壤酸碱度与土壤物理化学性质有密切关系，因此土壤有机质和矿质元素的分解和利用也与土壤酸碱度密切相关。因此，土壤酸碱度对作物生长的影响往往是间接的。比如，在碱性土壤中，植物对铁元素吸收困难，常造成喜酸性土壤的植物产生失绿症，这是由于在过高的 pH 值条件下，不利于铁元素的溶解，导致吸收铁元素过少，影响了叶绿素的合成，而使叶片发黄。

土壤反应有酸性、中性和碱性三种。过强的酸性或碱性对植物的生长不利，甚至无法适应而死亡。各种作物对土壤酸碱度的适应力有较大差异。大多数要求中性或弱酸性土壤，仅有少数适应强酸性（pH 值为 4.5~5.5）和碱性（pH 值为 7.5~8.0）土壤。根据作物对土壤酸碱度要求的高低可将其分为三类。

1）酸性作物土壤　pH 值在 6.8 以下，才能生长良好。其中，种类不同，对酸性要求差异也较大。比如凤梨科、蕨类、兰科植物对酸性要求较严格。

2）中性作物土壤　pH 值在 6.5~7.5 之间，绝大多数作物属于此类。

3）碱性作物能耐　pH 值在 7.5 以上的作物。

根据作物对土壤酸碱性的适应性，采用化学方法调节土壤 pH 值是改良土壤的常用方法。比如，在碱性或微碱性的土壤中种植酸性作物，可以采用硫酸亚铁或硫黄粉改良；如果土壤酸性过高，则可以使用生石灰进行中和以提高土壤 pH 值。

土壤酸碱性还影响土壤微生物的分布及其生命活动，从而影响土壤中养分的有效性和作物的生长。

3. 土壤中生物环境与作物的关系

土壤的生物特性是土壤中动植物和微生物活动所造成的一种生物化学和生物物理学，这个特性与植物营养有密切关系。

土壤中生物种类众多，大到蚯蚓这样的节肢动物，小到各种菌类等微生物，且数量惊人。其中，对增强土壤肥力起决定作用的是土壤微生物。土壤微生物在其生命过程中不断将外来有机质进行分解，形成土壤腐殖质。土壤腐殖质是微生物将有机质分解后重新合成的具有相对稳定性的多聚体化合物，其中主要成分是胡敏酸和富里酸。

土壤腐殖质对作物生长有着非常重要的作用。首先，腐殖质为作物生长提供营养。土壤中 99% 的氮素和部分磷都是以有机形态存在，在微生物作用下会分解出来，成为作物的矿质养料，腐殖质还为作物生长提供碳源（CO_2）。其次，腐殖质能改善土壤物理性能。腐殖质能促进土壤团粒结核的形成，使土壤松软，从而提高土壤透水性和通气性。此外，腐殖质还能增强土壤保肥性能。腐殖质中带有正负电荷，可以吸附阴阳离子，降低养分随水流失量，提高土壤保肥力。

土壤微生物对作物生长也起着重要作用。土壤微生物不仅可以分解有机物，还可以直接分解矿物质。比如，硅酸盐菌可以分解硅酸盐，分离出钾供作物吸收。微生物生命活动还能产生生长激素和维生素作为作物的营养，促进作物发育。此外，某些微生物还与作物根系形成共生体，帮助根系吸收水分与养分。

4. 温室中土壤环境特点

温室内气候环境（包括光照、温度、湿度等）不同于室外环境，温室种植方式也不同于室外，温室一般采用同年生产，土壤的利用率高，施肥量大，因而使得温室土壤环境具有与露地土壤不同的特点。

1）土壤表层盐分浓度高　温室具有半封闭的特点，不存在自然降雨对土壤的淋浴作用，因此土壤中积累的盐分难以移动到地下水中。另一方面，温室内作物生长旺盛，土壤蒸发和作物蒸腾作用都比露地强，因此盐分在作物根系吸水的过程中被水带至土壤表层进一步加重了盐分的积累。

2）土壤有机质含量高　温室内土壤有机质含量（包括有机质总量和可氧化的有机质含量）高，土壤腐殖质含量高，有利于作物生长。

3）土壤酸化　温室种植茬数多，氮肥施用量过大时会引起土壤酸化，土壤酸化除直接危害作物外还影响作物对营养元素的吸收。

4）连作障碍　温室内栽培品种比较单一，往往不注意轮作换茬。这种栽培方式容易造成土壤中养分的不平衡，有些营养元素亏缺，有些又残留富积，产生连作障碍。

5）生物环境特点　温室内土壤含湿量较高，这种湿润环境利于微生物的活动，可能给作物生长带来有利的一面。与此同时，土传病及虫害也更易于传播和发展，使得一些在露地不难消灭的病虫害在温室内很难绝迹。

5. 温室土壤环境调节

根据温室内土壤环境的特点，采用合理的调控措施改善土壤环境是很有必要的。

1）平衡施肥　盲目施肥是温室内盐分富积、土壤次生盐渍化、土壤酸化的主要原因，因此根据土壤的供肥能力和作物的需肥规律进行平衡施肥可以从根源上减少土壤盐分的过多积累。

2）增施有机肥　有机肥肥效缓慢，腐熟的有机肥不易引起盐类浓度的上升，还可以改善土壤的物理化学性状，疏松透气，有利于作物呼吸作用。

3）采用微灌方式　土壤水分上升导致表层盐分的积累，灌溉方式是影响土壤蒸发量的主要原因。采用喷灌、滴灌、渗灌等微灌方式可以有效地降低土壤蒸发强度，减缓土壤表层的盐分积累。

4）土壤消毒　正常情况下土壤中各种微生物保持一定的平衡，在温室栽培条件下可能打破平衡，造成病虫害的发展。采用土壤消毒的办法可以有效消灭病虫害。土壤消毒可以采用高温蒸汽热处理消毒，也可以采用药剂消毒。

5）轮作栽培或无土栽培　采用轮作换茬的栽培方式是克服连作障碍的经济、有效的方法。轮作换茬甚至适当休闲可以减轻土壤次生盐渍化，避免养分失衡，对恢复地力、减少生理性病害和病虫害都有显著的作用。当温室内土传病难以控制、土壤环境十分恶劣时可以采用无土栽培技术。

2.2　动物生长环境

畜禽生产环境因素可以分成以下三类：一类是物理因素，主要指空气温度、湿度、气流、气压、光照、噪声等，其中由空气温度、湿度、气流等因素所决定的环境称为热环境；另一类为化学因素，主要指畜禽生活空间空气中的化学物质，如 O_2、N_2 及畜禽舍内的有害气体如 CO_2、CO、H_2S、NH_3、SO_2 等；还有一类为生物因素，主要是指畜禽生活空间中的微生物等有关因素。

适宜的环境是畜禽正常生长发育的必要条件，决定着畜禽优良品种的优良遗传特性是否能够实际得到充分表现。畜禽舍的环境调控就是利用必要的工程技术与设施，创造良好的畜禽舍小气候，保证畜禽生长繁育的适宜环境，这是在畜牧业集约化和现代化生产中，促进畜禽生长、提高畜产品产量和品质的重要手段与保证条件。

2.2.1　畜禽环境因素及其影响

1. 环境温度对畜禽的影响

1）畜禽温度调节

在一定的环境条件下，畜禽的体温是恒定的，此恒定体温为：鸡 41.7℃，猪 39℃，牛 38.5℃，马 38℃，绵羊 40℃。在一般情况下，畜禽体温都要高于环境温度，所以畜禽体就会向周围环境散失热量，散热的方法包括显热散热（辐射、对流和传导）和潜热散热（蒸发）。另一方面，畜禽体又通过能量代谢过程不断产生热量而获得热量的补充。畜禽可利用生理调节来改变其产热和散热，使之达到热量平衡，以便保持畜禽体的恒定体温。

2）温度调节的图解

图 2-10 表示在不同环境温度下畜禽体的产热和散热，以说明环境温度对畜禽的影响。图中有三条曲线，上面的实线表示产热量与环境温度的关系，中间的虚线和下面的点划线分别表示了显热散热及潜热散热与环境温度的关系。

图中产热量曲线中部转折点所对应的环境温度称为下临界温度，在其左面，即环境温度低于下临界温度时，由于畜禽体与环境的温度差加大，显热散热增加，畜禽体正常代谢产热已不足以抵消此散热，必须利用生理调节来增加产热量，以便与散热相平衡，这时，畜禽的生产能量（即可用来产生畜禽产品的能量）有可能减少。

如果环境温度继续降低，畜禽必须相应地不断增加产热量。当环境温度降低到某一点时，生产能量将减少至零，这一环境温度就称为无畜产品温度（在图中未表示）。当环境温度再继续降低，而产热量不能再增加时，畜禽的体温将开始降低。

在下临界温度的右面，即环境温度高于下临界温度时，畜禽的产热量就是畜禽消化饲料时释放的热量，当畜禽采食量不变时，此产热量基本保持不变，并且产热量最低，所以此区域称为最低代谢区。在这一区域内，当环境温度增高时，由于畜禽体与环境的温度差减小，使显热散热减少，此时畜禽会通过畜禽体的物

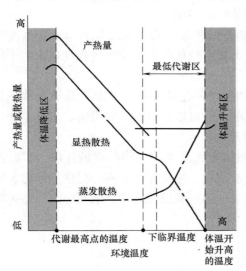

图 2-10　畜禽产热及散热与环境温度的关系

理调节和行为调节，如增加喘息等，增加蒸发散热，以保持恒定的体温。当环境温度继续增高到显热散热为零时，只能依靠蒸发散热来防止畜禽的体温升高。

3）下临界温度和无畜产品温度

畜禽的下临界温度和无畜产品温度将随畜禽的种类和生长阶段的不同而异，同时也与喂饲量的多少和有无垫草等因素有关，图 2-11 表示了在充分喂饲和不用垫草的情况下部分畜禽的下临界温度（以 T_{LC} 表示）和无畜产品温度（以 T_{NG} 表示）。

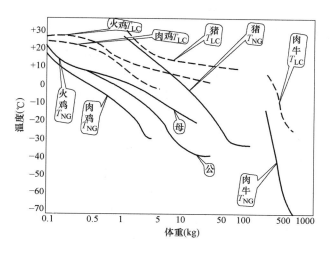

图 2-11　下临界温度和无畜产品温度

4）环境温度对畜禽生产性能的影响

当环境温度低于下临界温度时，将使畜禽产品量下降。当环境温度过高时，由于畜禽采食量减少等原因，也会降低畜禽产品量。表 2-8 和表 2-9 表示了环境温度对猪和鸡生产性能的影响。可以看出，环境温度过低或过高都会影响猪、鸡的生产性能。

猪增重与环境温度的关系　　　　　　　　　　　　　　　　　　　　　表 2-8

猪体重(kg)	不同环境温度下的日增重(g)							
	4℃	10℃	16℃	21℃	27℃	32℃	38℃	43℃
34～56	—	620	715	910	890	630	20	−600
56～79	580	670	790	980	830	520	−90	−1180
79～102	540	680	830	1010	760	350	−460	
102～124	500	760	950	980	690	280	−560	—
124～168	430	850	1100	900	550	50	−1500	—

蛋鸡质量与环境温度的关系　　　　　　　　　　　　　　　　　　　　表 2-9

环境温度(℃)	产蛋率(%)	蛋重(g)	日采食量(g)	每千克采食量产蛋数(个)
−5	26	58	186	14.4
3	65	57	158	40.8
8	74	56	150	51.6
13	78	56	141	55.2
18	75	55	132	57.6
24	68	54	122	55.2
29	56	52	113	51.6

由于牛的体积大，其下临界温度一般在 0℃ 以下，所以在一定范围内的低温对牛的生产性能影响较小，而高温则有较大的影响。表 2-10 表示了当相对湿度为 60%～70% 时高温对奶牛产奶量的影响。可以看出，环境温度超过 26℃ 时产奶量明显下降。

高温对奶牛产奶量的影响 表 2-10

环境温度(℃)	25.6	26.7	29.4	32.2
牛奶产量(%)	100	95	87	72

2. 相对湿度对畜禽的影响

环境空气的相对湿度对畜禽的影响和环境温度有密切的关系。

无论是幼畜禽还是成年畜禽，当其所处的环境温度是在最佳范围之内时，环境空气的相对湿度对畜禽的生产性能无影响。这时，常出于其他考虑来限制相对湿度。例如，考虑到相对湿度过低时会在畜禽舍内形成过多的灰尘，相对湿度过高会使病原体易于繁殖，也会降低畜禽舍和舍内机械设备的寿命。所以畜禽舍内环境相对湿度不应过低或过高。

当舍内环境温度较低时，由于潮湿空气的导热性大，会使畜禽增加寒冷感，能影响到生产性能，这一点对于幼畜禽更为敏感。例如，据试验在冬季于相对湿度高的猪舍内饲养仔猪时，活重比对照组低，且易引起下痢、肠炎等疾病。

当舍内环境温度较高时，由于空气相对湿度大而影响到畜禽蒸发散热，从而加剧了高温对畜禽生产性能的影响，这一点对于成年畜禽更为敏感。例如，当环境温度在 25℃ 以下时相对湿度对奶牛产奶量没有影响，超过 25℃ 时环境相对湿度提高将使产奶量下降。当环境温度为 27℃ 时，相对湿度超过 75% 将使蛋鸡产蛋率下降。

3. 空气流速对畜禽的影响

空气流速提高时，会增加畜禽的蒸发散热，同时也会因对流散热的提高而增加畜禽的显热散热。所以也会因此而影响畜禽的生产性能。

对于雏鸡和仔猪，在各种环境温度下空气流速都不应超过 0.3m/s，否则对幼畜禽的生产性能将产生不利的影响。

对于成年畜禽，合理的空气流速取决于环境温度。环境温度高时，提高空气流速将会改善畜禽的生产性能；但在环境温度正常或较低时，空气流速也应限制在一定范围内，否则将对畜禽产生不利的影响。

4. 空气中有害气体对畜禽的影响

畜禽舍中空气的主要污染来自畜禽的呼吸及粪便。有害气体主要有 NH_3、CO_2 和 H_2S 等。根据我国农业行业标准——《畜禽场环境质量标准》NY/T 388—1999，畜禽场空气环境质量应满足保护畜禽场与其周围环境、保证畜禽产品质量、保障人民群众健康、促进畜牧业可持续发展的要求。

1）NH_3 的影响　氨是无色气体，有刺激性气味，轻于空气，能溶于水。氨气主要来自于粪便，当粪便正在分解时产生的氨气会更多些。

氨气对畜禽的主要作用是破坏畜禽的呼吸道黏膜，使细菌容易侵入，从而降低了畜禽的抗病能力，同时还会影响畜禽的食欲。

根据标准，猪的生产性能在氨含量达到 $35mg/m^3$ 时开始受到影响，$71mg/m^3$ 时食欲降低和易引起各种呼吸道疾病，$212mg/m^3$ 时会引起呼吸变浅和痉挛。雏鸡舍在氨含量达

到 $53\sim71mg/m^3$ 时将影响其生长，成鸡舍在氨含量达到 $71mg/m^3$ 时将影响其生长。只有乳牛耐受氨的能力较大，据试验，氨含量高达 $318mg/m^3$ 时对乳牛无影响。

在正常通风的情况下，畜禽舍内的氨含量都低于上述有害水平。但在冬季如果通风很差，氨浓度有时会达到或超过有害水平。特别是设有缝隙地板下深粪坑的畜舍，当进行粪液的搅动和卸出时，畜舍内氨含量会很高，这时人和牲畜都应该离开畜舍，以保证安全。

2）CO_2 的影响 CO_2 是无色无味气体，比空气重。CO_2 主要来自畜禽的呼吸。CO_2 一般对猪和牛没有明显影响，但其含量不能超过 $73.2g/m^3$，如过高猪会呼吸急促，达到 $732g/m^3$ 猪会摇晃、昏迷，直至死亡。产蛋鸡对 CO_2 含量更为敏感，据试验，CO_2 含量达到 $2\%\sim3\%$（即 $36.6\sim54.9g/m^3$）以上时，会使产蛋率降低、蛋壳变薄、蛋重变小。

3）H_2S 的影响 硫化氢为无色、有臭鸡蛋气味的气体，易溶于水。硫化氢是畜禽粪便分解的产物，是有毒气体，空气中允许的含量较低。H_2S 含量达到 $28mg/m^3$ 时会影响猪的食欲，$71\sim142mg/m^3$ 时会使猪呕吐、恶心、腹泻，突然增加到 $568\sim1420mg/m^3$ 时会导致猪的死亡。对于成年鸡，H_2S 含量达到 $28mg/m^3$ 时会使鸡活动减少、生长减慢。对于犊牛，$28mg/m^3$ 的 H_2S 含量会引起其食欲减退。

一般畜禽舍中，H_2S 含量 $<14mg/m^3$，所以是安全的。设有缝隙地板下深粪坑的畜舍，在搅动和卸出液粪时，H_2S 含量有可能达到 $1420mg/m^3$，可令人畜发生中毒，所以人畜必须离开畜舍。

5. 光照对畜禽的影响

光照主要对鸡有较大的影响，对牲畜的影响较小。

根据利用不同光照强度和光照制度对肉鸡生长和采食进行的研究结果，说明对于肉鸡采用保持 24h 的低强度光（5lx）比较有利，和对照组相比，56 日龄的体重最高，饲料转化率也最高。

对于蛋鸡，光照度过暗将影响产蛋率，光照度应为 $5\sim20$lx。图 2-12 表示了无窗蛋鸡舍光照制度一例。图中从 2 至（40～47）周龄间有上、下两条线，上面的线表示青年鸡光照时间为 10h，下面的线表示青年鸡光照时间为 8h。此例中蛋鸡自 40～47 周龄起始终保持每天光照 17h。加长光照周期时最好同时增加日粮中的蛋白质含量，以加强其效果。

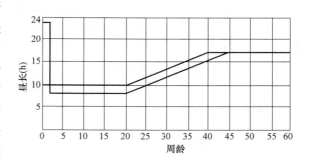

图 2-12 无窗鸡舍的光照制度

2.2.2 各类畜禽舍的环境调控要求

畜禽舍的环境调控要求应综合畜禽生理性和经济性等方面考虑，进行合理确定，具体生产管理中，还应视当地、当时的实际条件，不应绝对化。例如，对于育肥猪一般认为最适宜的环境温度为 $15\sim24℃$，而由于在我国农村仍广泛应用前开式猪舍，其冬季舍内温度将远远低于此合理温度范围，严重时甚至会形成一年养猪半年长肉的情况，确实是不合理的，应该因地制宜地加以改进，使其更接近合理的环境要求。但也不应把调控目标提得过高，在严寒季节的一段时期内可以按舍内气温不低于10℃进行控制。反之，在南方夏季，最炎热的时期舍内气温能够保证在30℃以下，已属不易。

1. 猪舍的环境要求

按照饲养猪的类别，猪舍可分为：分娩舍、前期仔猪舍、仔猪舍、育肥猪舍、妊娠母猪舍和配种猪舍。

1）分娩舍 母猪在此舍内分娩并在分娩后和仔猪一起在此舍饲养3~7周。在对温度的要求方面，母猪和仔猪是有较大差异的，母猪要求温度不能太高，仔猪则要求较高的温度。所以必须对仔猪活动区进行局部保温和供热。舍内温度主要考虑母猪并兼顾仔猪，一般最佳范围为18~22℃，下限为15℃，上限为29℃。仔猪活动区的局部供热处：新生仔猪时为32~35℃，以后每日下降0.5℃左右，至仔猪3周龄时降为21~27℃，最佳24℃。

分娩舍其他环境参数：相对湿度60%~85%，NH_3含量<25mg/m³，CO_2含量<1500mg/m³，H_2S含量<10mg/m³，空气流速在0.5m/s以下。

2）前期仔猪舍 用来饲养早期（约3周龄）断奶的仔猪，前期仔猪在此舍饲养约4周。其舍内温度应高于一般仔猪舍，开始29℃，以后每周降1.7℃，最后降至24℃左右。空气流速为0.3m/s以下。其他环境参数与分娩舍同。

3）仔猪舍 用来饲养7~11周龄仔猪，舍内温度为21~27℃，其他环境参数与分娩舍同。

4）育肥猪舍和妊娠母猪舍 舍内温度：最佳温度15~24℃，下限为10℃，上限为29℃，空气流速为0.3~1.0m/s，其他环境参数与分娩舍同。

5）配种猪舍 舍内温度为13~29℃，空气流速为0.3~1.0m/s，其他环境参数与分娩舍同。

2. 鸡舍的环境要求

按饲养鸡的类别，鸡舍可分：育雏鸡舍、青年鸡舍、蛋鸡舍和肉鸡舍。

1）育雏鸡舍 用来饲养从出壳到60日龄的雏鸡。一般采用在一定的舍内温度下另设雏鸡的局部供热。舍内温度从出壳至60日龄应在24~18℃间逐渐变化，局部供热处：1周龄应为33~35℃，以后每周降2.5℃左右，直至18~22℃。

育雏舍其他环境参数：相对湿度，1周龄应为30%~70%，以后为60%~80%；NH_3含量<10mg/m³，CO_2含量<1500mg/m³，H_2S含量<2mg/m³，空气流速为0.1~0.3m/s。

2）青年鸡舍 用来饲养60~140日龄幼鸡。舍内最佳温度为14~20℃，下限温度为10~12℃，上限温度为30℃。

青年鸡舍其他环境参数：相对湿度为50%~85%，NH_3含量<15mg/m³，CO_2含量<mg/m³，H_2S含量<10mg/m³，空气流速0.1~0.3m/s。

3）蛋鸡舍 舍内最佳温度为13~20℃，下限温度为7~8℃，上限温度一般定为29℃，我国实际上限多为30~32℃。

蛋鸡舍其他环境参数：相对湿度为50%~85%，NH_3含量<15mg/m³，CO_2含量<1500mg/m³，H_2S含量<10mg/m³，空气流速应随舍内温度的提高而提高，舍内温度在13℃以下时0.3m/s，18℃时0.6m/s，24℃时1m/s，气温更高时可采用1.5m/s左右风速。

蛋库应维持室内温度在13℃，相对湿度60%～80%。

4）肉鸡舍　舍内最佳温度为18～24℃，下限温度为10～12℃，上限温度一般定为28℃。肉鸡舍的相对湿度和有害气体含量与青年鸡舍同。空气流速：肉鸡在2周龄以前不应大于0.3m/s，3～8周龄时可随着舍内温度提高而提高。

3. 牛舍的环境要求

按饲养牛的类别，牛舍可分为：犊牛舍、育成牛舍、奶牛舍和肉牛舍。

1）犊牛舍　用来饲养4～5月龄前的犊牛。舍内温度：2月龄以下时为15～20℃，2～4月龄时为12～20℃，下限温度分别为12℃和10℃。相对湿度为40%～85%，最佳60%～80%。NH_3含量<20mg/m³，CO_2含量<1500mg/m³，H_2S含量<8mg/m³，空气流速0.3m/s以下。

2）育成牛舍　用来饲养5月龄至2岁龄牛，有时同时饲养干乳奶牛。常按月龄分成组。舍内温度：最佳温度8～25℃，下限温度5℃。相对湿度为40%～85%，最佳为60%～80%。NH_3含量<20mg/m³，CO_2含量<1500mg/m³，H_2S含量<8mg/m³，空气流速为0.1～0.5m/s，舍内温度高时可为1.0m/s。

3）奶牛舍　奶牛体大，对低温环境的要求并不严，据研究，黑白花奶牛处在－12℃的环境温度下对生产无任何影响。但考虑到挤奶和饲养工作人员舒适程度和操作方便性，奶牛舍内的最佳温度为10～25℃，下限温度为50℃，上限29℃。其他环境参数与育成牛舍同。

4）肉牛舍　当肉牛采用密闭或半密闭牛舍饲养时，环境要求与上述育成牛舍同。

第3章　人工环境空气参数

空气环境调控是设施农业环境控制的主要内容，为了营造适于生物生长发育的最佳空气环境条件，首先需要了解空气的性质，然后才能研究空气环境调控中的各种问题。

3.1　空气的组成和状态参数

3.1.1　空气的组成

包围着地球的空气层称为大气。根据地球人造卫星的测量表明，地球大气的总厚度约为3000km。大气是由干空气和一定量的水蒸气组成的混合物，称为湿空气。湿空气的组成成分如表3-1所示。

<table>
<tr><td colspan="4">空气的组成成分　　　　　　　　　　　　　　　　　　　　表3-1</td></tr>
<tr><td colspan="2">组成成分</td><td>分子量</td><td>体积百分比(%)</td></tr>
<tr><td rowspan="5">干空气</td><td>氮</td><td>28.05</td><td>78.03</td></tr>
<tr><td>氧</td><td>32</td><td>20.99</td></tr>
<tr><td>二氧化碳</td><td>44</td><td>0.03</td></tr>
<tr><td>氢</td><td>2.02</td><td>0.01</td></tr>
<tr><td>氩</td><td>39.41</td><td>0.94</td></tr>
<tr><td colspan="2">水蒸气</td><td></td><td>0.2~4</td></tr>
</table>

干空气中除二氧化碳外，其他气体的含量是非常稳定的，而二氧化碳的含量随动植物的生长状态、气象条件、生产排放物等因素有较大变化。然而，由于其含量非常小，它们的含量变化对干空气性质的影响可以忽略。科学的测定结果表明，在通常情况下，干空气的组成是比较稳定的。为统一干空气的热工性质，便于热工计算，一般将海平面高度的清洁干空气成分作为标准组成。

地球表面的湿空气中，尚有悬浮尘埃、烟雾、微生物及化学排放物等，由于这些物质并不影响湿空气的物理性质，因此本章不涉及这些内容。

水蒸气在湿空气中的含量是不稳定的，湿空气中的水蒸气含量是决定湿空气状态的重要因素。在炎热季节里，由于水分蒸发而吸收空气中的显热，可使环境气温降低，达到冷却的效果。畜禽体表面的水分蒸发，是直接驱散动物体热的重要方法。另一方面，为了使农业设施内保持相对干燥，以满足动植物对环境的要求，需设法减少水的蒸发，降低空气湿度。

3.1.2　空气的状态参数

在农业设施空气环境调节系统的设计计算、系统设备的选择及运行管理中往往要涉及湿空气的状态参数和状态变化等问题。湿空气的物理性质也是由它的组成成分和所处的状态决定的。

湿空气的状态通常可以用压力、温度、相对湿度、含湿量及焓等参数来度量和描述，这些参数称为湿空气的状态参数。

常温常压下的干空气可认为是理想气体。湿空气中的水蒸气由于处于过热状态，及数量少，分压力很低，比容很大，也可以近似地当作理想气体来对待，其状态参数之间的关系可以用理想气体状态方程式表示，即：

$$Pv = RT \tag{3-1}$$

或
$$PV = mRT \tag{3-2}$$

式中　P——气体的压力，Pa；

v——气体的比容，m³/kg；

R——气体常数，取决于气体的性质，J/(kg·K)；

V——气体的总容积，m³；

T——气体的热力学温度，K；

m——气体的总质量，kg。

当气体的总质量采用 kmol 为单位时，理想气体状态方程式为：

$$PV_m = R_0 T \tag{3-3}$$

式中　V_m——为 1kg 分子量的体积，m³/kmol；

R_0——通用气体常数，即物理学中的普适气体常数，J/(kmol·K)；

由阿伏加德罗定律可知，对于一切具有相同压力、温度的气体，其 V_m 相同。当 $P = 101325$Pa，$T = 273.15$K 时，实验测得 $V_m = 22.4145$m³/kmol，因而

$$R_0 = \frac{PV_m}{T} = \frac{101325 \times 22.4145}{273.15} = 8314.66 \text{J/(kmol·K)}$$

将 R_0 除以任何气体的分子量 M，就得到 1kg 该气体的气体常数 R，即：

$$R_g = \frac{R_0}{M_g} = \frac{8314.66}{28.97} = 287 \text{J/(kg·K)}$$

$$R_q = \frac{R_0}{M_q} = \frac{8314.66}{18.02} = 461 \text{J/(kg·K)}$$

式中角标 g 表示干空气，q 表示水蒸气。

下面分别叙述空调工程中几种常用的湿空气的状态参数。

1. 压力

（1）大气压力

环绕地球的空气层对单位地球表面形成的压力称为大气压力（或湿空气总压力）。大气压力通常用 P 或 B 表示

大气压力的单位用帕（Pa）或千帕（kPa）表示。

大气压力不是一个定值，它随各地海拔高度的不同而存在差异。

通常以北纬45°处海平面的全年平均气压作为一个标准大气压或物理大气压，其数值为 101325Pa。海拔高度越高的地方大气压力越低。例如，我国北部沿海城市天津海拔高度 3.3m，夏季大气压力为 100480Pa，冬季为 102660Pa，西藏高原上的拉萨市海拔高度

为 3658m，夏季的大气压力为 65230Pa，冬季为 65000Pa。可见，拉萨市比沿海城市的气压低得多，大气压力不仅与海拔高度有关，还随季节、气候的变化稍有高低。由于大气压力不同，空气的物理性质也会不同，反映空气物理性质的状态参数也要发生变化。

测定空气压力时，测压仪表上指示的压力称为工作压力（亦称表压力），工作压力不是空气的绝对压力，而是与当地大气压力的差值，其相互关系为：

$$绝对压力＝当地大气压＋工作压力$$

只有绝对压力才是湿空气的状态参数。今后凡未标明是工作压力时，均应理解为绝对压力。当地大气压力值可以用"大气压力计"测得。

（2）水蒸气分压力与饱和水蒸气分压力

湿空气中，水蒸气单独占有湿空气的容积，并具有与湿空气相同的温度时，所产生的压力，称之为水蒸气分压力，用 P_q 表示。

根据道尔顿定律，理想的混合气体的总压力等于组成该混合气体的各种气体的分压力之和。每种气体都处于各分压力作用之下，参与组成的各种气体都具有与混合气体相同的体积和温度，即：

$$P = \sum_{i=1}^{n} P_i \tag{3-4}$$

由前所述，湿空气可视为理想气体，它是由干空气和水蒸气组成的混合气体。如果湿空气的总压力为 P，则 P 应是干空气的分压力 P_g 与水蒸汽的分压力 P_q 之和，即：

$$P＝P_g＋P_q \quad 或 \quad B＝P_g＋P_q \tag{3-5}$$

从气体分子运动论的观点来看，压力是由于气体分子的撞击容器壁而产生的宏观效果。因此，水蒸气分压力大小直接反映了水蒸气含量的多少。

在一定温度下，空气中的水蒸气含量越多，空气就越潮湿，水蒸气分压力也越大，如果空气中水蒸气的数目超过某一限量时，多余的水蒸气就会凝结成水从空气中析出。这说明，在一定温度条件下，湿空气中的水蒸气含量达到最大限度时，则称湿空气处于饱和状态，亦称为饱和空气；此时相应的水蒸气分压力称之为饱和水蒸气分压力，用 $P_{q·b}$ 表示。$P_{q·b}$ 值仅取决于温度。温度越高，$P_{q·b}$ 值越大。各种温度下的饱和水蒸气分压力值，可以从湿空气性质表中查出。

2. 空气温度

空气的温度是表示空气的冷热程度。温度的高低用"温标"来衡量。目前国际上常用的有绝对温标（又称开氏温标），符号为 T，单位为 K；摄氏温标，符号为 t，单位为℃；有的国家也采用华氏温标，符号为 t，单位为℉；这三种温标的换算关系为：

$$t＝T－273.15 \approx T－273 \tag{3-6}$$

$$t℃ = \frac{5}{9}(t℉－32) \tag{3-7}$$

式中　T——绝对温度，K；

　　$t℃$——摄氏温度，℃；

　　$t℉$——华氏温度，℉。

3. 密度和比容

单位容积的湿空气所具有的质量，称为密度，用符号 ρ 表示，即：

$$\rho = \frac{m}{V} \qquad (\text{kg/m}^3) \qquad\qquad (3-8)$$

式中　m——湿空气的质量，kg；

$\quad\quad\;\; V$——湿空气占有的容积，m^3。

单位质量的湿空气所占有的容积，称为比容，用符号 v 表示，即：

$$v = \frac{V}{m} = \frac{1}{\rho} \qquad (\text{m}^3/\text{kg}) \qquad\qquad (3-9)$$

式中符号及单位同上。

在湿空气的计算中往往以含 1kg 干空气的湿空气作为计算基础。湿空气的质量 m 应是干空气的质量 m_g 与水蒸气的质量 m_q 之和。所以以 1kg 干空气作为计算基础时，干空气的比容 v_g 与密度 ρ_g 应分别为：

$$\rho_g = \frac{m_g}{V} \qquad (\text{kg干空气}/\text{m}^3) \qquad\qquad (3-10)$$

$$v_g = \frac{V}{m_g} \qquad (\text{m}^3/\text{kg干空气}) \qquad\qquad (3-11)$$

湿空气的密度等于干空气密度与水蒸气密度之和，即：

$$\rho = \rho_g + \rho_q = \frac{P_g}{R_g T} + \frac{P_q}{R_q T} = 0.003484 \frac{B}{T} - 0.00134 \frac{P_q}{T} \qquad (3-12)$$

在标准条件下（压力为 101325Pa，温度为 293K，即 20℃）干空气的密度 $\rho_g = 1.205\text{kg/m}^3$，而湿空气的密度取决于 P_q 值的大小。由于 P_q 值相对于 P_g 值而言数值较小，因此，湿空气的密度比干空气密度小，在实际计算时可近似取 $\rho = 1.2\text{kg/m}^3$。

4. 湿度

湿度是表示湿空气中水蒸气含量多少的物理量，一般有三种表示方法。

（1）绝对湿度

单位容积湿空气中含有水蒸气的质量，称为绝对湿度，即为湿空气中水蒸气的密度。

考虑到在近似等压的条件下，湿空气体积随温度的变化而改变，而空气环境调控过程经常涉及湿空气的温度变化，因此采用水蒸气密度作为衡量湿空气含有水蒸气量的参数会给实际计算带来诸多不便。

（2）含湿量

取湿空气中的水蒸气密度与干空气密度之比作为湿空气含有水蒸气量的指标，即取对应于 1kg 干空气的湿空气所含有的水蒸气量，有：

$$d = \frac{\rho_q}{\rho_g} = \frac{R_g}{R_q} \cdot \frac{P_q}{P_g} = 0.622 \frac{P_q}{P_g}$$

$$d = 0.622 \frac{P_q}{B - P_q} \qquad (\text{kg/kg干空气 或 kg/kg干空气}) \qquad\qquad (3-13)$$

考虑到湿空气中水蒸气含量较少，因此含湿量 d 的单位也可用 g/kg 干表示，式(3-13)则可写成：

$$d = 622 \frac{P_q}{B - P_q} \qquad (\text{g/kg干}) \qquad\qquad (3-14)$$

（3）相对湿度

相对湿度定义为湿空气的水蒸气压力与同温度下饱和湿空气的水蒸气压力之比，即：

$$\varphi=\frac{P_{q}}{P_{q \cdot b}}\times100\% \tag{3-15}$$

由式（3-15）可见，相对湿度表征湿空气中水蒸气接近饱和含量的程度。式中 $P_{q \cdot b}$ 是温度的单值函数，可在一些热工手册中查到，表 3-2 列出常用的几个数据。

空气温度与饱和水蒸气分压力及饱和含湿量的关系   表 3-2

室气温度 $t(℃)$	饱和水蒸气分压力 $P_{q \cdot b}$(Pa)	饱和含湿量 d_{b}(g/kg干空气)$(B=101325Pa)$
10	1225	7.63
20	2331	14.70
30	4232	27.20

湿空气的相对湿度与含湿量之间的关系可由式（3-14）导出，根据

$$d=0.622\frac{P_{q}}{B-P_{q}}=0.622\frac{\varphi P_{q \cdot b}}{B-\varphi P_{q \cdot b}}$$

$$d_{b}=0.622\frac{P_{q \cdot b}}{B-P_{q \cdot b}} \tag{3-16}$$

$$\frac{d}{d_{b}}=\frac{P_{q}(B-P_{q \cdot b})}{P_{q \cdot b}(B-P_{q})}=\varphi \cdot \frac{(B-P_{q \cdot b})}{(B-P_{q})}$$

$$\varphi=\frac{d}{d_{b}} \cdot \frac{(B-P_{q})}{(B-P_{q \cdot b})}\times100\%$$

上式中的 B 值远大于 $P_{q \cdot b}$ 和 P_{q} 值，$B-P_{q}\approx B-P_{q \cdot b}$ 只会造成 $1\%\sim3\%$ 的误差。相对湿度可近似表示为：

$$\varphi=\frac{d}{d_{b}}\times100\% \tag{3-17}$$

式中　d_{b}——饱和含湿量，kg/kg干空气 或 g/kg干空气。

5. 湿空气的焓

在空气调节中，空气的压力变化一般很小，可近似于定压过程，因此可直接用空气的焓变化来度量空气的热量变化。

已知干空气的定压比热 $c_{p \cdot g}=1.005$kJ/(kg·℃)，近似取 1 或 1.01；

水蒸气的定压比热 $c_{p \cdot q}=1.84$kJ/(kg·℃)；

干空气的焓：$h_{g}=c_{p \cdot g} \cdot t$，kJ/kg干空气；

水蒸气的焓：$h_{q}=c_{p \cdot q} \cdot t+2500$，kJ/kg气。

式中 2500 为 $t=0℃$ 时水蒸气的汽化潜热（r_{o}）。

则湿空气的焓：

$$\left.\begin{array}{l}h=c_{p \cdot g} \cdot t+(2500+c_{p \cdot q} \cdot t)d \\ h=c_{p \cdot g} \cdot t+(2500+c_{p \cdot q} \cdot t)\dfrac{d}{1000}\end{array}\right\} \tag{3-18}$$

已知水的质量比热为 4.19kJ/(kg·K)，因此 $t℃$ 时水蒸气的汽化潜热为 $r_{t}=r_{0}+1.84t-4.19t$ 或 $r_{t}=2500-2.35t$，kJ/kg。

3.2 焓湿图及其应用

3.2.1 焓湿图

湿空气的有些参数计算比较麻烦，其处理的热力过程计算就更是如此。单纯地求湿空气的状态参数用前述各计算式即可满足要求，或可查已计算好的湿空气性质表。而对于湿空气状态变化过程的直观描述则需借助于湿空气的焓湿图。

常用的湿空气性质图是以 $h\text{-}d$ 为坐标的焓湿图（$h\text{-}d$ 图）。为了尽可能扩大不饱和湿空气区的范围，便于各相关参数间分度清晰，一般在大气压力一定的条件下，取焓为纵坐标，含湿量 d 为横坐标，且两坐标之间的夹角等于或大于 135。在实际使用中，为避免图面过长，常将 d 坐标改为水平线，如图 3-1 所示。

在选定的坐标比例尺和坐标网格的基础上，进一步确定等温线、等相对湿度线，水蒸气分压力标尺及热湿比等。

1. 等温线

根据公式 $h=1.01t+(2500+1.84t)d$，当 $t=$ 常数时，只需给定两个值，即可确定一等温线。$1.01t$ 为等温线在纵坐标轴上的截距，$(2500+1.84t)$ 为等温线的斜率。不同温度的等温线并非平行线，其斜率的差别在 $1.84t$。由于 $1.84t$ 与 2500 相比很小，所以等温线可近似看作是平行的，如图 3-2 所示。

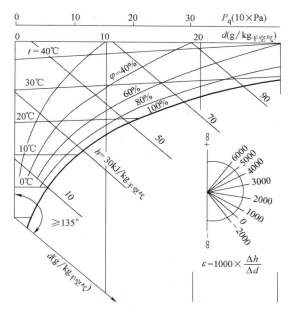

图 3-1 湿空气焓湿图

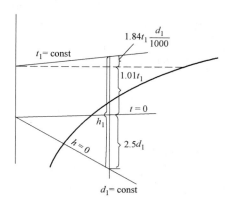

图 3-2 等温线在 $h\text{-}d$ 图上的确定

2. 等相对湿度线

由式（3-14）得：

$$P_q = \frac{B \cdot d}{0.622 + d} \tag{3-19}$$

给定不同的 d 值,即可求得对应的 P_q 值。在 h-d 图上,取一横坐标表示水蒸气分压力值,则如图 3-1 所示。

在已建立起水蒸气压力坐标的条件下,对应不同温度下的饱和水蒸气压力可从水蒸气性质表中查到。连接不同温度线和其对应的饱和水蒸气压力线的交点即可得到 $\varphi = 100\%$ 的等 φ 线。又据(3-15),当 $\varphi =$ 常数,则可求得各不同温度下的 P_q 值,连接在各等温线与 P_q 值相交的各点即成等 φ 线。

这样作出的 h-d 图则包含了 B、t、d、h、φ 及 P_q 等湿空气参数。在大气压力 B 一定的条件下,在 t、d、h、t、φ 中,已知任意两个参数,就可确定湿空气状态,在 h-d 图上也就是有一确定的点,其余参数均可由此点查出,因此,将这些参数称为独立参数。但 d 与 P_q 则不能确定一个空气状态点,因而 P_q 与 d 只能有一个作为独立参数。

3. 热湿比线

为了说明空气由一个状态变为另一个状态的热湿变化过程,在 h-d 图的周边或右下角给出热湿比(或称角系数)ε 线。热湿比定义为湿空气的焓变化与含湿量变化之比,即:

$$\varepsilon = \frac{\Delta h}{\Delta d} \text{ 或 } \varepsilon = \frac{\Delta h}{\dfrac{\Delta d}{1000}} \tag{3-20}$$

若在 h-d 图上有 A、B 两状态点(见图 3-3),则由 A 至 B 的热湿比为:

$$\varepsilon = \frac{h_B - h_A}{\dfrac{d_B - d_A}{1000}} \tag{3-21}$$

如有 A 状态的湿空气,其热量(Q)变化(可正可负)和湿量(W)变化(可正可负)已知,则其热湿比应为:

$$\varepsilon = \frac{\pm Q}{\pm W} \tag{3-22}$$

式中,Q 的单位为 kJ/h;W 的单位为 kg/h。

可见,热湿比有正有负并代表湿空气状态变化的方向。

在图 3-1 的右下角示出不同 ε 值的等值线。如 A 状态湿空气的 ε 值已知,则可过 A 点作平行于 ε 等值线的直线,这一直线(假定如图 3-3 中 A-B 的方向)则代表 A 状态的湿空气在一定的热湿作用下的变化方向。

$$d = 0.622 \frac{P_q}{B - P_q} = 0.622 \frac{\dfrac{\varphi P_{q \cdot b}}{B}}{1 - \dfrac{\varphi P_{q \cdot b}}{B}} \tag{3-23}$$

根据式(3-23)可知,当 $\varphi =$ 常数,B 增大,d 则减小,反之 d 则增大。以 $\varphi = 100\%$ 为例,$P_{q \cdot b}$ 只与温度有关,上式中给定 B 值则可求出不同温度下相对应的饱和含湿量 d_b,将各(t,d_b)点相连即可画出新 B 值下的 $\varphi = 100\%$ 曲线(见图 3-4)。其余的相对湿度线可依此类推。如果要用到水蒸气压力坐标则也要用如前所述的方法重新修改此分度值。

3.2.2 湿球温度与露点温度

湿球温度是在定压绝热条件下,空气与水直接接触达到稳定热湿平衡时的绝热饱和温度，也称热力学湿球温度。

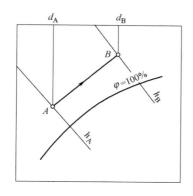

图 3-3 ε 值在 h-d 图上的表示

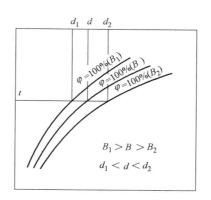

图 3-4 B 变化时，φ 的变化

假设有一个理想绝热加湿小室，如图 3-5 所示，空气与水直接接触，并保证二者有充分的接触表面和时间，空气以 P、t_1、d_1、h_1 状态流入，以饱和状态 P、t_2、d_2、h_2 流出，由于小室为绝热的，所以对应于每千克干空气的湿空气有：

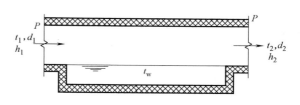

图 3-5 绝热加湿小室

$$h_1+\frac{(d_2-d_1)}{1000}h_w=h_2 \qquad (3\text{-}24)$$

式中 h_w——液态水的焓，$h_w=4.19t_w$，kJ/kg。

利用热湿比的定义可以导出：

$$\varepsilon=\frac{h_2-h_1}{\dfrac{d_2-d_1}{1000}}=h_w=4.19t_w \qquad (3\text{-}25)$$

在小室内空气状态的变化过程是水温的单值函数。由于空气的进口状态是稳定的，水温也是稳定不变的，因而空气达到饱和时的空气温度即等于水温（$t_2=t_w$），由式 (3-24)得：

$$h_1+\frac{(d_2-d_1)}{1000}\cdot 4.19t_2=1.01t_2+(2500+1.84t_2)\frac{d_2}{1000} \qquad (3\text{-}26)$$

t_2 即为进口空气状态的绝热饱和温度，也称为热力学湿球温度。

由于绝热加湿小室并非实际装置，一般则用湿球温度计所读出的湿球温度近似代替热力学湿球温度。

在 h-d 图上，从各等温线与 $\varphi=100\%$ 饱和线的交点出发，作 $\varepsilon=4.19t_s$ 的热湿比线，则可得等湿球温度线（见图 3-6）。显然，所有处在同一等湿球温度线上的各空气状态均有相同的湿球温度。另外，当 $t_s=0℃$ 时，$\varepsilon=0$，即等湿球温度线与等焓线完全重合；而当 $t_s>0$ 时，$\varepsilon>0$；当 $t_s<0$ 时，$\varepsilon<0$。所以，等湿球温度线与等焓线并不重合，但在工程计算中，由于 $\varepsilon=4.19t_s$ 数值较小，可近似认为等焓线即为等湿球温度线。

在 h-d 图上，若已知某湿空气状态点 A（见图 3-7），由 A 沿 $h=$ 常数（$\varepsilon=0$）线找到

与 $\varphi=100\%$ 的交点 B，B 点的温度 t_B 即为 A 状态空气的湿球温度（近似）。同样，如果已知某湿空气的干球温度 t_A 和湿球温度 t_B，则由 t_B 与 $\varphi=100\%$ 线交点 B 沿等焓线找到与 t_A 常数线的交点 A 即为该湿空气的状态点。同样方法，如沿等湿球温度线 $\varepsilon=4.19t_s$ 与 $\varphi=100\%$ 线交于 S，则 t_s 即为准确的湿球温度。可见，湿球温度也是湿空气的一个重要参数，而且在多数情况下是一个独立参数，只是由于它的等值线与等焓线十分接近，在 h-d 图上，想利用已知焓值和湿球温度两个独立参数来确定湿空气的状态点是困难的，且在湿球温度为 0℃ 时，它是非独立参数，这时的等焓线与等湿球温度线重合。

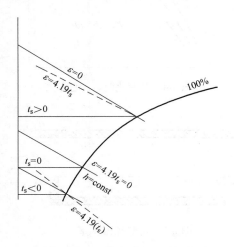

图 3-6　等湿球温度线

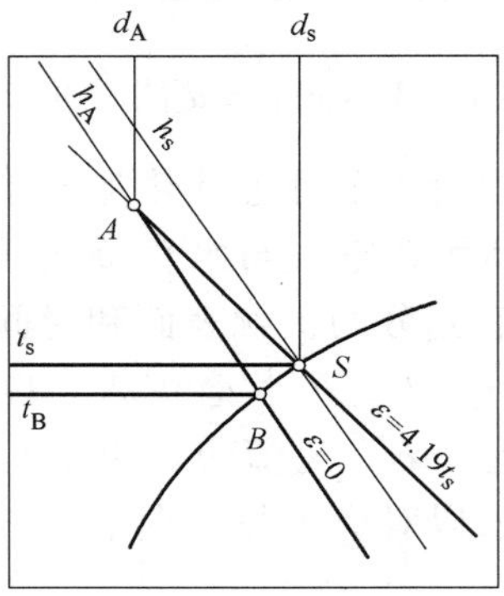

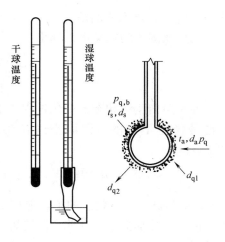

图 3-7　已知干、湿球温度确定空气状态

利用普通水银温度计将其球部用湿纱布包敷（见图 3-8），则成为湿球温度计。纱布纤维的毛细作用，能从盛水容器内不断地吸水以湿润湿球表面，因此，湿球温度计所指示的温度值实际上是球表面水的温度。

如果忽略湿球与周围物体表面间辐射换热的影响，同时保持球表面周围的空气不滞留，热湿交换充分，则湿球周围空气向球表面的温差传热量为：

$$dq_1 = \alpha(t - t'_s)df \tag{3-27}$$

式中　α——空气与湿球表面的换热系数，W/（$m^2 \cdot$℃）；

　　　t——空气干球温度，℃；

　　　t'_s——球表面水的温度，℃；

　　　f——湿球表面积，m^2。

图 3-8　干、湿球温度计

与温差传热同时进行的水的蒸发量为：

$$dW = \beta(P'_{q \cdot b} - P_q)df\frac{B'}{B} \tag{3-28}$$

式中　β——湿交换系数，kg/（$m^2 \cdot s \cdot Pa$）；

$P'_{\mathrm{q\cdot b}}$——球表面水温下的饱和水蒸气压力，Pa，也相当于水表面一个饱和空气薄层的
水蒸气分压力；

P_{q}——周围空气的水蒸气分压力，Pa；

B，B'——分别为标准大气压与当地实际大气压，Pa。

已知水的蒸发量，则水蒸发所需的汽化潜热量：

$$\mathrm{d}q_2=\mathrm{d}W\cdot r \tag{3-29}$$

式中　r——水温为t'_{s}时的汽化潜热。

当湿球与周围空气间的热湿交换达到稳定状态时，空气传给湿球的热量等于湿球水蒸
发所需要的热量，即

$$\mathrm{d}q_1=\mathrm{d}q_2 \tag{3-30}$$

亦即

$$a(t-t'_{\mathrm{s}})\mathrm{d}f=\beta(P'_{\mathrm{q\cdot b}}-P_{\mathrm{q}})\mathrm{d}f\frac{B_0}{B}\cdot r \tag{3-31}$$

式中 t'_{s} 为湿空气的湿球温度 t_{s}，$P'_{\mathrm{q\cdot b}}$ 为对应于 t_{s} 下的饱和空气层的水蒸气分压力，记
为$P*_{\mathrm{q\cdot b}}$。

$$P_{\mathrm{q}}=P^*_{\mathrm{q\cdot b}}-A(t-t_{\mathrm{s}})B \tag{3-32}$$

式中 $A=\alpha/(r\cdot\beta\cdot101325)$，$\alpha$、$\beta$ 与空气流过球表面的风速有关，A 值需由实验确定
或采用下列经验式计算：

$$A=\left(65+\frac{6.75}{v}\right)\cdot10^{-5} \tag{3-33}$$

式中　v——空气流速，m/s，一般取 $v\geqslant2.5\mathrm{m/s}$。

当已知（$t-t_{\mathrm{s}}$）时，则可算出 P_{q} 值，进一步由 $\varphi=P_{\mathrm{q}}/P_{\mathrm{q\cdot b}}$ 可确定空气的相对湿度。
由式（3-32）可见，（$t-t_{\mathrm{s}}$）越小，则 P_{q} 值越接近 $P_{\mathrm{q\cdot b}}$，当（$t-t_{\mathrm{s}}$）＝0 时，$P_{\mathrm{q}}=P_{\mathrm{q\cdot b}}$，
即空气达到饱和。可见，干湿球温度计读数差值的大小，间接地反映了空气相对湿度的
状况。

在湿空气的诸多状态参数中，压力、温度是易测的，含湿量与焓不易直接测量，相对
湿度可测，但一般方法不够准确，因此用干湿球温度计测定空气状态就成为常用的主要
手段。

实测应用中，为保证空气流速 $v\geqslant2.5\mathrm{m/s}$，并减小辐射换热的影响，常采用通风式干
湿球温度计。

空气的露点温度 t_{l} 是湿空气的一个状态参数，它
与 P_{q} 和 d 相关，因而不是独立参数。湿空气的露点温
度定义为在含湿量不变的条件下，湿空气达到饱和时
的温度。在图 3-9 上，A 状态湿空气的露点温度即由
A 沿等 d 线向下与 $\varphi=100\%$ 线交点的温度。当 A 状态
湿空气被冷却时，只要湿空气温度大于或等于其露点
温度，则不会出现结露现象。因此，湿空气的露点温
度是判断是否结露的判据。

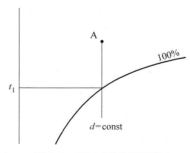

图 3-9　湿空气露点温度

3.2.3 焓湿图的应用

湿空气的焓湿图不仅能表示空气的状态和各状态
参数，还能表示湿空气状态的变化过程并能求得两种或多种湿空气的混合状态。

1. 湿空气状态变化过程在 *h-d* 图上的表示

（1）湿空气的加热过程

利用热水、蒸汽及电能等热源，通过热表面对湿空气加热，使其温度增高而含湿量不变。这一过程在 *h-d* 图上可表示为 A→B 的变化过程，其 $\varepsilon = \Delta h/0 = +\infty$，如图 3-10 所示。

（2）湿空气的冷却过程

利用冷水或其他冷媒通过金属等表面对湿空气冷却，若冷表面温度等于或大于湿空气的露点温度，空气将在含湿量不变的情况下冷却。在 *h-d* 图上这一等湿冷却（或称干冷）过程表示为 A→C，其 $\varepsilon = -\Delta h/0 = -\infty$。

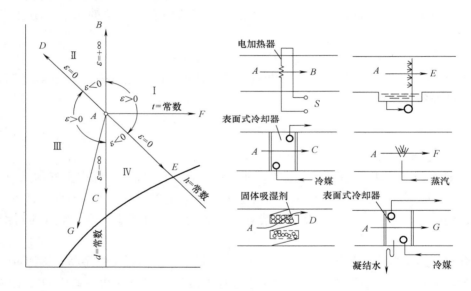

图 3-10　几种典型的湿空气状态变化过程

（3）等焓加湿过程

利用定量的水通过喷洒与一定状态的空气长时间直接接触，则此种水或水滴及其表面的饱和空气层的温度等于湿空气的湿球温度。此时空气状态的变化过程 A→E 近似于等焓过程，其 $\varepsilon = 4.19t_s$。

（4）等焓减湿过程

利用固体吸湿剂干燥空气时，湿空气中的部分水蒸气在吸湿剂的微孔表面上凝结，湿空气含湿量降低，温度升高，其过程如 A→D，近似于一个等焓减湿过程。

以上四个典型过程由热湿比 $\varepsilon = \pm\infty$ 及 $\varepsilon = 0$ 两条线，以任意湿空气状态 A 为原点将 *h-d* 图分为四个象限。在各象限内实现的湿空气状态变化过程统称为多变过程，不同象限内湿空气状态变化过程的特征如表 3-3 所示。

44

象限	热湿比 ε	状态参数变化趋势			过程特征
		h	d	t	
Ⅰ	ε>0	+	+	±	增焓增湿 喷蒸汽可近似实现等温过程
Ⅱ	ε<0	+	−	+	增焓，减湿，升温
Ⅲ	ε>0	−	−	±	增焓，减湿
Ⅳ	ε<0	−	+	−	增焓，减湿，降温

向空气中喷蒸汽，其热湿比等于水蒸气的焓值，如蒸汽温度为 100℃，则 ε＝2684，该过程近似于沿等温线变化，这一过程称为等温加湿过程（A→F）。

如使湿空气与低于其露点温度的表面接触，则湿空气不仅降温而且脱水，如图 3-10 所示的 A→G 的变化过程，称为冷却干燥过程。

由于水蒸气在湿空气中的含量很小，在实际应用中通常将湿空气简称为空气，将每千克干空气近似为每千克空气。

2. 不同状态空气的混合态在 *h-d* 图上的确定

不同状态的空气 A 与 B 互相混合（见图 3-11），其质量分别为 G_A 与 G_B。根据质量与能量守恒原理，有：

$$G_A h_A + G_B h_B = (G_A + G_B)h_c$$
$$G_A d_A + G_B d_B = (G_A + G_B)d_c \tag{3-34}$$

式中　h_c，d_c——分别为混合态的焓值与含湿量。

由上式可得：

$$\frac{G_A}{G_B} = \frac{h_c - h_B}{h_A - h_c} = \frac{d_c - d_B}{d_A - d_c}$$

$$\frac{h_C - h_B}{d_C - d_B} = \frac{h_A - h_C}{d_A - d_C} \tag{3-35}$$

如图 3-10 所示，假定 C 点为混合态，则 A→C 与 C→B 具有相同的斜率。因此，A、C、B 在同一直线上。

$$\frac{CB}{AC} = \frac{h_C - h_B}{h_A - h_C} = \frac{d_C - d_B}{d_A - d_C} = \frac{G_A}{G_B} \tag{3-36}$$

参与混合的两种空气的质量比与 C 点分割两线的线段长度成反比。据此，在 *h-d* 图上求混合状态时，只需将 AB 线段划分成满足 G_A/G_B 比例的两段长度，并取 C 点使其接近空气质量大的一端，而不必用公式求解。

两种不同状态空气的混合，若其混合点处于"结雾区"（见图 3-12），则此种空气状态是饱和空气加水雾，是一种不稳定状态。假定饱和空气状态为 D，则混合点 C 的焓值 h_c 等于 h_D 与水雾焓值 $4.19t_D\Delta d$ 之和，即：

$$h_c = h_D + 4.19t_D\Delta d \tag{3-37}$$

式中，h_D、t_D、Δd 是三个相关的未知量，通过试算可找到一组满足式（3-37）的值，D 状态即可确定。

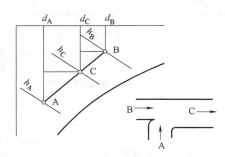

图 3-11　两种状态空气的混合

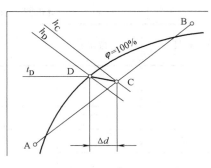

图 3-12　结雾区的空气状态

3.3　空气计算参数

农业设施供暖、通风或降温系统设计热负荷是指在设计室外温度 t_0 下，为了达到要求的室内温度 t_i，系统在单位时间需内向农业设施内部供给的热量（或冷量）。它是系统设计的最基本依据，直接影响系统方案的选择、管道管径和设备的确定，关系到系统的使用和经济效益。

农业设施采用的室内计算温度和室外计算温度因其用途不同而有差异，现以温室和畜禽舍为例来加以说明。

3.3.1　室外空气计算参数

室外空气计算参数主要从两个方面影响农业设施空调系统的设计容量：一是由于室内外存在温差，通过设施围护结构的传热量；二是空调系统采用的新鲜空气量在其状态不同于设施内空气状态时，需要花费一定的能量将其处理到设施内空气状态。因此，确定室外空气的设计计算参数时，既不应选择多年不遇的极端值，也不应任意降低空调系统对服务对象的保证率。

1. 温室室外空气计算参数

（1）通风系统的室外空气计算参数

1）室外空气干球温度

① 计算最大必要通风量时，应取温室建设所在地区温室使用期最热月的室外计算干球温度。

月室外计算干球温度：

$$t_{wg} = 0.47t_{yp} + 0.53t_{y,max} \tag{3-38}$$

其中，累年计算月平均温度 t_{yp} 和累年计算月极端最高温度 $t_{y,max}$ 根据当地气象资料查取。

② 对于周年使用的温室，应采用《工业建筑通风与空气调节设计规范》GB 50019—2015 中规定的夏季空气调节室外计算干球温度，参见表 3-4。

③ 计算用于温室调控时的必要通风量时，应取计算时刻的室外空气干球温度。

2）室外空气湿球温度

① 计算最大必要通风量时，应取温室建设所在地区温室使用期最热月的室外计算湿球温度。

地区	夏季空调室外计算干球温度(℃)	夏季空调室外计算湿球温度(℃)	地区	夏季空调室外计算干球温度(℃)	夏季空调室外计算湿球温度(℃)
北京	33.5	26.4	杭州	35.6	27.9
沈阳	31.5	25.3	福州	35.9	28
太原	31.5	23.8	南昌	35.5	28.2
兰州	31.2	20.1	重庆	35.5	26.5
西安	35	25.8	成都	31.8	26.4
济南	34.7	26.8	昆明	26.2	20
合肥	35	28.1	武汉	35.2	28.4
上海	34.4	27.9	长沙	35.8	27.7
南京	34.8	28.1	广州	34.2	27.8

月室外计算湿球温度 t_{ws} 可按式（3-39）、式（3-40）和式（3-41）确定，其中式（3-39）适用于北部地区，式（3-40）适用于中部地区，式（3-41）适用于南部地区。

$$t_{ws} = 0.72 t_{syp} + 0.28 t_{s,max} \tag{3-39}$$

$$t_{ws} = 0.75 t_{syp} + 0.25 t_{s,max} \tag{3-40}$$

$$t_{ws} = 0.80 t_{syp} + 0.20 t_{s,max} \tag{3-41}$$

其中，累年计算月平均温度和平均相对湿度对应的湿球温度 t_{syp}、累年计算月极端高温度和计算月平均相对湿度对应的湿球温度 $t_{s,max}$ 可在当地大气压力下的焓湿图上查得。

② 对于周年使用的温室，应采用 GB 50019—2015 中规定的夏季空气调节室外计算湿球温度，参见表 3-5。

③ 计算用于温室调控时的必要通风量时，应取计算时刻的室外空气湿球温度。

3）室外空气 CO_2 浓度

一般可取为 $0.6 \sim 0.65 g/m^3$，夏季取较低值，冬季取较高值。如当地有准确的实测资料，可按实际测定的数据确定。

（2）供暖室外设计温度 t_0 的确定

《民用建筑供暖通风与空调设计规范》GB 50736—2012 及《工业建筑供暖通风与空调设计规范》GB 50019—2015 均以"日平均温度"为统计基础，按历年室外实际出现的较低的日平均温度低于室外计算温度的时间平均每年不超过 5 天的原则，确定供暖室外计算温度。从节约能源和降低建设投资的角度考虑，这种方法对连续供暖的工业与民用建筑是恰当的，但对温室建筑不合适。首先，温室（日光温室除外）是一种热惰性很小的轻型建筑，室内外热量交换在很短时间内即完成，采用日平均温度，在计算日的一半时间内（发生在夜间至凌晨），将不能满足温室室内温度要求；其次，民用建筑是针对"人"进行设计，在温度较低的短暂时间内人可以通过主动防御，如增添保暖衣服、减少通风等措施，保证安全生产和生活。但温室是针对"作物"设计，生产作物没有像人一样的自我防御能力，如果室内温度低于作物生长的生理下限温度，将直接导致生产作物受冻，形成不可逆的生理障碍，引起作物减产，甚至绝收。

因此，采用日平均温度的设计方法对温室供暖设计存在很大的缺陷，更何况还有 5 日的不保证时间，对作物正常生长的威胁将更大。即使热惰性较大的日光温室，如果采用不保证 5 日的温度，同样会在不保证期内出现冻害。

《温室加热系统设计规范》JB/T 10297—2014 中规定：周年使用的温室，建议取近 20 年最冷日温度的平均值作为室外设计温度 t_0 值。若无近期当地气象统计数据，我国北方主要城市的室外设计温度 t_0 值，可用表 3-5 所列数值。

室外设计温度 t_0 推荐值（单位：℃）　　　　　　　　　　　表 3-5

哈尔滨	−29	吉林	−29	沈阳	−21	锦州	−17	乌鲁木齐	−26
克拉玛依	−24	兰州	−23	银川	−18	西安	−8	北京	−12
石家庄	−12	天津	−11	济南	−10	连云港	−7	青岛	−9
徐州	−8	郑州	−7	洛阳	−8	太原	−14		

对于非周年使用温室，可根据具体使用季节的天气情况，选用不同的室外设计温度 t_0 值。

2. 畜禽舍室外计算温度

畜禽舍室外计算温度可引用我国《工业建筑供暖通风与空气调节设计规范》GB 50019—2015 的规定。

《工业建筑供暖通风与空气调节设计规范》GB 50019—2015 中规定选择下列统计值作为室外空气设计参数：

(1) 供暖室外计算温度，应采用累年平均不保证 5 天的日平均温度。

(2) 冬季通风室外计算温度，应采用历年最冷月月平均温度的平均值。

(3) 夏季通风室外计算温度，应采用历年最热月 14 时的平均温度的平均值。

(4) 夏季通风室外计算相对湿度，应采用历年最热月 14 时的平均相对湿度的平均值。

(5) 夏季空气调节室外计算干球温度，应采用累年平均每年不保证 50h 的干球温度。

(6) 夏季空气调节室外计算湿球温度，应采用累年平均每年不保证 50h 的湿球温度。

(7) 夏季空气调节室外计算日平均温度，应采用累年平均每年不保证 5 天的日平均温度。

夏季计算经围护结构传入室内的热量时，应按不稳定传热过程计算，因此必须已知设计日的室外日平均温度和逐时温度。

(8) 夏季空气调节室外计算温度是为适应关于按不稳定传热计算空气调节冷负荷的需要，可按式（3-42）确定

$$t_{sh} = t_{wp} + \beta \Delta t_\tau \tag{3-42}$$

式中　t_{sh}——室外计算逐时温度，℃；

　　　t_{wp}——夏季空气调节室外计算日平均温度，℃；

　　　β——室外温度逐时变化系数，按表 3-6 采用。

　　　Δt_τ——夏季室外计算平均日较差，应按下式计算：

$$\Delta t_\tau = \frac{t_{wg} - t_{wp}}{0.52} \tag{3-43}$$

式中　t_{wg}——夏季空气调节室外计算干球温度，℃

时刻	1	2	3	4	5	6
β	-0.35	-0.38	-0.42	-0.45	-0.47	-0.41
时刻	7	8	9	10	11	12
β	-0.28	-0.12	0.03	0.16	0.29	0.40
时刻	13	14	15	16	17	18
β	0.48	0.52	0.51	0.43	0.39	0.28
时刻	19	20	21	22	23	24
β	0.14	0.00	-0.10	-0.17	-0.23	-0.26

3.3.2 室内空气设计参数

1. 温室室内空气设计参数

（1）温室通风设计室内计算温度的确定

1）室内空气干球温度

温室内气温一般应该控制在 32℃ 以下。对于热带作物，温度不超过 35℃。

根据室内所种植物的要求，结合当地气候条件和经济性要求合理确定。从经济性方面要求考虑，t_i 应取 $t_i \geqslant t_j + 2$

t_j 为进入温室的空气温度，若进入温室的空气未进行降温处理，取 $t_j = t_0$；若经过湿帘蒸发降温装置时，按前式计算：$t_j = t_0 - \eta(t_0 - t_s)$。

2）相对湿度

一般情况下，温室内相对湿度，白昼不应超过 80%，夜间不应超过 95%。

3）室内空气 CO_2 浓度

根据室内种植植物的要求，并考虑经济性，室内空气 CO_2 浓度为：

$$\rho_{ci} = \rho_{co} - \Delta\rho_z$$
$$\Delta\rho_z = 0.05 \sim 0.15 g/m^3$$

同时温室空气中的 CO_2 质量浓度应不低于 $0.458 g/m^3$

4）气流速度

温室通风换气时，室内气流速度一般控制在 0.5m/s 以下；在高湿、高光照度下不超过 0.7m/s。作物生长区域内推荐最小气流速度为 0.1m/s。

5）有害气体浓度

有害气体浓度限值见表 3-7。

有害气体浓度限值 表 3-7

有害气体名称	有害气体浓度限值	
	体积浓度（$\mu L/L$）	质量浓度（mg/m^3）
乙炔（C_2H_2）	1	1.1
一氧化碳（CO）	50	58.2
氯化氢（HCl）	0.1	0.15
乙烯（C_2H_4）	0.05	0.058

有害气体名称	有害气体浓度限值	
	体积浓度($\mu L/L$)	质量浓度(mg/m^3)
甲烷(CH_4)	1000	667
氧化亚氮(N_2O)	2	3.7
臭氧(O_3)	4	7.98
过氧乙酰氮(PAN-烟雾剂)	0.2	
丙烷(C_3H_8)	50	91.7
二氧化硫(SO_2)	1	2.66
氨气(NH_3)	5	3.54
二氧化氮(NO_2)	2	3.8
氯气(Cl_2)	0.1	0.29

（2）温室供暖设计室内计算温度的确定

合理选择温室的供暖设计室内外计算温度，对于正确确定温室的供热负荷有至关重要的作用，是进行供热计算时首先要确定的参数。

不同作物、不同品种、不同生长阶段以及温室不同的管理条件对环境温度有不同的要求。我国常见温室作物的生育适温参见表3-8以及第2章的表2-6和表2-7。

温室常见瓜果植物的适温范围　　　　　　表3-8

种类	白天气温(℃)		夜间气温(℃)		100mm深土温(℃)		
	最高	适宜	适宜	最低	最高	适宜	最低
西红柿	35	20~25	8~13	5	25	15~18	13
茄子	35	23~28	13~18	10	25	18~20	13
辣椒	35	25~30	15~20	12	25	18~20	13
黄瓜	35	23~28	10~15	8	25	18~20	13
西瓜	35	23~28	13~18	10	25	18~20	13
甜瓜	35	25~30	18~23	15	25	18~20	13

温室供暖设计室内计算温度是温室内应该保证（在供暖设计条件下）达到的最低温度。通常温室最大加热负荷出现在冬季最寒冷的夜间。由于白天和夜间的生育适温有较大的差异，所以室内计算温度应取为最大热负荷时所对应的生育适温。对于室外温度昼夜温差大的地区，应以夜间适温作为室内计算温度，如果采用变温管理，则应取变温管理中后半夜抑制呼吸作用的适温作为室内计算温度。对于室外温度昼夜温差很小的地区，则还应以白天的适温作为室内计算温度对最大供暖负荷进行校核。具体数值应根据当地燃料价格、加热成本和植物产品市场情况和销售价格，经过经济效益核算确定。但室内设计温度不得低于夜间最低气温。

如果温室设计已经特定了某一品种，则应按照这种品种正常生长发育所要求的温度确定。若不知确切作物，对于几大类作物温室的室内设计温度，可按表3-9取值。

如果根据表3-9和表3-10不能确定室内设计温度，应征询农业园艺专家的意见，依据具体作物类别、品种以及将作物在严冬控制于什么生长阶段来确定。

表 3-9

作物	t_i（℃）
热带作物	20
普通花卉	16
喜温瓜果类蔬菜	12
普通叶类蔬菜	5
寒地草皮	0

2. 畜禽舍空气参数的确定

1）室内计算温度

畜舍内的适宜温度，目前尚无统一的标准，需根据各地的生产经验和技术经济条件来确定。表 3-10 给出了一般畜舍内的适宜温度，可供参考。

通常畜舍内要求的适宜温度 表 3-10

种类	畜禽要求的环境温度（℃）	畜舍控制的温度（℃）
成年乳牛	最佳产奶温度 10～20℃，但 6～25℃对产量影响不大	5～16
肉牛	最佳温度范围 6～25℃	
牛犊	出生时为 10～15℃，此后逐渐下降，在小肉牛生产中，需要较高的温度，为 15～22℃	
成年猪	适宜环境温度为 4～30℃，高温时应防护太阳辐射	2～24
育肥猪	在断奶时为 25℃，长到 90～110kg 时降低到 15℃	
产仔母猪	母猪为 15～20℃，仔猪出生时为 30℃，其后逐渐降低到 21℃，断奶时为 25℃	
产蛋鸡	最佳温度 20～25℃	5～29
肉鸡	在舍内饲养为 16～25℃	13～24
孵化器	刚出生的小鸡为 35℃，然后每天大约下降 0.5℃，四周以后降至 18～20℃	25～30

考虑到经济因素，冬季畜禽舍的室内温度常选用略高于畜禽舍的下限温度。冬季畜禽舍的室内相对湿度常选用略低于畜禽舍的上限相对湿度。畜禽对温度的要求取决于畜禽的种类和日龄。总的来说，大型牲畜的室内温度可低于小型畜禽，成年畜禽的室内温度可以低于幼畜禽。对于成年畜禽，一般尽量利用合理提高围护结构热阻和合理提高饲养密度等方法来增加保温能力和产热量，以尽量避免进行供暖。除了严寒地区以外，畜禽舍供暖往往只用于幼畜禽舍。

2）畜禽舍空气环境质量要求（见表 3-11）

畜禽场空气环境质量 表 3-11

序号	项目	单位	缓冲区	场区	舍区			
					禽舍		猪舍	牛舍
					雏	成		
1	氨气	mg/m³	2	5	10	15	25	20
2	硫化氢	mg/m³	1	2	2	10	10	8

序号	项目	单位	缓冲区	场区	舍区		猪舍	牛舍
					禽舍			
					雏	成		
3	二氧化碳	mg/m³	380	750	1500		1500	1500
4	PM₁₀	mg/m³	0.5	1	4		1	2
5	TSP	mg/m³	1	2	8		3	4
6	恶臭	稀释倍数	40	50	70		70	70

注：表中数据皆为日均值。

3）畜禽舍区生态环境质量要求（见表3-12）。

舍区生态环境质量　　　　表3-12

序号	项目	单位	禽		猪		牛
			雏	成	仔	成	
1	温度	℃	21～27	10～24	27～32	11～17	10～15
2	湿度（相对）	%	75		80		80
3	风速	m/s	0.5	0.8	0.4	1.0	1.0
4	照度	lx	50	30	50	30	50
5	细菌	个/m²	25000		17000		20000
6	噪声	dB	60	80	80		75
7	粪便含水率	%	65～75		70～80		65～75
8	粪便清理	—	干法		日清粪		日清粪

第4章 农业设施的调湿与降温

4.1 概述

农业设施内温湿度环境调控的任务就是将空气处理到所要求的送风状态，然后，送入农业设施内以满足生物生长所要求的空气参数。对空气的处理主要通过加热、冷却、加湿、减湿、净化以及灭菌、除臭等处理过程予以实现。因此，需要了解各种处理方法如何使空气发生变化，这些变化如何在 h-d 图上表示出来，这对于确定把空气处理成送风状态需要采用哪些处理方案是十分重要的。

4.2 空气热湿处理原理

对空气热湿处理的基本过程一般包括加热、冷却、加湿、减湿以及空气的混合等。按照空气与进行热湿处理的冷、热媒流体间是否直接接触，可以将空气的热湿处理分成两大类，即：直接接触式和间接接触式。直接接触式是指被处理的空气与进行热湿交换的冷、热媒流体彼此接触进行热湿交换。具体做法是让空气流过冷、热媒流体的表面或将冷、热媒流体直接喷淋到空气中。间接接触式则要求与空气进行热湿交换的冷、热媒流体并不与空气接触，而是通过设备的金属固体表面来进行热湿交换。

与空气进行热湿交换的最常用的冷、热媒流体是水，掌握和理解水与空气间进行的热湿交换的过程和机理对于设计和合理选择设备具有重要意义。下面分别对空气与水直接接触式的热湿交换原理和间接接触式的热湿交换原理进行分析。

4.2.1 直接接触式热湿处理原理

空气与水直接接触的热湿交换可以像大自然中空气和江、河、湖、海水表面所进行的热湿交换那样进行，也可以通过将水喷淋雾化形成细小的水滴后与空气进行热湿交换。

从质量传递的角度看，由于分子做不规则运动，当空气与水直接接触时，在紧靠水表面附近或水滴周围将形成一个温度等于水温的饱和空气边界层，如图 4-1 所示。此时，边界层内水蒸气分子的浓度或水蒸气分压力仅取决于边界层的饱和空气温度。在边界层的两侧，一侧是待处理的空气，为区别边界层中的空气，把这部分空气称为主体空气，另一侧是水。由于水蒸气分子所做的不规则运动，在边界层外的主体空气侧常有一部分水分子进入边界层，同时也必然有一部分水蒸气分子离开边界层回到水中。如果边界层内水蒸气分子浓度大于主体空气侧的水蒸气分子浓度（即边界层内的水蒸气分压力大于主体空气的水蒸气分压力），则由边界层进入主体空气中的水蒸气分子数多于由主体空气进入边界层的

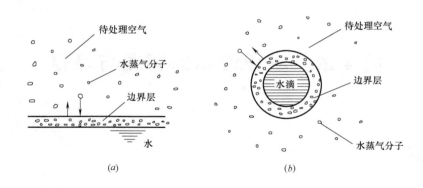

图 4-1 空气与水的热、湿交换
(a) 敞开的水面；(b) 飞溅的水滴

水蒸气分子数，结果主体空气中的水蒸气分子数将增加，实现加湿的目的；反之，主体空气中的水蒸气分子数则将减少，主体空气的含湿量降低，达到减湿的目的。通常所说的"蒸发"与"凝结"现象，就是这种水蒸气分子迁移作用的结果。在蒸发过程中，边界层中减少了的水蒸气分子由水面跃出的水分子补充；在凝结过程中，边界层中过多的水蒸气分子将回到水面。

空气与水之间的热量传递是显热交换和潜热交换的综合结果。温差是显热交换的推动力，水蒸气分压力差是潜热交换的推动力，而总热交换的推动力是焓差。一方面，空气的温度与水的温度不同，既然有温差的存在，两者之间必然通过导热、对流和辐射等传热方式进行热量传递，这就是所谓的显热交换；另一方面，空气与水相接触时所发生的质量传递将必然伴随有空气中水蒸气的凝结或蒸发，从而放出或吸收汽化潜热。当边界层内空气的温度（近似等于水温）高于主体空气的温度时，则由边界层向主体空气传热；反之，则由主体空气向边界层内空气传热。根据水温的不同，可能仅发生显热交换，也可能既有显热交换，又有湿交换（质交换），进行湿交换的同时将发生潜热交换。总热交换量（全热交换量）是显热交换量与潜热交换量的代数和。当总热交换量大于零时，空气得到加热，温度升高，比焓将增加；而总的热交换量小于零时，空气被冷却，温度降低，比焓也减少。

4.2.2　间接接触式（表面式）热湿处理原理

间接接触式（表面式或间壁式）热湿处理依靠的是空气与金属固体表面相接触，在金属固体表面处进行热湿交换，热湿交换的结果将取决于金属固体表面的温度。实际上，由于空气侧的表面传热系数总是远低于冷、热媒流体侧的表面传热系数，一般情况下，金属固体表面的温度更接近于冷、热媒流体的温度。当金属固体表面的温度高于空气的温度时，空气以对流换热方式为主与金属固体表面间进行显热交换，此时并不会发生质量交换，也就是说，空气的含湿量不发生变化。当金属固体表面的温度低于空气的温度而高于空气的露点温度时，空气与金属固体表面间同样以对流换热方式为主进行换热，与加热情况所不同的是空气将因失热而温度不断降低，空气的含湿量同样也没有发生任何变化。然而，当金属面体表面的温度低于空气的露点温度时的情况就比较复杂。空气中的部分水蒸气将开始在金属固体表面上凝结，随着凝结液的不断增多，在金属固体表面处将形成一层流动的水膜，在与空气相邻的水膜一侧，将形成饱和空气边界层（见图 4-2），可以近似认为边界层的温度与金属固体表面上的水膜温度相等。此时，空气与金属固体表面的热交换是由于空气与凝结水膜之间的温差而产生的，质交换则是由于空气与水膜相邻的饱和空气边界层中的水蒸气的分压力差引起的。而湿空气气流与紧靠水膜饱和空气的焓差是热、质交换的推动力。这个过程将会导致空气的温度和含湿量降低，从而实现降温减湿的目的。

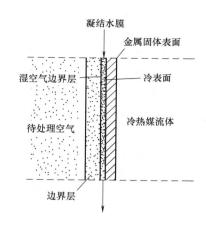

图 4-2　空气通过表面换热器的热湿交换

4.3　空气的热湿处理过程

用喷水室、空气加热器、空气冷却器、空气加湿器、除湿机、空气蒸发冷却器等处理空气可实现多种热湿处理过程，下面介绍一些常用的处理方法及在 h-d 图上相应的空气处理过程。

4.3.1　喷水室的处理过程

在喷水室内，发生的是空气与水直接接触的热湿交换。当空气流经水面或水滴周围时，就会把边界层中的饱和空气带走一部分，而补充新的空气继续达到饱和，因而饱和空气层将不断与流过的未饱和空气相混合，使整个空气状态发生变化。因此可将空气与水的热湿交换过程看作饱和的与未饱和的两种状态空气的混合过程。根据空气的混合规律，在 h-d 图上，混合后的状态点应该位于连接空气初始状态和该水温下饱和状态点的直线上。显然，达到饱和的空气越多，空气的终状态点越接近饱和状态点。如果和空气接触的水量无限大，接触时间又无限长，即在所谓的假想条件下，全部空气均能达到饱和状态，即空气的终状态将位于 h-d 图的饱和曲线上并且空气的终温将等于水的

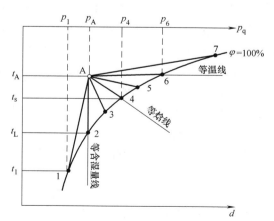

图 4-3　喷水室处理空气的过程

温度。所以，在上述假想条件下，根据水温不同，可以得到如图 4-3 所示的 7 种典型的空气状态变化过程。表 4-1 列出了这些过程中空气状态的有关参数的变化情况。

设空气的初状态点为 A（见图 4-3）。过 A 点向 $\varphi=100\%$ 的饱和曲线作两条切线分别交于点 1 和点 7。在近似曲边三角形 A17 的范围内，都是可以用喷水方法来处理空气。自 A 点画等含湿量线（A—2）、等焓线（A—4）和等温线（A—6）。饱和曲线上的点 1、2、3、4、5、6 和点 7 分别表示不同水滴温度下的饱和空气层的状态点，而直线 A—1、A—2、A—3、A—4、A—5、A—6 和 A—7 则表示空气状态变化过程。

图中 A—2 线是划分空气是加湿还是减湿的分界线；A—4 是划分空气是增焓还是减焓的分界线；A—6 线是划分空气是升温还是降温的分界线。

对空气与水直接接触时各种过程特点具体分析如下：

（1）$t_w<t_L$ 过程线为 A—1，喷水温度低于空气的露点温度，空气在该过程中受到冷却，由于空气中水蒸气的分压力高于饱和空气边界层中水蒸气的分压力（$p_A>p_1$），空气中的部分水蒸气将凝结进入水中，相对其他 6 个过程而言，该过程中的空气温度和比焓降低幅度最大，而且空气含湿量将减少。该过程称为冷却减湿或冷却干燥过程。

（2）$t_w=t_L$ 过程线为 A—2，此时，水的温度等于露点温度，由于空气温度高于水温，空气失去显热而冷却，同时空气中的水蒸气分压力与水滴表面附近饱和空气边界层中的水蒸气分压力相等（$p_A=p_2$），所以空气与水间没有湿交换，空气状态的变化将沿等湿线进行，空气的温度和比焓均将下降。该过程称为等湿冷却过程。

（3）$t_L<t_w<t_s$ 过程线为 A—3，水的温度介于空气的湿球温度和露点温度之间，在此变化过程中，水滴表面附近空气边界层内的饱和空气中水蒸气分压力大于空气中的水蒸气分压力，空气的干球温度高于水滴的温度，所以水滴得到从空气中传来的显热后，使部分水变成水蒸气而蒸发到空气中去，空气就加湿，含湿量增加，而空气与水之间的总的换热结果是空气失热，所以空气的温度和比焓值均将降低。该过程称为加湿冷却过程。

（4）$t_w=t_s$ 过程线为 A—4，该过程中水温等于空气的湿球温度但低于空气的干球温度。空气由于有显热传递给水滴而使本身温度下降，同时水滴周围边界层内的饱和空气中水蒸气分压力大于空气中的水蒸气分压力（$p_4>p_A$），水滴从空气中得到显热后，使部分水变成水蒸气蒸发进入空气中，空气被加湿，含湿量增加。在这一过程中，由于水蒸发所需的汽化潜热来自空气，并由水蒸气带到空气中去，空气的比焓基本不变。严格讲，在这一过程中，空气的比焓有微小的增加，其值等于水从水滴表面汽化前，水本身具有的热量，但由于此值甚小，一般可忽略不计。空气的状态变化虽然沿等焓线进行，但是空气温度将下降。其原因是空气温度高于水温，必然有热量自空气传递给水，空气失去显热而引起本身温度的下降，但由于水滴表面饱和空气层中饱和水蒸气分压力大于空气中的水蒸气分压力，因此不断有大量水蒸气蒸发到空气中去，空气被加湿并得到相应的潜热量。在此过程中，空气潜热量的增加基本等于显热量的减少，所以比焓值不变而温度反而下降。该过程称为绝热加湿或蒸发冷却过程。

（5）$t_s<t_w<t$ 水温介于空气的干球温度和湿球温度之间，空气状态的变化过程线 A—5 介于等温线与等焓线之间，空气的比焓和含湿量均将增加，而温度下降。在这一过程中，由于空气温度高于水温，有热量自空气传递给水，空气失去显热而引起本身温度的下降，但由于水滴表面饱和空气层中饱和水蒸气分压力大于空气中的水蒸气分压力，因此不断有大量水蒸气蒸发到空气中去，空气被加湿并得到相应的潜热量。在此过程中，空气潜热量的增加大于显热量的减少，因而总的说来，空气的比焓还是增加了，而温度下降。

该过程称为增焓加湿过程。

（6）$t_w = t$ 为一等温过程，过程线为 A—6，在此过程中，由于空气的干球温度等于水的温度，所以空气的显热量并不发生变化。但是，水滴表面饱和空气层中饱和水蒸气分压力大于空气中的水蒸气分压力（$p_6 > p_A$），因此不断会有水蒸气蒸发到空气中去，空气被加湿并得到相应的潜热量。空气的潜热量将增加，空气的含湿量、比焓均将增加，而温度保持不变。该过程称为等温加湿过程。

（7）$t_w > t$ 水温高于空气的干球温度，过程线为 A—7，空气状态的过程线偏向等温线的上方，在此过程线上，空气的温度、比焓和含湿量均增加，其原因与 A—6 过程相近，空气温度的增加是空气得到由水传递来的热量，其显热增加。该过程称为升温加湿过程。

将以上 7 种过程的特点汇总成表，见表 4-1。

空气与水直接接触时各种过程的特点　　　　　　　　表 4-1

过程线	水温特点	t 或 Q_x	d 或 Q_q	h 或 Q	过程名称
A—1	$t_w < t_L$	减	减	减	减湿冷却
A—2	$t_w = t_L$	减	不变	减	等湿冷却
A—3	$t_L < t_w < t_a$	减	增	减	减焓加湿
A—4	$t_w = t_a$	减	增	不变	等焓加湿
A—5	$t_a < t_w < t$	减	增	增	增焓加湿
A—6	$t_w = t$	不变	增	增	等温加湿
A—7	$t_w > t$	增	增	增	增温加湿

注：表中 t、t_s、t_L 分别为空气的干球湿度、湿球温度和露点温度，t_w 为水温。

在实际的喷淋过程中，喷水量总是有限的，空气与水的接触时间也不可能无限，所以空气状态和水温都是不断变化的，而且空气的终状态也很难达到饱和。此外，在 h-d 图上，实际的空气状态变化过程并不是一条直线，而是曲线，同时该曲线的弯曲形状又和空气与水滴的相对运动方向有关。

假设水滴与空气的运动方向相同（顺流），因为空气总是先与具有初温 t_{w1} 的水相接触，而有小部分达到饱和，如图 4-4（a）所示，且温度等于 t_{w1}。这部分空气与其余的空气混合得到状态点 1，此时，水温已升至 t'_w。然后具有状态 1 的空气与温度为 t'_w 的水滴相接触，又有一小部分达到饱和，其温度等于 t'_w。这部分空气再与其余空气混合得到状态 2，此时水温已升至 t''_w。如此继续下去，最后可得到一条表示空气状态变化过程的折线，点取得多时，便变成了曲线。在逆流的情况下，按同样的分析方法，可以看到曲线将向另一方向弯曲，如图 4-4（b）所示。

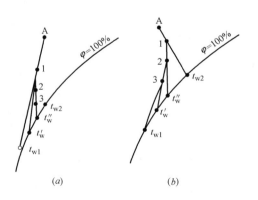

图 4-4　空气与水的实际处理过程
(a) 顺流；(b) 逆流

可见无论是在顺流还是在逆流的情况下，喷水室里的空气状态变化过程都不是直线，而是曲线，而且如果接触时间充分，在顺流时空气终状态将等于水终温；在逆流时，空气

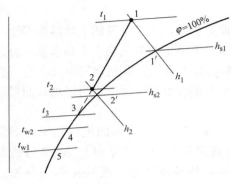

图 4-5 冷却干燥过程中空气与水的状态变化

终状态将等于水初温。不过在实际的喷水室中，无论是逆流还是顺流，水滴与空气的运动方向都不可能是纯粹的逆流或顺流，而是比较复杂的交叉流动。所以空气的终状态将既不等于水终温，也不等于水初温，对喷时也不等于水的平均温度。此外，由于空气与水的接触时间不够充分，所以空气的终状态也往往达不到饱和。对于单级喷水室，空气的终相对湿度一般能达到95％，用双级喷水室处理空气，空气的终相对湿度能达到100％。习惯上，将这种空气状态称为"机器露点"。尽管在实际的喷水室中，空气的状态变化过程不是直线，但是因为在实际工作中，人们所关心的只是处理后的空气终状态，而不是状态变化的轨迹，所以还是用连接空气初、终状态点的直线来表示空气状态的变化过程，如图 4-5 所示。

影响喷水室热质交换效果的主要因素见表 4-2。

影响喷水室热质交换效果的主要因素   表 4-2

物理量	符号	影 响 状 况
空气质量流速	ρv	ρv 升高，热质交换效果好，减少喷水室断面尺寸；但 ρv 过大将使喷水室阻力加大。一般 ρv 在 $2.5 \sim 3.5 \text{kg}/(\text{m}^2 \cdot \text{s})$
喷水系数	μ	在一定的范围内加大喷水系数将改善热质交换效果
空气与水的初参数		空气与水的初参数决定了热质交换的推动力的大小和方向
喷嘴排数		单排喷嘴的热质交换效果小于双排喷嘴情况，三排喷嘴和双排喷嘴效果相当
喷嘴密度	N	喷嘴密度过大，水苗相互叠加，不能充分发挥作用；喷嘴密度过小，水苗不能覆盖整个喷水室断面，引起交换效果降低。一般喷嘴密度取 $13 \sim 24$ 个/$(\text{m}^2 \cdot \text{排})$ 为宜
喷嘴孔径	D	孔径小，则喷出水滴细，增加与空气的接触面积，热质交换效果好
喷水方向		逆喷好于顺喷，对喷好于两排均逆喷好，三排时采用一顺两逆
排管间距		对于不同的喷嘴，排管间距有对应的最佳距离

4.3.2 表面式换热器的处理过程

表面式换热器（包括空气加热器和空气冷却器两类）的热湿交换是在被处理的空气与紧贴换热器外表面的边界层空气之间的温差和水蒸气分压力差的作用下进行的。根据空气与边界层空气的参数不同，表面式换热器可以实现三种空气处理过程。

对空气加热器，当边界层空气温度高于主体空气温度时，将可以实现等湿、加热、升温过程，如图 4-6 所示的 h-d 图中 A—B 过程线所示。对空气冷却器，虽然边界层空气温度低于主体空气温度，但尚高于其露点温度时将发生等湿、冷却、降温过程（干工况），如图 4-6 中的 A—C 所示；当边界层空气温度低于主体空气的露点温度时，将发生减湿、冷却、降温过程（湿工况），如图 4-6 中的 A—D 所示。

由于在等湿加热和冷却过程中，主体空气和边界层空气之间只有温差，并无水蒸气分压力差，所以只有显热交换，而在减湿冷却过程中，由于边界层空气与主体空气之间不但存在温差，也存在水蒸气分压力差，所以通过主换热器表面不但有显热交换，也有伴随湿交换的潜热交换。由此可知，湿工况下的空气冷却器比干工况下有更大的热交换能力，或者说对同一台空气冷却器而言，在被处理空气干球温度和水温保持不变时，空气湿球温度越高，空气冷却器的冷却减湿能力越大。

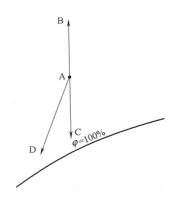

图 4-6 表面式换热器空气处理过程

空气冷却器不同于喷水室，它不能实现加湿过程，因此在冬季使用空气冷却器的空调系统中必须加装空气加湿器。

影响空气冷却器热质交换效果的因素见表 4-3。

影响空气冷却器热质交换效果的因素 表 4-3

物理量	符号	影 响 状 况
空气质量流速或迎面风速	$\rho v / v_y$	$\rho v / v_y$ 升高，空气的表面传热系数高，热交换效果好；但 ρv 过大将使阻力加大。$\rho v / v_y$ 过低将使得空气冷却器的尺寸和初投资增加。一般 v_y 在 2~3m/s
水的流速	w	w 升高，水侧的表面传热系数高，热交换效果将有所提高；但过大的 w 将使阻力加大
空气冷却器的表面积	A	表面积大则换热量增加，但初投资也将增加
空气与水的温度与温差		空气与水的温差越大，其间的换热量也将增大，表面析湿特性主要取决于水温

4.3.3 空气加湿器的处理过程

空气的加湿方法可分为两大类：一类是用外界热源产生水蒸气，然后再将水蒸气混到空气中来进行加湿，这类方法在 h-d 图上近似表现为等温过程，称为等温加湿，如图 4-7 中 A—B 所示；另一类是水吸收空气中的显热而蒸发加湿，这类方法在 h-d 图上表现为等焓过程，称为等焓加湿，如图 4-7 中 A—C 所示。等温加湿方法加湿效率高，但饱和蒸汽遇冷易凝结成液态水滴。等焓加湿方法对某些场所在夏季可以实现既加湿又降温过程，但水滴颗粒较粗，加湿效率较低，且不适用于温度需要恒定的场所的加湿过程。

将水蒸气直接和空气混合是比较简便的等温加湿方法。从图 4-8 可以看出，如果需要将 q_m（kg/h）状态 1 的空气，加湿到状态 2，则需要的加湿量为：

$$W = q_m(d_2 - d_1)$$

如果将空气加湿到饱和状态点 3 之后还继续加入蒸汽，则多余的蒸汽将凝结成水，放出来的汽化潜热又将使饱和空气的温度继续提高，即空气状态将沿饱和线上升到状态点 4。点 4 的具体位置可按热平衡的原则或作图法得到，使用作图法时，先按加湿量大小在等温线的延长线上找到点 4′，过点 4′ 的等焓线与饱和线的交点就是状态点 4。

4.3.4 吸湿剂的处理过程

用吸湿剂的处理过程是空气和吸湿剂接触时利用吸湿剂吸收水气的能力来达到空气减湿的效果。吸湿剂有液体吸湿剂和固体吸湿剂。

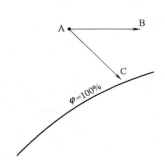

图 4-7 空气加湿器空气处理过程

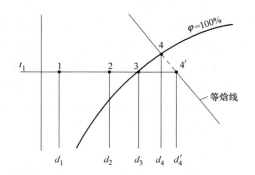

图 4-8 蒸气加湿时空气状态的变化

液体吸湿剂有氯化钙、氯化锂和三甘醇等。氯化钙溶液对金属有较强的腐蚀作用，其价格便宜；氯化锂溶液虽然对金属也有一定的腐蚀作用，但由于其吸湿性能好，在国内外使用较多；三甘醇的主要优点是没有腐蚀性，而且其吸湿能力较强，具有很好的发展前途。液体吸湿剂减湿方法的主要优点是：空气减湿幅度大，能达到很低的含湿量；可以用单一的减湿处理过程得到需要的送风状态。缺点是需要有一套盐水溶液的再生设备，系统比较复杂，初投资高，其使用场合主要是含湿量要求很低的环境。其处理过程在 h-d 图上表示为降温减湿过程 A—3，见图 4-9。此过程和图 4-6 中空气冷却器的 A—D 过程相仿。不同之处在于用液体吸湿剂时降温不是主要的，而减湿效果比较显著。因此 A—3 比 A—D 更向左偏。液体吸湿剂可根据盐水溶液的浓度和温度不同，分别实现等焓（加热）减湿过程 A—1 和等温减湿过程 A—2，见图 4-9。

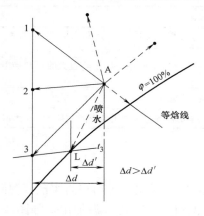

图 4-9 吸湿剂的空气处理过程

常用的固体吸湿剂是硅胶和氯化钙。使用固体吸湿剂的空气处理过程是等焓升温过程，当潮湿空气采用固体吸湿材料吸湿时，空气中的水蒸气被吸附，同时放出汽化潜热又加热了空气，空气减湿前后的比焓值保持不变，而温度上升。固体吸湿设备比较简单，投资和运行费用较低。缺点是减湿性能不稳定，并随时间的延长而下降，吸湿材料需要再生。使用于除湿量较小的场所。其处理过程在 h-d 上表示为等焓（加热）减湿过程 A—1，见图 4-9。

4.3.5 空气蒸发冷却器的处理过程

用于冷却空气的蒸发冷却器有两种基本形式：直接蒸发冷却和间接蒸发冷却。直接蒸发冷却——与水直接接触的等焓冷却过程，其处理过程线 h-d 图上表示如图 4-10 中 A—B 所示。当空气与水直接接触时，由于水的蒸发现象，空气和水的温度都会降低，但空气的含湿量将有所增加。用作直接蒸发冷却器的设备有喷水室和淋水填料层。间接蒸发冷却——水蒸发的冷量通过传热壁面传给被冷却的空气，其处理过程线在 h-d 图上表示如图 4-10 中 A—C 所示。间接蒸发冷却器有两个通道，一个通道通过被冷却空气（称为一次空气）；另一个通道通过辅助空气（或称二次空气）及喷淋水，在该通道中水蒸发吸热，二次空气把水冷却到接近其湿球温度，然后，水通过间壁把另一侧的一次空气冷却下来。如果二次空气的湿球温度低于一次空气的露点温度就有可能对一次空气降温的同时又除湿。从理论上分析，直接蒸发冷却过程可获得的一次空气的最低温度趋近于它的湿球温度，而间接蒸发冷却过程可获得的一次空气的最低温度则趋近于它的露点温度。间接蒸发冷却器主要有板式、管式和热管式三种类型。

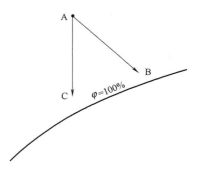

图 4-10 蒸发冷却器
的空气处理过程

4.3.6 空气处理的各种途径

在空调系统中，为了得到同一送风状态点，可能有不同的处理方案与途径。下面以完全使用室外新风的直流式空调系统为例，予以说明。

一般夏季室外空气的温度和湿度高于室内的设定参数，为此，需要对室外空气进行冷却、减湿处理，然后送入室内；而冬季室外温度和湿度低，需要对室外空气进行加热加湿处理。假定夏季、冬季室外空气的状态点分别为 W_x、W_d，如图 4-11 所示的 h-d 图，要

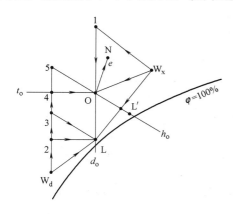

图 4-11 空气处理的各种途径

把空气处理到某个相同的送风状态点 O，则可能有 8 种空气处理方案，各种方案中有至少一种甚至多种不同处理途径。

空气处理方案一：$W_x \rightarrow L \rightarrow O$，夏季室外空气经喷水室喷冷水（或用空气冷却器）冷却减湿，然后经过加热器再热。

空气处理方案二：$W_x \rightarrow 1 \rightarrow O$，夏季室外空气流经固体吸湿剂减湿后，再用空气冷却器等湿冷却。

空气处理方案三：$W_x \rightarrow O$，直接对夏季室外空气进行液体吸湿剂减湿冷却处理。

空气处理方案四：$W_d \rightarrow 2 \rightarrow L \rightarrow O$，冬季室外空气先经过加热器预热，然后喷蒸汽加湿，最后经过加热器再热。

空气处理方案五：$W_d \rightarrow 3 \rightarrow L \rightarrow O$，冬季的室外空气经加热器预热后，进入喷水室绝热加湿，然后经加热器再热。

空气处理方案六：$W_d \rightarrow 4 \rightarrow O$，经加热器预热后的冬季室外空气再进行喷蒸汽加湿。

空气处理方案七：$W_d \rightarrow L \rightarrow O$，冬季室外空气先经过喷水室喷热水加热加湿，然后通过加热器再热。

空气处理方案八：$W_d \rightarrow 5 \rightarrow L' \rightarrow O$，冬季室外空气经加热器预热后，一部分进入喷水室绝热加湿，然后与另一部分未进入喷水室加湿的空气混合。

通过以上方案可以看出，空气经过不同的处理途径，完全可以得到同一种送风状态。用 h-d 图就很容易确定处理方案，同时各种处理设备前后的空气状态参数在图上也就确定了。这对于选择和设计各设备是一些必要的已知条件。

空气的各种处理过程如图 4-12 所示。图中 t_L 是空气的露点温度，t_s 是空气的湿球温度，A 点表示空气的初状态点。1、2、……12 表示 A 点的空气用不同的处理方法可能达到的状态。A—（1～12）各种处理过程的内容和一般采用的处理方法见表 4-4。

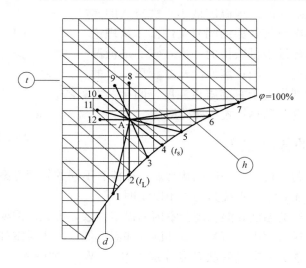

图 4-12　各种处理过程

注：图中交点为 A 点

各种空气处理过程的内容和处理方法　　　　　　　　表 4-4

过程线	所处象限	热湿比 ε	处理过程的内容	处　理　方　法
A—1	III	$\varepsilon > 0$	减焓降湿降温	用水温低于 t_L 的水喷淋； 用肋管外表面温度低于 t_L 的空气冷却器冷却； 用蒸发温度 t_0 低于 t_L 的制冷剂直接膨胀式空气冷却器冷却
A—2	d＝常数	$\varepsilon = -\infty$	减焓等湿降温	用水的平均温度稍低于 t_L 的水喷淋或空气冷却器干式冷却； t_0 稍低于 t_L 的制冷剂直接膨胀式空气冷却器干式冷却
A—3	IV	$\varepsilon < 0$	减焓加湿降温	用水喷淋，$t_L < t'$（水温）$< t_s$
A—4	h＝常数	$\varepsilon = 0$	等焓加湿降温	用水循环喷淋，绝热加湿
A—5	I	$\varepsilon > 0$	增焓加湿降温	用水喷淋，$t_a < t'$（水温）$< t_A$（t_A 为 A 点的空气温度）
A—6	I（t＝常数）	$\varepsilon > 0$	增焓加湿等温	用水喷淋，$t' = t_A$；喷低压蒸汽等温加湿
A—7	I	$\varepsilon > 0$	增焓加湿升温	用水喷淋 $t' > t_A$；喷过热蒸汽
A—8	d＝常数	$\varepsilon = +\infty$	增焓等湿升温	加热器（蒸汽、热水、电）干式加热
A—9	III	$\varepsilon < 0$	增焓降湿升温	冷冻机除湿（热泵）
A—10	h＝常数	$\varepsilon = 0$	等焓降湿升温	固体吸湿剂吸湿
A—11	III	$\varepsilon > 0$	减焓降湿升温	用温度稍高于 t_A 的液体除湿剂喷淋
A—12	III（t＝常数）	$\varepsilon > 0$	减焓降湿等温	用与 t_A 等温的液体除湿剂喷淋

4.4 空气处理设备

4.4.1 喷水室

喷水室的主要优点是能够实现多种空气处理过程，具有一定的净化空气能力，耗金属量少和容易加工。但是，它也有对水质要求高、占地面积大、水泵耗能多等缺点。所以，目前在一般建筑中已不常使用或仅作为加湿设备使用。

图 4-13 (a) 是应用比较广泛的单级、卧式、低速喷水室，它由许多部件组成。前挡水板有挡住飞溅出来的水滴和使进风均匀流动的双重作用，因此有时也称它为均风板。被处理空气进入喷水室后流经喷水管排，与喷嘴中喷出的水滴相接触进行热湿交换，然后经后挡水板流走。后挡水板能将空气中夹带的水滴分离出来，以减少喷水室的"过水量"。在喷水室中通常设置 1~3 排喷嘴，最多 4 排喷嘴。喷水方向根据与空气流动方向相同与否分为顺喷、逆喷和对喷。从喷嘴喷出的水滴完成与空气的热湿交换后，落入底池中。

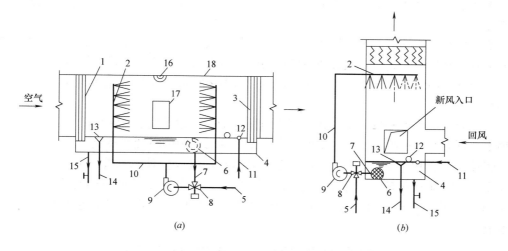

图 4-13　喷水室的构造

(a) 卧式喷水室；(b) 立式喷水室

1—前挡水板；2—喷嘴与排管；3—后挡水板；4—底池；5—冷水管；6—滤水器；
7—循环水管；8—三通混合阀；9—水泵；10—供水管；11—补水管；12—浮球阀；
13—溢水器；14—溢水管；15—泄水管；16—防水灯；17—检查门；18—外壳

底池和四种管道相通，它们是：

（1）循环水管：底池通过滤水器与循环水管相连，使落到底池的水能重复使用。滤水器的作用是清除水中杂物，以免喷嘴堵塞。

（2）溢水管：底池通过溢水器与溢水管相连，以排除水池中维持一定水位后多余的水。在溢水器的喇叭口上有水封罩可将喷水室内外空气隔绝，防止喷水室内产生异味。

（3）补水管：当用循环水对空气进行绝热加湿时，底池中的水量将逐渐减少，由于泄漏等原因也可能引起水位降低。为了保持底池水面高度一定，且略低于溢水口，需设补水管并经浮球阀自动补水。

（4）泄水管：为了检修、清洗和防冻等目的，在底池的底部需设泄水管，以便在需要泄水时，将池内的水全部泄至下水道。

为了观察和检修的方便，喷水室应有防水照明灯和密闭检查门。

喷嘴是喷水室的最重要部件。我国曾广泛使用 Y-1 型离心喷嘴。近年来，国内研制出几种新型喷嘴，如 BTL-1 型、PY-1 型、FL 型、FKT 型等。

挡水板是影响喷水室处理空气效果的又一重要部件。它由多折的或波浪形的平行板组成。当夹带水滴的空气通过挡水板的曲折通道时，由于惯性作用，水滴就会与挡水板表面发生碰撞，并聚集在挡水板表面上形成水膜，然后沿挡水板下流到底池。

用镀锌钢板加工而成的多折形挡水板，由于其阻力较大，已较少使用。而用各种塑料板制成的波形和蛇形挡水板，阻力较小且挡水效果较好。

喷水室有卧式和立式，单级和双级，低速和高速之分。此外，在工程上还使用带旁通和带填料层的喷水室。

立式喷水室［见图 4-13（b）］的特点是占地面积小，空气流动自下而上，喷水由上而下，因此空气与水的热湿交换效果更好，一般是在处理风量小或空调机房层高允许的地方采用。

双级喷水室能够使水重复使用，因而水的温升大、水量小，在使空气得到较大焓降的同时节省了水量。因此，它更宜用在使用自然界冷水或空气焓降要求大的地方。

一般低速喷水室内空气流速为 2～3m/s，而高速喷水室内空气流速更高，空气流速可高达 8～10m/s。

带旁通的喷水室是在喷水室的上面或侧面增加一个旁通风道，它可使一部分空气不经过喷水处理而与经过喷水处理的空气混合，得到要求处理的空气终参数。

带填料层的喷水室，是由分层布置的玻璃丝盒组成。玻璃丝盒上均匀地喷水（见图 4-14），空气穿过玻璃丝层时与各玻璃丝表面上的水膜接触进行热湿交换。这种喷水室对空气的净化作用更好，它适用于空气加湿或者蒸发式冷却，也可作为水的冷却装置。

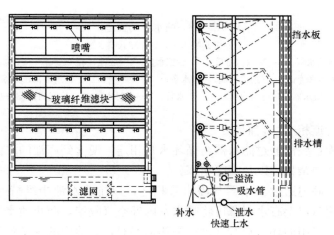

图 4-14　玻璃丝盒喷水室

4.4.2 表面式换热器

表面式换热器因具有构造简单、占地少、水质要求不高、水系统阻力小等优点，已成为常用的空气处理设备。表面式换热器包括空气加热器和空气冷却器两类。前者用热水或蒸汽作热媒，后者以冷水或制冷剂作冷媒。因此，表面式冷却器又可分为水冷式和直接膨胀式两类。

1. 表面式换热器的构造

表面式换热器有光管式和肋管式两种。光管式表面换热器由于传热效率低已很少应用。肋管式表面换热器由管子和肋片构成，见图4-15。

为了使表面式换热器性能稳定，应力求使管子与肋片间接触紧密，减小接触热阻，并保证长久使用后也不会松动。

根据加工方法不同，肋片管又分为绕片管、串片管和轧片管等。

将铜带或钢带用绕片机紧紧地缠绕在管子上可制成皱褶式绕片管［见图4-16（a）］。皱褶的存在既增加了肋片与管子间的接触面积，又增加了空气流

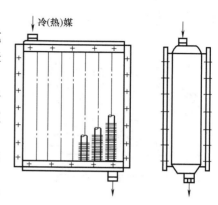

图 4-15　肋管式换热器

过时的扰动性，因而能提高传热系数。但是，皱褶的存在也增加了空气阻力，而且容易积灰，不便清理。为了消除肋片与管子接触处的间隙，可将这种换热器浸镀锌、锡。浸镀锌、锡还能防止金属生锈。

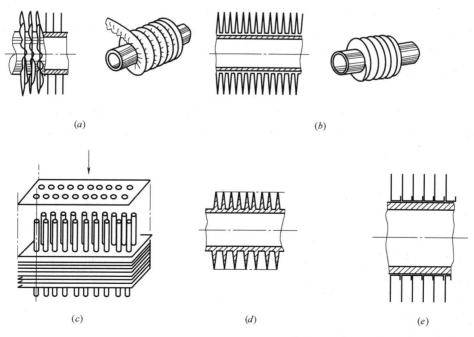

图 4-16　各种肋管式换热器的构造
（a）皱褶绕片；（b）光滑绕片；（c）串片；（d）轧片；（e）二次翻边片

65

有的绕片管不带皱褶，它们是用延展性好的铝带绕在钢管上制成［见图4-16（b）］。

将事先冲好管孔的肋片与管束串在一起，经过胀管之后可制成串片管［见图4-16（c）］。串片管生产的机械化程度可以很高，现在大批铜管铝片的表面式换热器均用此法生产。

用轧片机在光滑的铜管或铝管外表面上轧出肋片便成了轧片管［见图4-16（d）］，由于轧片管的肋片和管子是一个整体，没有缝隙，所以传热性能更好，但是轧片管的肋片不能太高，管壁不能太薄。

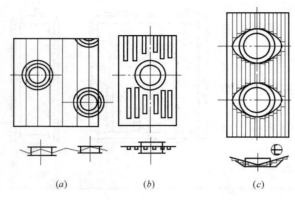

（a）　　　　　（b）　　　　　（c）

图 4-17　换热器的新型肋片

（a）波纹形片；（b）条缝形片；（c）波形冲缝片

为了提高表面式换热器的传热性能，应该提高管外侧和管内侧的热交换系数。强化管外侧换热的主要措施之一是用二次翻边片［即管孔处翻两次边，见图4-16（e）］代替一次翻边片，并提高肋管质量；二是用波形片、条缝片和波形冲缝片等代替平片（见图4-17）。强化管内测换热最简单的措施是采用内螺纹管。研究表明，采用上述措施后可使表面式换热器的传热系数提高（10%～70%）。

此外，在铜管串铝片的换热器生产中，采用亲水铝箔的越来越多。所谓亲水铝箔就是在铝箔上涂防腐蚀涂层和亲水的涂层，并经烘干炉烘干后制成的铝箔。它的表面有较强的亲水性，可使换热片上的凝结水迅速流走而不会聚集，避免了换热片间因水珠"搭桥"而阻塞翅片间空隙，从而提高了热交换效率。同时，亲水铝箔也有耐腐蚀、防霉菌、无异味等优点，但增加了换热器制造成本。

2. 表面式换热器的安装

表面式换热器可以垂直安装，也可以水平安装或倾斜安装。但是，以蒸汽作热媒的空气加热器最好不要水平安装，以免聚集凝结水而影响传热性能。此外，垂直安装的表面式冷却器必须使肋片处于垂直位置，否则将因肋片上部积水而增加空气阻力。

由于表面式冷却器工作时，表面上常有凝结水产生，所以在它们下部应装接水盘和排水管（见图4-18）。

按空气流动方向来说，表面式换热器可以并联，也可以串联，或者既有并联又有串联。到底采用什么样的组合方式，应按通过空气量的多少和需要的换热量大小来决定。一般是通过空气量多时采用并联，需要空气温升（或温降）大时采用串联。

表面式换热器的冷、热媒管路也有并联与串联之分，不过使用蒸汽作热媒时，各台换热器的

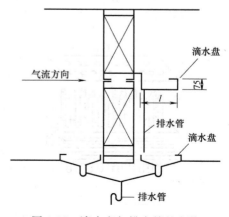

图 4-18　滴水盘与排水管的安装

蒸汽管只能并联,而用水作热媒或冷媒时各台换热器的水管串联、并联均可。通常的做法是相对于空气来说并联的换热器其冷、热媒管路也应并联,串联的换热器其冷、热媒管路也应串联。管路串联可以增加水流速,有利于水力工况的稳定和提高传热系数,但是系统阻力有所增加。为了使冷、热媒与空气之间有较大温差,最好让空气与冷、热媒之间按逆交叉流型流动,即进水管路与空气出口应位于同一侧。

为了便于使用和维修,冷、热媒管路上应设阀门、压力表和温度计。在蒸汽加热器的管路上还应设蒸汽压力调节阀和疏水器。为了保证换热器正常工作,在水系统最高点应设排空气装置,而在最低点应设泄水和排污阀门。

如果表面式换热器冷热两用,则热媒以用65℃以下的热水为宜,以免因管内壁积水垢过多而影响换热器的换热效果。

4.4.3 空气加湿器

在农业设施环境调节中,有时要对空气进行加湿处理,以增加空气的含湿量和相对湿度,从而满足某些作物生长的要求。空气的加湿方法有很多种,除了喷水室加湿外,还有干蒸汽加湿器,电热式加湿器和电极式加湿器等温加湿及超声波加湿器、离心式加湿器、高压喷雾加湿器、湿膜加湿器、压缩空气喷雾加湿等等熔加湿两大类。

1. 等温加湿型空气加湿器

(1)干蒸汽加湿器

干蒸汽加湿器由干蒸汽喷管、分离室、干燥室和电动或气动调节阀等组成,其结构如图4-19所示。为避免蒸汽喷管在喷出蒸汽中夹带凝结水滴而影响等温加湿效果,在喷管外设有外套。蒸汽先进入喷管外套,对喷管内的蒸汽进行加热,以保证喷出的蒸汽不夹带水滴。然后外套内的凝结水随蒸汽一起进入分离室。经过分离出凝结水后的蒸汽,由分离器顶部的调节阀孔减压后再进入干燥室,残存在蒸汽中的水滴在干燥室内再汽化,最后由

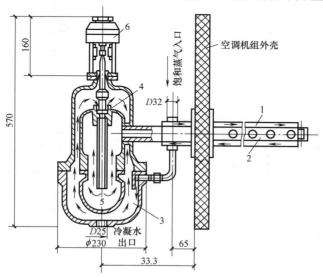

图4-19 干蒸汽加湿器

1—外套;2—蒸汽喷管;3—分离室;4—调节阀孔;5—干燥室;6—电动或气动执行机构

蒸汽喷管喷出的是干蒸汽。

蒸汽加湿器的优点是加湿性能好、噪声较小，其缺点是结构和制作工艺复杂，有色金属耗量大，造价较高。当有可靠的蒸汽供应时，宜选用干蒸汽加湿器。

（2）电热式加湿器

电热式加湿器是把 U 形、蛇形或螺旋形管状电热元件放在水槽或水箱内，通电后将水加热至沸腾产生蒸汽的加湿设备，该加湿器分为开式和闭式两种。

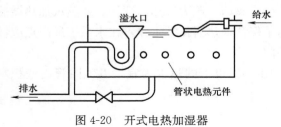

图 4-20　开式电热加湿器

开式电热加湿器如图 4-20 所示，水槽不是密闭的，产生的蒸汽压力与大气压力相同，由于水槽内带有一定体积的存水，从开始通电到产生蒸汽需要较长的时间，因而热惰性较大，存在时间滞后的问题。

闭式电热加湿器结构如图 4-21 所示，装有管状电热元件的水箱不与大气直接相通，所产生的蒸汽压力经常高于大气压力，加湿器内充满压力为 0.01～0.03MPa 的低压蒸汽。需要加温时，只要打开蒸汽管道上的调节阀即可。这样就减少了加湿器的热惰性和时间滞后，提高了湿度调节的精度。

电热式加湿器主要设在集中空调系统的空气处理机（室）内，为减少加湿器的热量消耗和电能消耗，应对其外壳做好保温。

（3）电极式加湿器

电极式加湿器的构造如图 4-22 所示。它是利用三根铜棒或不锈钢棒插入盛水的容器中作为电极，将电极与三相电源接通之后，就有电流从水中通过。在这里水是电阻，因而能被加热蒸发成蒸汽。除三相电外，也有使用两根电极的单相电极式加湿器。

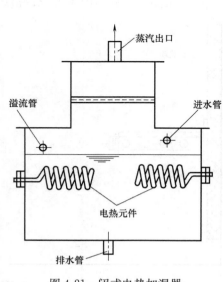

图 4-21　闭式电热加湿器

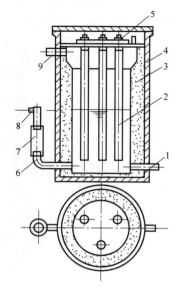

图 4-22　电极式加湿器

1—进水管；2—电极；3—保温层；4—外壳；5—接线
柱；6—溢水管；7—橡皮短管；8—溢水嘴；9—蒸汽出口

这种加湿器盛水容器内的水位越高，导电面积越大，通过的电流越强，产生的蒸汽量就越多。因此，可以通过改变溢流管高低的办法来调节水位高低，从而调节加湿量。

电极式加湿器的功率应根据所需加湿量大小，按式（4-1）确定（考虑结垢影响可设一安全系数）。

$$N = W(h_q - ct_w) \quad (kW) \tag{4-1}$$

式中　W——蒸汽产生量，kg/s；

　　　h_q——蒸汽的焓，kJ/kg；

　　　t_w——进水温度，℃。

当没有蒸汽源可利用时，宜选用电极式加湿器。主要优点是比较安全，容器中无水，电流也就不能通过，不必考虑防止断水空烧措施，结构紧凑，加湿效率较高，且加湿量容易控制。缺点是耗电量大，加湿成本高，且电极上易积水垢和腐蚀。

（4）PTC蒸汽加湿器

PTC蒸汽加湿器是一种电热式加湿器，它将PTC热电变阻器（氧化陶瓷半导体）发热元件直接放入水中，通电后使水加热而产生蒸汽。

PTC蒸汽加湿器由PTC发热元件、不锈钢水槽、供水和排水装置、防尘罩及控制系统组成。该加湿器具有运行平稳安全、加湿迅速、不结露、高绝缘电阻、使用寿命长、维修工作量少等优点。

（5）红外线加湿器

红外线加湿器是利用红外线灯作热源，形成辐射热（其温度可达到2200℃左右），使水表面蒸发产生水蒸气，直接对空气进行加湿。

红外线加湿器主要由红外灯管、反射器、水箱、水盘及水位自动控制阀等部件组成。它的优点是运行控制简单、动作灵敏、加湿迅速、产生的蒸汽中不夹带污染微粒。加湿器所用的水可不作处理，能自动地作定期清洗、排污。缺点是耗电量较大、价格较高。因此，适用于对温湿度控制要求严格，加湿量较小的系统。

2. 等焓加湿型空气加湿器

（1）超声波加湿器

超声波加湿器是利用压电换能片（雾化振子头或振动子），将高频（1.7MHz）电能转化成超声波机械能，在水中产生170万次的超声波，造成剧烈的水滴撕裂作用，使水箱表面的水直接雾化成直径为$1 \sim 2 \mu m$的细微水滴。这些水滴随气流扩散到周围空气中，吸收空气的显热蒸发成水蒸气，从而对空气进行加湿。在使水雾化的过程中也伴随着产生负氧离子，每个压电换能片每小时可将0.2～0.4kg的水雾化，如图4-23所示。

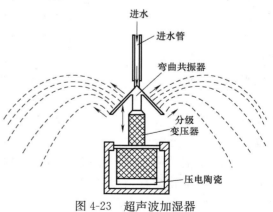

图4-23　超声波加湿器

超声波加湿器的优点是雾化效果好、水滴微细均匀、耗电较低、反应灵敏。整机结构紧凑、运行平稳安静、噪声低。即使在低温下也能对空气进行加湿。缺点是加湿器价格较高，振动子的寿命较短。另外，该加湿器对供水水质要求较高，必须用洁净的软化水或去

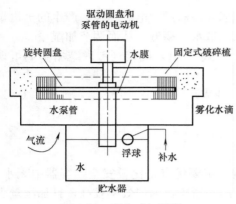

图 4-24　离心式加湿器

离子水。当采用普通的自来水时，必须除去水中的 Ca^+，Mg^+ 阳离子等杂质，进行软化和净化处理。否则，雾化后的细微水滴的水分蒸发后，会形成白色粉末附着于周围环境表面，产生"白粉"现象。

（2）离心式加湿器

离心式加湿器是靠离心力作用将水雾化成细微水滴，在空气中蒸发进行加湿的。图 4-24 为离心式加湿器结构示意图，它由圆筒形外壳、旋转圆盘（带固定式破碎梳）、电动机、水泵管、贮水器和供水系统组成。封闭电机驱动旋转圆盘和水泵管高速旋转。水泵管抽吸贮水器内的水并送至旋转圆盘上面形成水膜，在离心力作用下，水膜被甩向破碎梳并形成细微水滴。待加湿空气从圆盘下部进入，吸收雾化了的小水滴，由于水滴吸热蒸发而被加湿。供水通过浮球阀进入贮水器，并维持一定的水位。

离心式加湿器具有节省电能、安装维修方便、体积小、使用寿命较长等优点，可用于较大型系统。但由于水滴颗粒较大，不可能完全蒸发，总有少量水滴落下，因此放置加湿器的地方需要排水。加湿用的水最好用软化水或纯净水。

（3）汽水混合式加湿器

汽水混合式加湿器的主要组成为喷嘴、自动控水装置及集水器等，结构示意如图4-25所示。该加湿器的加湿过程可分为引射和雾化两大部分。具有一定压力（0.1～1.0MPa）的压缩空气通过特别的喷嘴，对气流进行三级合理配置积导流，在喷嘴口形成一个负压区，由于负压作用，集水器中的水连续不断地被引射到喷嘴腔内。被引射的水通过自动控水装置集存于集水器内，为高压空气引射喷雾提供了无压水源。引射压缩空气与被引射水两股流体在喷嘴腔内分别按照设定的流量和流向有序地进行。雾化过程中较高压力的压缩空气将能量传递给较低压力的水，使水的能量增高。两股流体在喷嘴出口处混合喷出，混合过程中高压空气与水流发生动量交换，与水进行剧烈摩擦和碰撞，利用空化效应（超声波产生的效应）将水充分雾化成细小的水珠。当汽水混合流体

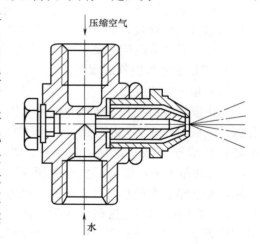

图 4-25　汽水混合式加湿器

从喷嘴出口高速喷出时，又与外界大气中的空气进行摩擦接触，从而将水滴进一步撕碎，水滴的直径可达～5～10μm，从而达到良好的雾化效果。这种加湿器加湿效率高，雾化效果好，一般直接用于室内加湿。

（4）高压喷雾式加湿器

高压喷雾加湿器，是将经过高压泵加压的高压水从喷嘴小孔向空气中喷出，形成粒径

细小的水雾，并与周围空气进行热湿交换而蒸发加湿。高压喷雾加湿器的结构如图4-26所示。它是由主机和装有若干个喷嘴的集管两部分组成。集管设在空气处理机内部，主机安装在它的外侧。集管与主机饥之间用软铜管连接。

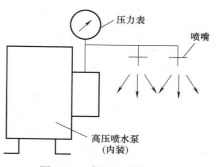

图 4-26　高压喷雾加湿器

高压喷雾加湿器的主机由加压泵、电机、电磁阀、压力表、开关或压力开关、给水滤网等部件组成。集管采用不锈钢管材，喷嘴采用耐用性持久的陶瓷材质，其耐磨强度大大高于不锈钢。所需喷嘴的个数由喷雾加湿量来决定。这种加湿器使用的水质应清洁、无异味，最好用软化水。

高压喷雾加湿器体积小、质量轻、耗电量少、加湿量大，给水压力一般为 0.1～0.5MPa。由于喷出的水量不可能完全蒸发，所以将蒸发的水量称为有效加湿量，而将有效加湿量与喷出总水量之比定义为加湿效率。现有产品的加湿效率约为 33% 左右。

目前，有一种新型超高压微雾加湿器。它采用高压陶瓷柱塞泵将净化处理过的水加压至 7MPa，再通过高压水管传送到特殊结构的高压微雾喷嘴，每秒能产 50 亿粒雾滴，雾滴直径为 3～15μm。雾化 1L 水仅需消耗 6W 的功率，是离心式或汽水混合式加湿器的 1/10。可直接用于室内加湿。

（5）湿膜加湿器

湿膜加湿器是利用水蒸发吸热的原理，将水淋洒在用吸水材料制成的填料上，被处理空气流经填料时，水吸收空气的显热而蒸发成水气进入空气，使空气加湿的同时，也使空气降温，其工作原理如图 4-27 所示，它由填料模块、布水器组件、输水管、水泵、水箱、进水管、排水管等组成。

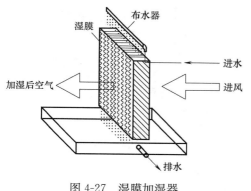

图 4-27　湿膜加湿器

湿膜材料有复合型湿膜材料、玻璃纤维型湿膜材料和金属刺孔湿膜等，其中复合型湿膜材料由于其加湿性能好、机械强度高、防尘防霉菌效果好，可用自来水反复清洗等优点得到广泛应用。但其结水垢问题也应引起注意。

湿膜加湿器的主要优点是加湿效率较高，可实现清洁加湿，必须要水处理，维护简单，使用周期长，节省占地面积。

除上面介绍的一些加湿方法外，还有一些利用水表面自然蒸发的简易加湿方法。例如，在地面上洒水、铺湿草垫、让空气在风机作用下通过带水的填料层、设敞口水槽等。但是，它们都有加湿量不易控制、加湿速度慢和占地面积大等缺点。这类装置的加湿量可按经验的湿交换系数及水蒸气分压力差计算。

4.4.4　除湿机

降低空气含湿量的处理过程称为减湿（降湿、除湿）处理。空气的减湿方法有多种，除前面介绍过的喷水室和空气冷却器可实现对空气的降焓降温减湿处理外，常用的空气除湿机有：冷冻除湿机、转轮除湿机、热管除湿机和溶液除湿机等。

1. 冷冻除湿机

冷冻除湿机的工作原理如图 4-28 所示。它是用制冷机作为冷源，以直接膨胀式空气冷却器作为冷却设备的除湿装置。一般由压缩机、蒸发器（或称直接膨胀式空气冷却器）、风冷式冷凝器、膨胀阀（此处为毛细管）、空气过滤器、凝结水盘和凝结水箱以及通风机等组成。待除湿的潮湿空气，先经空气过滤器过滤除去尘埃，然后与直接膨胀式空气冷却器相接触，空气中的部分水蒸气被冷凝而析出，经冷凝水盘收集后流入冷凝水箱。与空气被减湿的同时，空气温度也已降低，其相对湿度有所提高。这种干燥低温相对湿度较高的空气，继续通过风冷式冷凝器，在那里空气被加热、温度升高、相对湿度降低（空气的含湿量不变）。通风机将这种空气送入要求除湿的房间内。如此不断地工作下去，室内空气中的水分被除去，流入冷凝水箱内。

冷冻除湿机的性能稳定，工作可靠，能连续工作。但设备费用和运行费用较高，并有噪声产生，适用于空气的露点温度高于 4℃ 的场合。

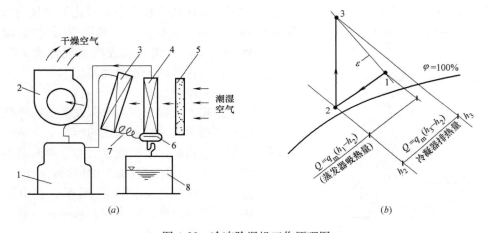

图 4-28　冷冻除湿机工作原理图

(a) 冷冻除湿机工作原理；(b) 冷冻除湿机内空气的状态变化

1—压缩机；2—离心式通风机；3—风冷式冷凝器；4—蒸发器；
5—空气过滤器；6—冷凝水盘；7—毛细管；8—冷凝水箱

2. 转轮除湿机

为了使固体吸附剂除湿设备能够连续地工作，可以采用转轮除湿机。转轮除湿机的主体结构和吸湿部件是不断转动着的蜂窝状干燥转轮。该转轮是由特殊复合耐热材料制成的波纹状介质构成，波纹状介质中载有吸附干燥剂。按照干燥剂的种类不同，干燥转轮有氯化锂转轮、高效硅胶转轮和分子筛转轮三种，其中以氯化锂转轮和硅胶转轮使用最多。每种转轮均能提供巨大的吸湿表面积（每立方米体积大约有 $300m^2$），所以除湿能力强。就强度而言，氯化锂转轮不如硅胶转轮。

转轮除湿机主要由除湿系统、再生系统和控制系统三部分组成。除湿系统由干燥（吸湿）转轮、减速传动装置、风机和空气过滤器等组成。再生系统除转轮箱以外，还有加热器（蒸汽加热或电加热）、风机、过滤器和调节风门。而控制系统由电气设备、再生温度控制装置和电热设备的保护装置组成。

氯化锂转轮除湿机利用一种特制的吸湿纸来吸收空气中的水分。吸湿纸以玻璃纤维滤纸为载体，将氯化锂等吸湿剂和保护加强剂等液体均匀地吸附在滤纸上烘干而成。存在于吸湿纸内的氯化锂等晶体吸收水分后生成结晶水而不变成盐水溶液。常温时吸湿纸上水蒸气分压力比空气中水蒸气分压力低，所以能够从空气中吸收水蒸气；而高温时吸湿纸上水蒸气分压力高于空气的水蒸气分压力，因此又可将吸收的水蒸气放出来。如此反复循环使用便可达到连续除湿的目的。

图 4-29 是氯化锂转轮除湿机工作原理图。这种除湿机的转轮由交替放置的平吸湿纸和压成波纹的吸湿纸卷绕而成。在纸轮上形成许多蜂窝状通道，因而也形成了相当大的吸湿面积。转轮以每小时数转的速度缓慢旋转，潮湿空气由转轮一侧的 3/4 部分进入干燥区。再生空气从转轮另一侧 1/4 部分进入再生区。

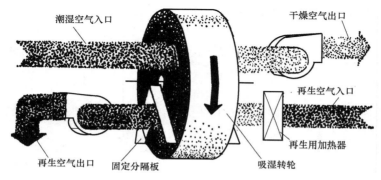

图 4-29　转轮除湿机工作原理图

转轮除湿机吸湿能力较强，维护管理方便，是一种较理想的除湿设备。在节能、节电和减少环境污染方面有一定的应用前景，同时也为余热和太阳能的利用开辟了新的途径。

3. 溶液除湿空调装置

采用溶液吸湿可以使空气—溶液接触表面同时作为换热表面。在表面的另一侧接入冷水或热水，实现吸收或补充相变热的目的，从而实现接近等温的吸湿和再生过程，如图 4-30 所示。由溶液泵作为动力使溶液循环喷洒在塔板上与空气进行湿交换，同时溶液的

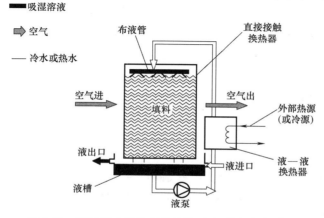

图 4-30　带有板式换热器的溶液-空气热湿交换单元

循环回路中还串联一个中间换热器，吸收湿交换过程中产生的热量或冷量。通过控制调节中间换热器另一侧的水温、水量，就可使空气在接近等温状态下减湿或加湿。溶液和水之间是交叉流，不可能实现真正的逆流，但如果单元内溶液的循环量足够大，空气通过这样一个单元的湿度变化量又较小时，其不可逆损失可大大减小。

　　对应于空气处理所要求的除湿量，可串联多个上述的基本单元，如图 4-31 所示。每个单元的溶液浓度不同，浓溶液从空气出口的最后一个单元补充到系统中，吸湿后浓度降低，再与空气流向逆流地进入前一单元，最后从第一个单元导出稀溶液。横跨各单元的溶液流量远小于各单元内部溶液的循环流量，这样就可以使各单元内的溶液循环量满足单元内传热传质要求，单元间的溶液流量则满足要使各单元空气含湿量逐级降低时的溶液浓度的要求。由此溶液与空气间可基本上实现接近等温的逆流传质，从而使不可逆损失大大减小。再生器也可以由同样的单元模块组成，通过类似的过程实现接近等温的逆流传质。图 4-32 为四级串联的空气处理单元在 h-d 图上的处理过程。

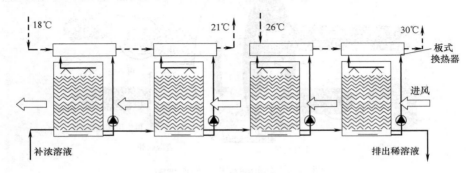

图 4-31　四级串联的空气处理单元

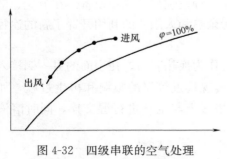

图 4-32　四级串联的空气处理
单元在 h-d 图上的处理过程

　　近年来，随着新材料与膜分离技术的发展，出现了一种比较新颖的除湿方法，即膜法除湿。它是利用膜的选择透过性进行除湿，其有除湿过程连续进行、无腐蚀问题、无需阀门切换、无运动部件、系统可靠性高、易维护、能耗小等优点，使得空气除湿方法有了重大发展。目前采用膜材料的除湿装置已经问世，膜法除湿具有广阔的应用前景。

4.5　蒸发降温技术

4.5.1　概述

　　中国多数地区的气候属于温带大陆性气候，夏季气温常高于 $35\sim40℃$。进入农业设施内的空气，进一步吸收太阳辐射热量，常常产生动植物难以承受的高温。在这种情况下，应采取必要的降温措施。

农业设施夏季采用降温技术措施，可以保证设施内动植物的生产得以正常进行，从而提高土地利用率，提高动物饲养中的饲料能量转化率，避免昂贵的设施空置浪费，实现动植物产品的周年连续均衡生产。

遮阳和通风是夏季抑制设施内高温的有效技术措施。自然通风需要在高温季节当地常有可供利用的自然风，这是很难完全满足的。采用这种方式降温，不能种植对环境温度要求苛刻的作物。为了实现最佳降温效果，常在自然通风温室选种蒸发量大的作物。机械通风可以采用大风量，可大量排除设施内的多余热量。但是，其抑制高温的能力是有限的。一方面，机械通风的通风量不能太大，过大的设施内气流速度对于农业生物也是不利的，过大的通风量还意味着投入较多的设备与过大的能量消耗，在经济上是不合算的。另一方面，遮阳和通风都不能直接降低进入设施内的空气温度，在夏季气候条件下，很多时候室外气温已高于动植物生长适宜的气温条件，即使采用大风量机械通风，设施内气温也最多降至接近室外气温的水平。例如在室外气温为 28℃ 时，即使采用遮阳和大风量机械通风的措施，温室内的气温也将超过 30℃。因此，在室外气温接近和超过农业生物的上限临界温度时，必须开启设施内的降温系统以降低空气温度。

降温系统是为了避免高温对农业生物造成危害所采取的降低室内温度的工程技术措施。降温措施一般有机械制冷、冷水降温和蒸发降温等。

机械制冷是利用压缩制冷设备进行制冷，其优点是制冷量大，且降温能力强，不受外界条件限制，同时还可除湿。但由于压缩制冷设备投资费用高，温室或畜禽舍的建筑面积都较大，需排除的多余热量很大，如采用机械制冷将需要很高的设备投资和运行费用。因此机械制冷只在一些农产品贮藏库和食用菌生产设施中采用，在温室和畜禽舍的降温中一般不建议采用。

冷水降温是利用远低于空气温度的冷水，使之与空气接触进行热交换，降低空气的温度。此法是利用水吸收空气的显热，如果用低于空气露点温度的冷水，还具有能够除湿的优点。但水与空气热交换后将升温，必须源源不断排走温度已升高的水和提供新的冷水。水的比热为 4.18kJ/(kg·℃)，相对于设施内空气降温所需排出的热量而言，依靠一定数量水的升温所能吸收的热量还是较小的，因此冷水降温需消耗大量的低温水，除当地有可以利用的丰富的低温地下水的情况外，一般不宜采用。

适用于农业设施夏季的降温技术是蒸发降温。蒸发降温是利用水蒸发需要吸收潜热的特性，通过水在空气中蒸发，从空气中吸收蒸发潜热，使空气温度得到降低。

蒸发降温的不足之处主要有两点：其一是在降温的同时，空气的湿度也会增加，因此带来设施内环境高湿度的问题；其二是降温效果要受气候条件的影响，在湿度较大的天气下不能获得好的降温效果。但尽管蒸发降温存在以上不足，由于它能解决设施夏季生产中的高温这个主要矛盾，而且设备简单、运行可靠及维护方便、省能、经济，因此仍不失为夏季生产的有效降温技术。

4.5.2 蒸发降温原理

蒸发降温是利用空气的不饱和性和水的蒸发潜热来降温，当空气中所含水分没有达到饱和时，水蒸发成水蒸气进入空气中，同时吸收空气中的热量，降低空气的温度。由于水的蒸发潜热很大，在常温 25℃ 时，水的蒸发潜热量为 2442kJ/kg，仅消耗较少的水量即可吸收较大量的热量，因此远比冷水降温节水。例如，假设冷水降温时采用的冷水温度为12℃，冷水吸热后温度升高到22℃，温升10℃，则消耗每千克冷水所吸收的热量为41.8kJ。而每千克水蒸发所能吸收的热量为2442kJ，为冷水降温方法的58倍。换句话说，在吸收相同设施内热量的情况下，蒸发降温的耗水量仅为冷水降温的1/58。由于不同温度的水其蒸发潜热相差不大，可以采用常温水用于蒸发降温，而冷水降温需要专门获取低温水。所以在设备及运行费用方面，蒸发降温系统远远低于机械制冷的降温系统。例如通常得到较多应用的湿帘风机蒸发降温系统，其设备费用仅约为机械制冷降温系统的1/7，运行费用仅为1/10。

蒸发降温过程中必须保证室内外空气流动，以便将室内高温、高湿的气体排出并补充新鲜空气，因此采用强制通风的方法，如果采用自然通风会造成室内高温高湿。

如前所述，蒸发降温这一绝热加湿过程可近似为等焓过程。若室外空气状态点为 a，该热湿交换过程在 h-d 图上表示为 a—b，如图 4-33 所示。

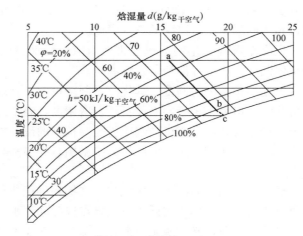

图 4-33　蒸发降温过程

蒸发降温的极限是空气的湿球温度，即在最理想的情况下可将空气温度降低至等于空气湿球温度。实际经蒸发降温设备处理后，空气能够达到的温度越接近湿球温度，说明其降温过程进行越充分。通常采用降温效率 η 作为评价蒸发降温技术和设备的降温性能优劣的指标，其定义为：

$$\eta = \frac{t_a - t_b}{t_a - t_w} \tag{4-2}$$

式中　t_a，t_b——降温前、后的空气温度（干球温度），℃；

　　　　t_w——空气的湿球温度，℃。

$t_a - t_w$ 为空气的干球温度与湿球温度差，是理想情况下蒸发降温可以达到的最大降温幅度，而 $t_a - t_b$ 为空气经蒸发降温处理后实际达到的降温幅度。降温效率 η 是反映蒸发降温技术或设备的降温能力与理论最大可能降温能力接近程度的评价指标，其值小于1。

当已知降温技术和设备的降温效率 η，根据当时室外气候条件，可以计算空气经降温处理后的气温为：

$$t_b = t_a - \eta(t_a - t_w) \tag{4-3}$$

例如当蒸发降温设备的降温效率为 80％、室外气温为 35℃、湿球温度为 24℃时，室外干湿球温差为 11℃，蒸发降温后气温的降低幅度为 8.8℃，气温降低至 26.2℃。

由上可知，蒸发降温的降温幅度一方面取决于降温设施的降温效率，还与当时天气下的空气状态有关。当天气越干燥，干、湿球温差越大，降温效果越好。如在潮湿的天气下，干湿球温差较小，则即使降温设施降温效率较高，也不会取得较好的降温效果，这是蒸发降温的最大弱点。但即使是在一般认为气候较为潮湿的地区，在一天之内气温最高，最需要进行降温的正午时刻，相对湿度也正是全天最低的时候，这一天气特点有利于蒸发降温适时发挥其一定的降温效果。

从历年的气象资料分析，对于黄河流域及以北的我国北方地区，由于气候较干燥，在室外气温较高时，相对湿度为 40％～50％甚至更低，蒸发降温有较好的效果，降温幅度通常可达 7～10℃，一般夏季空调室外计算湿球温度在 27℃以下，考虑到蒸发降温设备的降温效率，室外空气在经过蒸发降温处理后，气温约可降低至 26～28℃，再考虑空气进入设施后的温升，设施内气温一般约可控制在 28～30℃以下。我国长江流域及以南地区比北方气候潮湿，蒸发降温效果略差。但应具体分析，一般在连阴雨天虽相对湿度高达 80％，但该时期气温多在 30℃以下，而在高温天气时，正午时刻气温最高，其相对湿度也往往降低至 50％～60％，蒸发降温幅度也可达 5～8℃。长江流域及以南地区夏季空调室外计算湿球温度为 27～28.5℃，室外空气在经过蒸发降温处理后，气温约可降低至 28～30℃，而设施内气温可控制在 29～32℃以下，仍基本可满足设施内生产多数情况下的要求。

为了计算蒸发降温设备供水量等要求，需要确定蒸发降温过程中的蒸发水量 E。应根据降温前后空气状态，由焓湿量 d 之差值进行计算：

$$E = (d_b - d_a)L/v \tag{4-4}$$

式中　d_a，d_b——降温前、后的空气焓湿量，g/kg干空气；

　　　　L——通风量，m³/s；

　　　　v——湿空气比容，m³/kg干空气。

为方便计算，由湿空气焓的计算式：

$$h = 1.01t + 0.001d(2501 + 1.85t) \quad \text{kJ/kg干空气}$$

将蒸发降温的湿空气热力过程近似看作等焓过程，有：

$$\begin{aligned}
E &= (d_b - d_a)L/v \approx \frac{\mathrm{d}d}{\mathrm{d}t}(t_b - t_a)L/v \\
&= \frac{1.01 + 0.00185d}{0.001 \times (2501 + 1.85t)v} \cdot (t_a - t_b)L \\
&= k_d(t_a - t_b)L
\end{aligned} \tag{4-5}$$

$$k_d = \frac{1.01 + 0.00185d}{0.001 \times (2501 + 1.85t)v}$$

式中的系数，其物理意义是使单位体积空气的温度每降低 1℃所需蒸发水量，在农业设施蒸发降温常见的空气状态变化范围内，其值变化不大，约等于 0.45～0.48g/(m³·℃)，一般可直接取为 0.46g/(m³·℃) 即可，即有：

$$E = k_d(t_a - t_b)L \approx 0.46(t_a - t_b)L \tag{4-6}$$

4.5.3 蒸发降温系统

目前蒸发降温原理运用于农业建筑（温室和畜禽舍）中的主要方法是：一为用水淋湿特殊质纸等吸水材料，水与流经材料表面的空气接触而蒸发，从空气中吸热，即湿帘降温法。其二采用液力或气力雾化的方法向要降温的空间直接喷雾使之蒸发冷却空气，即喷雾射流法。

喷雾射流方法在农业建筑环境调控中称为喷雾降温。该方法一般用于空气的湿度控制，较少用于空气的降温。为达到理想的用于蒸发的细雾粒度，需要有专用的设备，运行中水需要过滤和净化，因此设备的造价、运行费用相对较高。

湿帘降温的方法就是利用一种浸湿的、多孔的材料提供水与空气进行更为广泛的接触，是农业建筑中最普遍采用的方法。采用该方法组成的降温系统为"湿帘降温系统"。

1. 湿帘降温系统

湿帘是农业设施中使用最广泛的蒸发降温装置，该装置与低压大流量风机配套使用。

（1）系统的构成

系统由湿帘加湿系统和风机组成。湿帘加湿系统包括湿帘材料、支撑湿帘材料的湿帘箱体或支撑构件、加湿湿帘的配水和供回水管路、水泵、集水池（水箱）、过滤装置、水位调控装置及电动控制系统等，见图 4-34。

湿帘风机降温系统在温室中布置最常用的形式如图 4-35 所示。

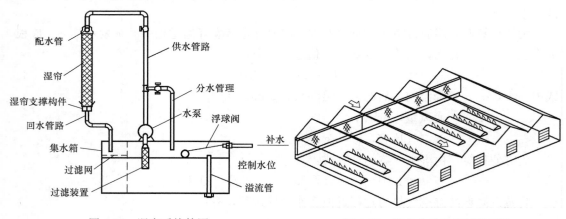

图 4-34　湿帘系统简图　　　　　　　　图 4-35　温室中的湿帘风机系统

（2）湿帘的特性与使用

湿帘是用于蒸发降温的成形材料。由特制的具有良好吸水性纤维纸压制成波浪板后交错层叠粘接成板块形，允许气流和水流交叉通过，具有良好的防腐性能。

浸湿湿帘有三种方式：用水在垂直放置的湿帘材料上方滴入；用喷射的方法将水喷向湿帘；采用水槽放置在滚筒状湿帘底部将湿帘浸湿。目前在温室中常用的是第一种。

湿帘可以采用白杨刨花、棕丝、多孔混凝土板、塑料、棉麻或化纤纺织物等多孔疏松的材料制成，但目前最为多用的是波纹纸质湿帘。波纹纸质湿帘采用树脂处理的波纹状湿强纸层层交错粘结成蜂窝状，并切割成 80～200mm 厚度的厚板状。使用中竖直放置在设施的进风口，不断从上部供给喷淋水，通过有均布小孔的塑料管或水槽均匀地喷洒到湿帘顶部，水从湿帘顶部自上而下，使其通体表面保持湿润（见图4-36）。室外空气通过湿帘时，湿垫纸表面的水分蒸发吸热，使空气降温后进入设施内。为使湿帘纸表面保持充分湿润，顶部供水通常远大于蒸发水量，多余未蒸发的水分从湿帘下部排出后，集中于循环水池，再由水泵重新送到湿帘顶部喷淋。波纹纸质湿帘通风阻力小、热质交换表面积大、降温效率高，工作稳定可靠，安装使用简便。目前国内外都已有成熟的产品生产提供使用。

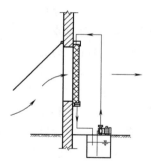

图 4-36　湿帘及供水系统

　　湿帘的缺点是，在长期使用时空气中尘垢与水中盐类在纸帘上的沉积将降低其效率，并增大通风阻力；纸帘使用后易产生收缩与变形，使用寿命还有待提高。

　　目前人们根据陶瓷所具有的吸水性强、可冲洗、不易腐蚀等特性，已研制出陶瓷湿帘。

　　湿帘的技术性能参数主要有降温效率与通风阻力，具体数值应由生产厂家提供。对于同一厂家的同类产品，降温效率与通风阻力主要取决于湿帘厚度与过帘风速 v_p（＝通风量/湿垫面积）。湿帘越厚、过帘风速越低，则降温效率越高；湿帘越厚、过帘风速越高，则通风阻力越大（见图4-37）。为使湿帘具有较高的降温效率，同时减小通风阻力，过帘风速不宜过高，但也不能过低，否则使需要的湿帘面积过分增大，设备费用增加，一般取过帘风速为 0.5～1.5m/s。一般当湿帘厚度为 100～150mm、过帘风速为 1～2m/s 时，降温效率 η 为 70%～90%，通风阻力 Δp 为 10～60Pa。

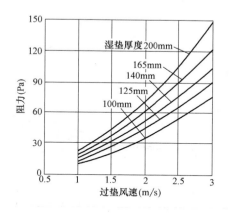
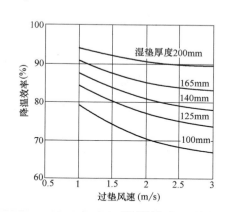

图 4-37　湿帘性能

　　制作湿帘的纸被压制成波纹形状，使其形成较大的外表面，粘合成湿帘后以获得较大的湿帘与水的接触面积。湿帘纸板分层展开的表面积之和与其体积之比即湿帘的比表面积，也即空气与水的接触面积。湿帘比表面积的大小直接影响湿帘的换热效率以及湿帘对空气产生的阻力。通常湿帘的比表面积大于 $350m^2/m^3$。

　　湿帘在设施中的安装位置、安装高度要适宜，应与风机统一布局，使设施内能形成均匀流经全部动植物的生长或活动区的气流。湿帘的运行可根据设施内气温由自动控制器控制，当气温上升到设定值（如 28℃）时开始启动水泵供水淋湿湿帘。每次用完后，水泵应比风机提前几分钟关停，使湿帘蒸发变干，以免湿帘上生长水苔。在冬季不用时，湿垫外侧要设置挡板或用塑料帘等遮盖，以阻止冷风从湿帘进入设施内。

波纹湿帘大约有 5 年的使用寿命，这往往不是强度的破坏，而是湿帘表面积聚的水垢、水苔、尘土和碎物，使它丧失了吸水性和缩小了过流断面，造成堵塞。因此，使用中还应注意防尘和防止杂物等吸附在湿帘上，必要时湿帘进风一侧可设置纱网等。同时，为了保护输水系统和湿帘上方的喷淋孔口不被堵塞，应在循环水回到水池的回水管口和水泵吸水管口处装置滤网。水循环系统中，由于水分不断蒸发，水中杂物和盐类浓度将不断增高，应定期排放已变脏的循环水。应定期清洗整个系统，除掉水池中的沉积物和湿帘上附着的尘土杂物。在使用一定时期后，波纹湿湿帘会发生干缩，湿帘接缝处出现较大缝隙，造成空气短路，降低降温效果，应及时进行调整。

1）湿帘设计工况点

当湿帘处于完全浸湿状态时，其换热效率和阻力取决于过帘风速。对于特定的湿帘产品，在一定的过帘风速下，换热效率和阻力一定（见图 4-38 和图 4-39）。当湿帘—风机系统的设计方案确定后，设计的过帘风速即一定，此时湿帘的工作点即为设计工况点。

湿帘设计工况点的选择，一般应保证换热效率大于 75%，湿帘静压损失小于 15Pa，通过湿帘的过帘风速 v_g 一般不宜超过 1.8m/s。

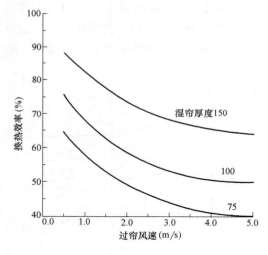

图 4-38　Munters 公司 CELdek7060 型
湿帘的换热效率与空气流速关系图

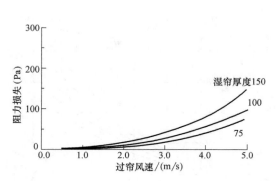

图 4-39　Munters 公司 CELdek7060 型湿
帘的阻力损失与空气流速关系图

2）空气通过湿帘前后温度差

因湿帘降温系统对空气的处理过程可视为等焓加湿冷却过程。所以通过湿帘后的空气温度为：

$$t_2 = (1-\eta)t_1 + \eta t_{s1} \tag{4-7}$$

式中　η——设计工况点下的湿帘换热效率，%；

t_1——空气通过湿帘前的干球温度，℃；

t_{s1}——空气通过湿帘前的湿球温度，℃；

t_2——空气通过湿帘后的干球温度，℃。

3）产冷量

湿帘风机降温系统的产冷量由下式计算：

$$Q_L = L\rho C_p(t_2 - t_1) \tag{4-8}$$

式中　Q_L——湿帘-风机系统的产冷量，kW；

　　　L——通风量，m³/s；

　　　ρ——出风口空气密度，kg/m³，可近似取为 1.2kg/m³；

　　　C_p——空气的质量定压热容，对于温室通风工程常见情况，$C_p = 1.03$kJ/(kg·℃)。

4）湿帘面积的确定

湿帘面积按下式计算：

$$A_p = L/v_p \tag{4-9}$$

式中　L——设计通风量，m³/s；

　　　v_p——过帘风速，m/s，一般取 $v_p = 1\sim2$m/s。

根据所需湿帘面积，可确定湿帘高度和宽（长）度，一般湿帘高度为 1～2m。

5）湿帘循环水量

循环水量取决于湿帘尺寸和湿帘蒸发水量，另外与水中阳离子浓度和 pH 值有关，实际上，为保证湿帘表面充分湿润，循环供水量往往比蒸发水量大得多，计算公式为：

$$W_{sl} = W_b S_{sl} + \xi e_{sl} \tag{4-10}$$

式中　W_b——湿帘单位截面积的必要供水量，其值为 3.5～4.0m³/(m²·h)，当湿帘高度高、气候干燥、尘土多时取较大值；

　　　S_{sl}——湿帘过水截面总面积，m²；

　　　ξ——蒸发水量系数，其值为 1.0～1.5，当水中阳离子浓度和 pH 值较大时取大值。

或更简单地根据经验，按下式确定湿帘供水量：

$$L_w = n_L L_p \tag{4-11}$$

式中　L_p——湿帘长度，m；

　　　n_L——经验系数，t/(m·h)，可取 0.1～0.5t/(m·h)，湿帘高度较大时取较大值。

循环水池的容积应充分满足水泵开启时供水与停止时回水的调蓄能力，一般根据经验，按下式确定：

$$V = n_V L_p H_p B_p \tag{4-12}$$

式中　L_p，H_p，B_p——湿帘的长度、高度、厚度，m；

　　　　　　n_V——经验系数，一般可取 0.3～0.5。

6）水泵和水箱的选择

水泵流量的选取应能保证水循环流动使湿帘湿润，并满足降温所需水蒸发量，应考虑夏季极端干热的气候条件。不同类型的湿帘所需的最小供水量不同，对于 100mm 厚瓦楞纸板湿帘，需最小供水量为 0.36m³/(h·m)；150mm 厚瓦楞纸板湿帘，需最小供水量为 0.66m³/(h·m)。水泵的设计流量应大于上述所需供水量。

在湿帘系统中水不断循环使用，由于水的蒸发会使循环水中的矿物质增加，需要进行适量排水并补充新水，因此水箱设计容水量取决于选用的水泵的类型、湿帘的规格，还需要考虑所需的适量排水量。湿帘单位面积必要供水量为 $0.02\sim0.04m^3/m^2$。100mm 厚瓦楞纸板湿帘取 $0.03m^3/m^2$；150mm 厚瓦楞纸板湿帘 $0.04m^3/m^2$。所需的适量排水量（或补充水量）为 $0.25\sim5.0E$（E 为湿帘蒸发水量，m^3/h），其值取决于水的 pH 值以及水中的 Ca^{2+}、HCO_3^-、CO_3^{2-} 浓度。

7）风机的选择

湿帘风机降温系统一般采取负压纵向通风的方式，在温室中风机与湿帘间距离最好选在 $30\sim70m$ 之间，其流道阻力约为 $25\sim40Pa$。风机的选择必须满足在 25.4Pa 静压下所需的通风量。根据实际需要，可以采用大小风机搭配的组合通风方式，风机数量的计算应满足：

$$l_1n_1+l_2n_2+l_3n_3>L$$

式中　l_1、l_2、l_3——分别为几种不同型号风机的流量，流量均应满足工作静压在 25.4Pa以上；

　　　　n_1、n_2、n_3——分别为 l_1、l_2、l_3 风量的几种风机的数量。

湿帘风机降温系统选用的风机为低压大流量轴流式节能风机，我国的标准为 9FJ 系列，表 4-5 给出了北京市畜牧机械厂生产的几种 9FJ 系列风机产品的性能参数。

北京市畜牧机械厂 9FJ 系列风机的性能参数　　　　　表 4-5

型号	叶轮直径 (mm)	不同静压下风机流量(m^3/h)			电源形式	电机功率 (kW)	噪声(dB)
		19.6Pa	29.4Pa	39.2Pa			
$9FJ_{15}$-A	1500	64000	61000	57000		1.1	
$9FJ_{15}$-B	1500	73000	69000	65000		1.5	
$9FJ_{12.5}$-D	1250	45000	43000	40000		0.75	
$9FJ_{12.5}$-E	1250	45000	43000	40000	三相,380V	0.75	≤75
$9FJ_{12.5}$-F	1250	50000	46000	42000		0.75	
$9FJ_{12.5}$-G	1250	56000	51000	46000		1.1	
$9FJ_{10}$-A	1000	33000	31500	29000		0.55	

（3）系统设备的选择、安装以及维护使用需注意的问题

湿帘风机系统一般是将风机集中布置在温室一端的山墙上，湿帘则通常布置在温室另一端山墙或部分侧墙上。

湿帘的选择除需考虑湿帘材料的换热效率和阻力特性外，还须注意其湿强度、耐腐蚀性、使用寿命及湿帘块的尺寸精度和表面质量。

湿帘、风机的布置一般应为湿帘在温室的上风向，风机在温室的下风向布置。湿帘进气口不一定要连续，但要求分布均匀，如进气口不连续应保证空气的过流风速在 2.3m/s 以上。

湿帘或湿帘箱体与进风口周边存在的缝隙需密封，以避免热风渗透影响湿帘降温效果。

湿帘供水在使用中需进行调节，确保有细水流沿湿帘波纹向下流，以使整个湿帘均匀浸湿，并且不形成未被水流过的干带或内外表面的集中水流。

保持水源清洁，水的酸碱度在6～9之间，电导率小于$1000\mu\Omega$。水池须加盖密封，定期清洗水池及循环水系统，保证供水系统清洁。为阻止湿帘表面藻类或其他微生物的滋生，短时处理时可向水中投放$3～5mg/m^3$的氯或溴，连续处理时可投放$1mg/m^3$的氯或溴。

湿帘降温系统在日常使用中应注意：水泵停止30min后再关停风机，保证彻底晾干湿帘；湿帘停止运行后，检查水槽中积水是否排空，避免湿帘底部长期浸在水中。

湿帘表面如有水垢或藻类形成，在彻底晾干湿帘后用软毛刷上下轻刷，然后启动供水系统进行冲洗，避免用蒸汽或高压水冲洗湿帘。

（4）湿帘冷风机

负压通风湿帘降温系统因降温效果稳定，并且设施内部气流及温度分布较为均匀，从而得到了广泛应用。但对于采用负压通风湿帘降温系统的设施，使用中要求能够密闭，以有效形成设施内的负压，保证进风气流完全通过湿帘。这就限制了负压通风湿帘降温系统不能应用于开放式的设施中。

为解决开放式一类设施降温的需要，中国农业大学研究开发了湿帘冷风机降温设备（见图4-40）。湿帘冷风机是湿帘与风机一体化的降温设备，由湿帘、轴流风机、水循环系统以及机壳等部分组成。风机安装在湿帘围成的箱体出口处，水循环系统从上喷淋湿润湿帘，并将湿帘下部流出的多余未蒸发的水汇集起来循环利用，风机运行时向外排风，使箱体内形成负压，外部空气在吸入的过程中通过湿帘被加湿降温，风机排出的降温后的空气由与之连通的风管送入要降温的场所。依据风机出风方向的不同，湿帘冷风机有下吹式、上吹式、侧吹式等几种形式。

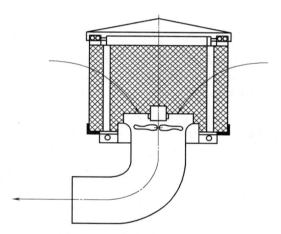

图4-40　湿帘冷风机（下吹式）

湿帘冷风机使用灵活，农业设施无论是否密闭均可采用，并且可以控制降温后的冷风的输送方向和位置，可以适应一些农业设施要求局部降温的需要。每台湿帘冷风机的风量依据不同型号为$2000～9000m^3/h$之间。其降温效率、湿帘阻力等特性与前述湿帘降温系统相似。湿帘冷风机采用正压送风的工作方式，因此具有正压机械通风的特点和相同局限。与负压通风湿帘降温系统相比，其设备投资费用较大，是其缺点之一。

2. 喷雾射流降温系统

（1）系统的类型

1）室内细雾降温

在设施内作物冠层以上的空间，喷以浮游细雾，细雾在未落到作物叶面时便可全部蒸发汽化，即喷雾加湿降温。为使雾滴在喷出后，能在下落地面的过程中完全蒸发，防止其落下淋湿动植物或造成地面积水，以致设施内湿度过高，产生病害及管理不便，要求雾滴高度细化。根据不同环境和使用条件，一般应使雾滴直径在$50～80\mu m$以下。这往往需要高质量的雾化设备以及采用较高的喷雾压力。

室内细雾降温的蒸发降温效率比湿帘低，一般全室内平均降温效率仅为 $20\% \sim 60\%$。因为细雾在设施内空间的分布不能保证完全均匀，在那些雾滴没有到达或分布稀少的空间，空气不能有效得到降温。同时，吸湿降温后的设施内空气，会不断从围护结构、动物体等吸收热量而逐渐升温，这些空气再度被加湿降温的余地已很小。这些因素均会降低室内细雾降温的总平均降温效率。因此，采用细雾降温的设施内必须保证良好的通风条件，以保证一定的降温效果，同时降低室内湿度。

实际工程中为提高降温效率，往往加大喷雾量，同时由于设施内蒸发降温所需雾量是受很多因素（如降温负荷、空气湿度及通风量等）的影响，在不同情况下变化范围较大，但雾化设备难以随之相应变化调节，喷雾过量是常有的情况。因此，即使设备雾化质量很好，也难免会有部分雾滴不能完全蒸发，在雾化降温设备持续运行的情况下，将造成淋湿动、植物、地面积水和室内过高湿度的情况。为此，在使用中往往采用周期间断运行的办法，一般喷雾 $1 \sim 2\text{min}$，停歇 $3 \sim 30\text{min}$（根据天气和设施内情况确定），同时注意进行通风，以避免出现上述情况。

细雾降温系统的优点是投资较低，安装简便，使用灵活，自然通风与机械通风时均可使用，喷雾设备还可兼用于喷洒消毒、除病虫的药剂。

目前常用喷雾设备的工作原理有液力雾化、气力雾化和离心式雾化几种。气力雾化设备采用高速空气流进行雾化，需要压缩空气设备，投资较高，实际应用较少。

液力雾化采用高压水泵产生高压水流，通过液力喷嘴喷出雾化。雾滴粒径的大小取决于喷嘴和喷雾压力，压力越高雾滴越细，通常采用 $0.7 \sim 2\text{MPa}$ 的喷雾压力。液力式雾化设备雾化量，设备费和运行费用低，但对于雾滴直径小于 $50 \sim 80\mu\text{m}$ 的要求难于完全满足，一般雾化质量较好的喷嘴，其产生的雾滴直径分布在 $10 \sim 100\mu\text{m}$ 之间。注意雾化设备标称的雾滴粒径多指体积中径，不是产生的雾滴的最大粒径。例如一种雾化质量较好的喷嘴，其标称的雾滴粒径为 $60\mu\text{m}$，即是指的体积中径，经实际测定其最大粒径为 $100\mu\text{m}$，其产生的雾滴中，$60 \sim 100\mu\text{m}$ 粒径的雾滴体积占 50% 的比例。选用喷嘴时应充分注意这一点。液力式雾化喷嘴一般喷孔较小，使用中容易发生堵塞的问题，应在供水管路上采用水过滤装置。

离心式雾化是将水流送到高速旋转的圆盘，当水从圆盘边缘高速甩出时与空气撞击而被雾化。其优点是产生的雾滴粒径小，不需高压水泵，不会产生堵塞。其缺点是需高转速的动力，设备费用较高。另外，其产生的雾滴四处飞散，导向性差，为此，离心式雾化器往往做成和轴流风机组合成一体的设备——喷雾风机，利用轴流风机排风口的射流输送雾滴和控制雾滴撒布的方向。

室内细雾降温所需喷雾量可由下式估算：

$$E = k_\text{d}(t_\text{a} - t_\text{w})L \approx 0.46(t_\text{a} - t_\text{w})L \quad (\text{g/s}) \tag{4-13}$$

式中　t_a，t_w——室外空气干球温度与湿球温度，℃；

L——设施通风量，m^3/s。

温室常用的喷雾降温设备有高压细雾系统、低压射流雾化喷雾系统和加湿降温喷雾机等。

① 高压细雾系统　系统的雾化原理为液力雾化，系统由贮水箱、高压水泵、过滤器、

输水管路、喷嘴组成，如图4-41所示。

水经过滤器过滤后进入高压泵，经加压后的水通过管路输送到喷嘴，以高速度喷出形成雾滴。雾滴的蒸发使周围空气温度下降，湿度增加。夏季温室设计采用喷雾降温，需要风机配合使用，以满足夏季降温必需的通风量，并确保作物所需要的温度、湿度。

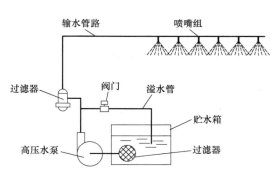

图 4-41　高压细雾系统简图

若达到喷雾降温所需要的喷雾液滴直径，其工作压力约为 3.5～6.0MPa。表4-6给出了雾系统公司用于喷雾降温系统的几种规格的喷头特性。表4-7给出了温室中可选用的用于喷雾系统的几种型号的泵。

液力喷雾喷嘴的特性　　　　　　　　　　　　　　表 4-6

喷嘴芯号	额定喷孔孔径(mm)	流量(L/h)			
		3MPa	4MPa	5MPa	7MPa
206	0.41	7.5	8.6	9.7	11.4
210	0.51	12.5	14.4	16.1	19.1

高压细雾系统中泵的选择　　　　　　　　　　　　表 4-7

泵的型号	流量(L/min)	最大压力(MPa)	适用最多喷嘴个数	额定功率(kW)	适用面积(m²)
W2230	9.84	6.9	81	1.5	810
W2345	15.52	6.9	128	2.2	1200
W2434	26.9	6.9	221	5.5	2200

② 低压射流雾化喷雾系统　　系统的雾化原理为气力雾化，系统不需要高压水泵，水系统的工作压力只需 0.2～0.4MPa，系统需增加压缩空气系统，空气系统的工作压力为 70～350kPa，如图4-42所示。

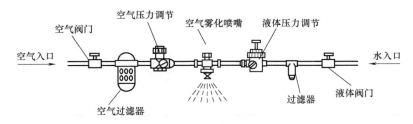

图 4-42　低压射流雾化喷雾系统简图

表4-8给出的是 AIRJ ET 雾化喷嘴的技术参数。从 AIRJET 雾化喷嘴雾化出来的液滴的直径为 $151\mu m$ 或更小，可以满足温室喷雾降温的需要。该系统的输水管路可以使用低压 PVC 管，喷嘴不像高压细雾系统那样受高压侵蚀易于损坏，运行费用低。

③ 加湿降温喷雾机　　加湿降温喷雾机如图4-43所示，其工作原理是离心式雾化。利用高速离心机和轴流风机的复合作用将水变成水雾喷射出来，再利用喷出的水雾蒸发使周

围环境温度下降，湿度增加，同时由于风机的作用促使空气产生对流，因而还能起到循环风机的作用。

23412-1/4-20 型 AIRJET 雾化喷嘴的技术参数

表 4-8

水压/kPa	流　　量	气压（kPa）				
		70	150	200	300	350
200	水流量（L/h）	13.6	7.9	6.4		
	气流量（L/min）	37	71	102		
300	水流量（L/h）	16.3	11.7	8.3		
	气流量（L/min）	34	65	96		
350	水流量（L/h）	18.5	14.0	11.7	8.7	
	气流量（L/min）	34	62	91	119	
400	水流量（L/h）		16.3	14.0	11.7	8.3
	气流量（L/min）		59	85	110	142

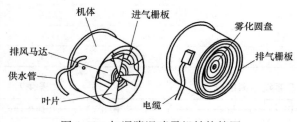

图 4-43　加湿降温喷雾机结构简图

喷雾机组成的喷雾降温系统还需包括水箱、水泵和输送管路。喷雾机还可用于叶面施肥和喷洒农药。

喷雾机不需要使用喷嘴及高压水泵，使用普通低压水泵即可。喷雾机的喷雾量大小可进行调节和控制，配置旋转器后可使喷雾机在一定角度范围内进行旋转。

喷雾机以 5～10μm 左右微粒子喷射，其蒸发降温的效果要优于高压细雾系统，通常在夏季能降温 6～8℃。并且，采用喷雾机降温不会使水滴落到叶面上。

喷雾机在温室中布置安装见图 4-44，其数量的选取、排列间距及安装高度可根据喷雾机的加湿量、单机覆盖面积、作物冠层高度和温室降温、加湿等不同需求来确定。表 4-9 列出了一些厂家生产的喷雾机性能参数。

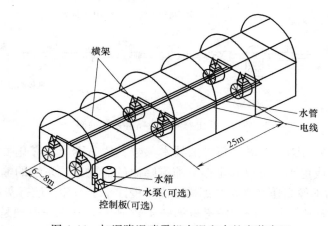

图 4-44　加湿降温喷雾机在温室中的安装布置

喷雾机的性能参数
表 4-9

名称、型号	风量(m³/h)	加湿量(kg/h)	水压(MPa)	单机覆盖面积(m²)	生产厂家
AIRCOOL	5880	0～30,0～48	0.1～0.6	200～500	Taeintech Co. LTD.
II 喷雾加湿机	5600	30			金迈德利

使用加湿降温喷雾机的投资费用较高，耗电量也较大。

在温室中选用何种方式进行降温应根据实际情况确定，通常需考虑当地气候条件、作物的特殊需求、温室建设投资的技术经济性等多种因素。例如，有些品种的玫瑰花采用细雾降温的方法比湿帘风机降温系统效果要好。观叶植物的种植，也宜选用喷雾降温系统。

2）集中雾化降温

为解决室内细雾降温中未蒸发雾滴淋湿动植物、地面积水和室内过高湿度的问题，国内外研究者研究开发了其他形式的雾化降温系统。图 4-45 为集中雾化降温系统，该系统布置方案与湿帘降温系统相仿，喷雾设备布置在设施的进风口，而不是布置在室内。

图 4-45　集中雾化降温系统示意图

在集中雾化降温系统中，室外空气在设施的进风口处经过喷雾降温后进入室内。由于所有室外空气进入室内前都经过这一处理过程，所以对空气的降温是完全和均一的，在设计合理的情况下，降温效率可达到 80% 左右，与湿帘降温相近。由于雾化设备集中布置，未蒸发的雾滴可以方便地收集于布置在雾化装置下的水池中，并循环利用，这就避免了在室内直接喷雾时容易产生未蒸发完的雾滴淋湿动植物或地面的问题，防止了高湿度环境的产生。由此还可大大降低对雾滴细化的要求，即降低了对喷雾设备的要求。室内喷雾时难以解决的喷雾量随气象等条件调节的问题也得到了解决，这里蒸发量的多少实际上是由系统自动调节的。

3）屋面喷水降温

在屋面上设置喷水管路和喷嘴，将水喷洒在屋面上吸热降温。其优点是系统简单，且不会增加室内湿度，可有效减少通过屋面传入室内的热量，但降温效果有限。在温室屋面喷水时，还会产生屋面结垢的污染，影响屋面的透光率。

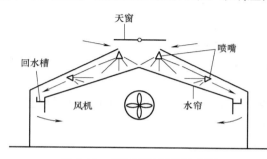

图 4-46　雾帘降温系统示意图

4）雾帘降温

雾帘降温系统主要由喷雾装置与水帘构成（见图 4-46）。喷出的雾滴限制于屋面与水帘间的夹层空间中，在风机向室外排气形成的室内负压作用下，空气由天窗吸入，从夹层中通过后进入室内。在夹层中，雾滴和被水湿润的水帘表面具有很大的表面积，进入的空气在与其接触中，被水蒸发吸热而得到降温，然后进入室内。

未蒸发的水滴由水帘承接并汇入水槽回收，完全防止了水滴淋湿动、植物与地面。夹层还具有阻挡辐射热进入的作用。

雾帘降温效果较好，能避免高湿度的产生，对各部分装置无特殊要求，设备简单。

浙江农业大学在自然通风温室中进行了雾帘降温的试验，夹层中吸热后的水汽靠对流通风散出室外。与上述降温系统相比，还具有可减少风机运行动力消耗的优点。

5) 喷淋降温

与细雾降温不同的是，喷淋降温主要靠淋湿动物身体，水在动物体表蒸发直接带走体热。这种方法降温直接，效果显著，简便易行。但使用范围有限，主要用于猪舍与牛舍。喷淋系统适用于机械或自然通风舍，很容易在现有房舍中加装，房舍中采用水泥地面或漏缝地板以利排水。由于水滴不要求很细，故对喷淋设备要求很低，喷水压力 70～250kPa 即可，自来水压力足够时可省去水泵。因此喷淋降温系统的投资与运行费用都较低。

对单个动物降温时可采用滴水降温法，这常在分娩猪舍中采用，水滴只滴在母猪体表而不沾湿仔猪，以满足二者不同的温度要求。

在温室中，也有直接向植物喷雾，靠蒸发直接降低植物体温度的方法，简便易行，但同样适用范围很有限。

(2) 喷雾降温系统的设计

喷雾降温系统的主要设计参数有设施内的通风流量、喷雾蒸发量、雾化程度及喷嘴高度。温室通风流量，即喷雾降温温室单位温室地面面积所需的温室通风量。喷雾蒸发量，为单位室内地面面积喷雾降温设备所提供的水蒸发量。雾化程度通常用水离开喷嘴或喷雾设备时雾粒的直径表示，它决定了雾粒是否能在到达作物冠层（或地面）前完全蒸发。喷雾高度为喷嘴或喷雾设备的安装的高度，它限定了雾粒到达作物冠层的时间。

1) 温室通风流量与喷雾蒸发量

根据湿、热平衡原理，温室的湿、热平衡满足如下关系式

$$\rho q(d_i - d_o) \approx E \tag{4-14}$$

$$(C_p \rho q + K\beta)(t_i - t_o) = (S_0 - \gamma E) \tag{4-15}$$

式中　ρ——室外空气密度，kg/m^3；

　　　q——温室设计通风流量，$m^3/(min \cdot m^2)$；

d_i、d_o——分别为室内、室外空气的含湿量，$kg/kg_{干空气}$；

　　　E——单位温室地面面积在单位时间内的水蒸发量，包括温室内喷雾蒸发量 E_2 和温室内地面及作物蒸腾作用产生的蒸发量 E_3，$kg/(min \cdot m^2)$；

　　　C_p——室外空气比热容，$kJ/(kg \cdot ℃)$；

　　　K——温室外覆盖平均传热系数，$kJ/(m^2 \cdot ℃ \cdot min)$；

　　　β——温室外覆盖面积与温室地面面积之比；

t_i、t_o——分别为室内外空气的干球温度，℃；

　　　S_0——温室内单位温室地面面积的净辐射量，$kJ/(m^2 \cdot min)$，可由室外日射量、温室透光率及室内日照反射率求得；

　　　γ——水的汽化潜热，kJ/kg。

从式（4-14）和式（4-15）得出

$$d_i \approx d_o + E/\rho q \tag{4-16}$$

$$t_1 = t_o + (S_0 - \gamma E)/(C_p \rho q + K\beta) \tag{4-17}$$

用上式直接求解温室通风流量 q 和蒸发量 E 比较繁琐。

在已知当地室外气象条件（日射量、室外空气温度和室外空气相对湿度 φ_0）的情况下，工程中通常通过给定室内温度和室内相对湿度值，计算绘制出 q（t_i，φ_i）和 E（t_i，φ_i）曲线，即 $qEt\varphi$ 线图的方法求解确定。

从图 4-47 中可以看出，采用蒸发冷却降温时，室内气温可降至室外气温以下，最低可降至室外湿球温度以上 2℃，室内需维持的气温较低时，需要较大的通风流量和蒸发量。

图中表明温室通风流量越大，降温效果越好。但通过计算发现温室通风流量存在极限值，从图 4-47 中可以看出，通风流量 $3m^3/(min \cdot m^2)$ 与 $4m^3/(min \cdot m^2)$ 的曲线已经非常接近，而通风流量 $5m^3/(min \cdot m^2)$ 与 $6m^3/(min \cdot m^2)$ 的曲线将近重合。因而，考虑到温室通风流量增大会使设备的投资和运行费用都增加，例如在图示设计条件下选用通风流量时不宜超过 $4m^3/(min \cdot m^2)$。在相同的设计室温下，所需的通风流量随着室内相对湿度的增高而降低。研究表明，多数作物最大光合强度出现在相对湿度 80%～90% 左右，因而尽可能采用较高的室内相对湿度，以降低所需的通风流量。

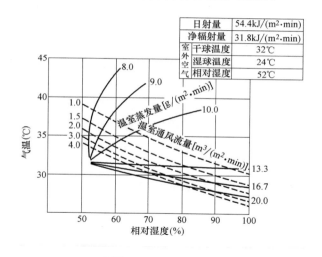

图 4-47　$qEt\varphi$ 线图

从图 4-47 中的蒸发量曲线可以看出，蒸发量随室内湿度的变化分两种情况。当蒸发量小于 $13g/(min \cdot m^2)$ 时，随着室内相对湿度的增加，室内温度也增加，显然与温室蒸发降温的要求不相符。只有当蒸发量 $>13g/(min \cdot m^2)$ 时，室内温度随室内相对湿度的增加而下降。对于相同的室内相对湿度，蒸发量越高，室内温度越低。但从图中还可以看出，蒸发量提高到一定值后，随着室内湿度的增加室内温度的下降越趋不明显，即蒸发量存在一极限值。因而蒸发量的选取应不超过其极限值。

喷雾蒸发量为总蒸发量与作物及地面蒸发量的差值，即：

$$E_2 = E - E_3$$

为满足温室夏季降温所需的喷雾蒸发量，所采用的喷雾设备应达到相应的喷雾强度，喷雾强度为喷雾系统或设备在单位时间及单位面积内所喷出的水的质量，单位是 $g/(min \cdot m^2)$。

不同的气象条件所需要的温室通风流量和喷雾强度不同，表 4-10 给出了北京地区几种气候条件下宜采用的工作参数，供选择喷雾降温设备时参考。

北京地区几种气候条件下喷雾降温系统的工作参数　　　　表 4-10

月份	室外温度、湿度	室内温度	温室通风流量 $[m^3/(min \cdot m^2)]$	喷雾强度 $[g/(min \cdot m^2)]$	喷雾后室内保持温度(℃)
五月	25～32℃ 20%～30%	37～38℃	2～3	13～16	25
六月	30℃以上 20%～30%	40℃左右	4	16～17	29
七月、八月	高温、高湿	40℃以上	4	7～8	30

2）雾化程度及喷雾高度

在一定的环境条件下，代表雾化程度的喷雾液滴的大小直接影响雾滴达到完全蒸发所需要的时间。喷雾液滴的大小由喷雾设备的结构及其雾化原理所决定。由喷嘴产生的液滴大小不仅取决于喷嘴的特定结构，还受喷射压力、流量以及喷雾形状的影响。在给定的某一喷雾中，并非所有的喷雾液滴同样大小，描述一次喷雾中液滴大小的方法中应用最为广泛的为"体积中位数直径（VMD）"。体积中位数直径，是一种以被喷雾液体体积来表示液滴大小的方法。当依照体积测量时，体积中位数直径液滴大小是一数值，该数值使得在喷雾液体总体积中 50% 的液滴直径大于中位数直径，50% 的液滴小于中位数直径。

雾滴蒸发的过程是雾滴直径由大到小的变化过程，通常认为雾滴直径达到 0.001mm 时，即达到了雾滴完全蒸发的程度。有人做过计算，在室内干球温度为 34.5℃，相对湿度为 38%，湿球温度为 23.6℃，室内风速为 0.3m/s 的环境条件下，不同的雾滴直径达到蒸发程度所需要的时间见表 4-11。

不同直径雾滴的蒸发时间　　　　表 4-11

雾粒直径(mm)	0.08	0.07	0.06	0.05	0.04	0.03	0.02
蒸发时间(s)	4.27	3.32	2.48	1.75	1.14	0.65	0.30

从表 4-11 中可以看出，直径为 0.05mm 的雾滴比直径为 0.08mm 的雾滴蒸发所需的时间节约 60%，雾滴直径越小越有利于蒸发。

为使雾滴喷出后有足够的在空气中漂移的时间，以便与空气充分接触蒸发，喷嘴安装高度一般宜高一些。在雾滴从喷嘴喷出后自由下落情况下，其完全蒸发完毕所下落的高度 h，可按下式计算：

$$h_e = \frac{d_0^4 - 8.2d_0^{5.5}}{6 \times 10^{-6}(t - t_w)}$$　　　　(4-18)

式中　d_0——雾滴的初始直径，mm；

　　　t，t_w——空气的干球温度与湿球温度，℃。

从理论上讲，喷嘴的最低离地安装高度应大于 h，使雾滴在降落到地面以前即完全蒸发完毕，一般安装高度宜在 2m 以上。

第5章 农业设施的通风

5.1 概述

5.1.1 通风换气的目的

农业设施是一个相对封闭的系统，在依靠围护结构形成的与外界相对隔离的设施内部空间中，可以创造适于动植物生长的、优于室外自然环境的条件。但另一方面，在相对封闭的设施内部空间中，室外热作用和动植物的生长发育活动等对设施内温度、湿度和空气成分等环境因素产生的影响容易积累起来，从而产生高温、高湿和不利于动植物生长发育的空气成分环境。通风换气是解决上述问题的最经济有效的措施。

通风换气是农业设施内环境调控的重要技术手段，其主要作用是：

（1）排除设施内余热，抑制高温。

温室和塑料大棚等园艺设施采用透明材料覆盖，白天大量的太阳辐射热可进入设施内。在春、夏、秋季，当气温较高以及太阳辐射强烈时，封闭管理的设施内气温可高于室外20℃以上。在完全不通风的情况下，设施内气温甚至可高达50℃以上。使设施内温度超过植物生长的适宜温度范围。

畜禽舍内的余热主要来自室外热作用和畜禽产生的代谢热。在20℃左右气温时，畜禽每小时、每千克体重产生的显热，猪、牛等动物为4~10kJ，而鸡则可达15~20kJ。在夏季，这些热量在室内聚积，加上从室外传入的热量，室内将会出现较高的气温。尤其在现代集约化高密度养殖条件下，问题更为突出。

通风可有效引入设施外相对较低温度的空气，排除设施内多余热量，防止出现过高的气温。

（2）引入室外新鲜空气，调节设施内空气成分。

白昼因植物光合作用吸收CO_2，造成设施内CO_2浓度降低，光合作用旺盛时，室内CO_2浓度有时降低至$100\mu L/L$以下，不能满足植物继续进行正常光合作用的需要。通风可从引入的室外空气中（CO_2浓度约为$330\mu L/L$）获得CO_2补充。当在寒冬季节利用换气补充CO_2造成温室很大热量损失时，可考虑采用CO_2施肥的措施。除此以外的情况，进行通风从室外空气中获得CO_2补充是经济可行的方法。

在畜禽舍内，由于畜禽的呼吸、排泄和生产过程中有机物的分解以及管理作业和一些设备的运行，将产生如氨、硫化氢、二氧化碳、甲烷、粪臭素、一氧化碳等有害气体以及各种粉尘。为保持室内空气卫生，避免有害气体和粉尘达到对畜禽产生危害的浓度，必须进行有效的通风换气，引进室外新鲜空气。

（3）排除设施内水汽，降低空气湿度。

温室在封闭管理的情况下，土壤潮湿表面的蒸发和植物蒸腾作用的水汽在室内聚集，往往产生较高的室内空气湿度，夜间室内相对湿度甚至可达95％以上。畜禽舍内畜禽的呼吸和体表蒸发、舍内潮湿地面、饮水设备、饲料和排泄物等产生的水分蒸发，将大量增加室内空气中水汽含量。通风可有效排除室内水汽，引入室外干燥空气，降低室内空气湿度。

通风时，农业设施内的温度、湿度和空气成分均要发生不同程度的变化。在不同季节农业设施通风的目的和作用有所不同。夏秋季节通风主要是进行降温，靠空气流动带走大量的余热，因此需要最大的通风量。冬季通风主要是调节室内的湿度和气体成分。但冬季通风的同时也会带走大量的热量，为节约能源，仅维持最低的通风量即可。

5.1.2　通风换气设计的基本要求

通风换气设计的基本要求首先是通风系统应能够提供足够的通风量，具有有效调控室内气温、湿度和室内气体成分环境的足够能力，以达到满足设施内动植物正常生长发育要求的环境条件。

由于农业设施通风换气的要求随动植物的种类、生长发育阶段、地区和季节的不同，以及一日内不同的时间、不同室外气候条件而异，因此要求通风量能够根据不同需要在一定范围内有效、方便地进行调节。

畜禽舍内气流对畜禽的散热等产生影响，应根据不同畜禽种类和不同的龄期以及不同的室内气温，采取不同的适宜气流速度。对于植物，为保证其具有适宜的叶温和蒸腾作用强度以及有利 CO_2 扩散和吸收，室内要求具有适宜的气流速度，一般应为 0.3～1m/s，高湿度、高光强时气流速度可适当高一些。通风换气系统的布置应使室内气流尽量分布均匀、合理，冬季避免冷风直接吹向动植物。

从经济性方面考虑，通风换气系统的设备投资费用要低、设备耐用、运行效率高、运行管理费用低。在使用和管理方面，要求通风换气设备运行可靠，操作控制简便，不妨碍设施内的生产管理作业，对于植物还要求遮荫面积小。

5.1.3　通风的基本原理与形式

1. 自然通风与机械通风

按通风系统的工作动力不同，通风可分为自然通风和机械通风两种形式。

（1）自然通风　自然通风是借助自然的"风压"或"热压"促使空气流动。这种通风方式基本上不消耗或很少消耗动力能源，是一种较经济的通风方式。主要靠在室内的适当部位设置窗户（天窗、侧窗等）方式来进行，并可以通过调节窗户的开度来调节通风量。

开放式畜禽舍、日光温室和塑料大棚多采用自然通风的方式。有窗式畜禽舍、大型连栋温室等设置有机械通风系统和自然通风系统，在运行管理中往往优先启用自然通风系统。但自然通风的能力有限，并且其通风效果受温室所处地理位置、地势和室外气候条件（风向、风速）等因素的影响。

（2）机械通风　机械通风是依靠风机产生的风压强制空气流动。机械通风可以根据实际需要来确定风机动力的大小，而且可以通过管道在任何需要的地点送风或排风，便于通风量的调节和控制。可通过风机、通风口或送风管道组织设施内气流，且可在空气进入设施前进行加温、降温以及除尘等处理。但是风机等设备需要一定的投资和维修费用，运行需要消耗电能，将增大设施的运行成本。风机等设备要占据一定的建筑面积和空间，运行中将产生噪声，对于温室还有遮光等问题。

对于密闭式和较大型的有窗式畜禽舍、连栋温室等农业设施，由于设施内面积和空间大、环境调控要求高，仅靠自然通风不能完全满足生产要求，通常均需设置机械通风系统。

2. 全面通风与局部通风

按作用范围的不同，通风可分为全面通风和局部通风两种方式。

全面通风是对设施内进行全面换气，以对整个设施内的空气温度、湿度和空气成分进行调控。

局部通风的范围仅限于设施的个别地点或局部区域，又分为局部排风和局部送风两种方式。局部排风是在设施内污染源附近收集空气中有害污染物，集中直接排向设施外。例如畜禽舍内在粪坑部位排风，用以防止有害气体扩散到畜禽舍内。在设施内空间较大，全面调控较困难或不经济时，可采用局部送风、局部调控动植物附近区域环境的方法。有时，局部送风也被用来满足设施内不同动植物具有的不同环境要求，例如在分娩猪舍内，对分娩母猪提供局部的通风气流，以满足其对环境气温和气流与仔猪不同的要求。

5.2 自然通风

5.2.1 热压作用下的自然通风

1. 热压通风的原理

热压通风是利用设施内外气温不同而形成的空气压力差促使空气流动。如图 5-1 所示，设施下部和上部分别开设了通风窗 A_a 与 A_b，两通风窗中心相距高度 h，下部通风窗内、外空气压力分别为 p_{ia} 与 p_{oa}，上部通风窗内、外空气压力分别为 p_{ib} 与 p_{ob}，室内气温与空气密度为 t_i 与 ρ_{ai}，室外气温与空气密度为 t_0 与 ρ_{ao}。当室内气温高于室外即 $t_i > t_0$ 时，室内空气密度小于室外，$\rho_{ai} < \rho_{ao}$。

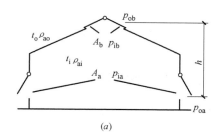
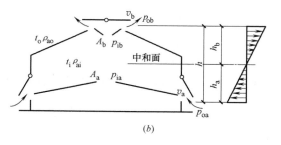

图 5-1 热压作用下的自然通风

如图 5-1（a）所示，在上部通风窗关闭、下部通风窗开启的情况下，无空气流动。根据流体力学原理，因下部通风窗内外连通，空气压力相等，$p_{ia} = p_{oa}$；而上部通风窗内外存在压力差：

$$p_{ib} - p_{ob} = (\rho_{ao} - \rho_{ai})gh$$

即上部通风窗内侧空气压力高于室外一侧压力，这个压力差即为热压。因此只要打开上部通风窗如图 5-1（b）所示，空气就会从内向外流动，造成室内空气压力降低，使得下部通风窗处 $p_{ia} < p_{oa}$，室外空气将向室内流动。

只要设施内外存在温差和通风口的高差，即存在热压。通风口高度差越大，热压越大。因此，在进行热压通风设计时，应尽可能增大进出风口高差。实际工程中，也有仅在一个高度上开设通风窗口的情况，但只要有内外温差，仍能进行热压通风，这时通风窗口上部排气，下部进气，如同上下两个窗口连在了一起。

为方便分析计算，将室内某点的空气压力与室外同一高度上未受扰动的空气压力之差称为该点的余压。余压沿设施高度方向的分布如图 5-1（b）所示。在一般室内气温高于室外气温且仅有热压作用时，在上部窗口处，余压 $p_{ib} - p_{ob}$ 为正，向外排风；下部窗口处余压 $p_{ia} - p_{oa}$ 为负，向内进风。余压从下至上逐步由负值增大为正值，其中存在某高度，该处余压为零，该高度的平面称为中和面。利用中和面的概念，某窗口处的余压 A_p。可采用下式计算：

$$\Delta p_x = (\rho_{ao} - \rho_{ai})gh_x \tag{5-1}$$

式中　h_x——窗口与中和面的高度差，窗口位于中和面以上为正、以下为负，m；

　　　g——重力加速度，m/s^2；

　$\rho_{ao} - \rho_{ai}$——设施内、外空气密度，kg/m^3。

图 5-1（b）中，下部与上部通风窗口的余压分别为：

$$\Delta p_a = (\rho_{ao} - \rho_{ai})gh_a \qquad \Delta p_b = (\rho_{ao} - \rho_{ai})gh_b \tag{5-2}$$

式中　h_a，h_b——分别为下部和上部通风窗口与中和面的高度差，m。

2. 热压通风的计算

考虑如图 5-1 设施的全部通风窗口布置在两个高度上的情况。通过通风窗口的空气流速为：

$$v = \sqrt{2\Delta p / \rho_a} \tag{5-3}$$

空气流量为：

$$L = \mu A v = \mu A \sqrt{2\Delta p / \rho_a} \tag{5-4}$$

式中　Δp——通风窗口内外空气压差，Pa；

　　　A——通风窗口面积，m^2；

　　　μ——通风窗口流量系数。

通过进风口 A_a 与排风口 A_b 的空气流速 v_a 和 v_b 与其内外压力差具有如下关系：

$$p_{oa} - p_{ia} = \frac{1}{2}\rho_{ao}v_a^2 \qquad p_{ib} - p_{ob} = \frac{1}{2}\rho_{ai}v_b^2 \tag{5-5}$$

并有：

$$p_{ia} - p_{ib} = \rho_{ai}gh \qquad p_{oa} - p_{ob} = \rho_{ao}gh \tag{5-6}$$

由以上关系可得：

$$(\rho_{ao} - \rho_{ai})gh = \frac{1}{2}(\rho_{ai}v_b^2 + \rho_{ao}v_a^2) \tag{5-7}$$

94

同时由流动的连续性，进入和流出设施的空气质量流量应相等，有：

$$\rho_{ao}\mu_a A_a v_a = \rho_{ai}\mu_b A_b v_b \tag{5-8}$$

式中　A_a，A_b——进风口与排风口面积，m^2；

　　　μ_a，μ_b——进风口与排风口流量系数。

由以上二式可得：

$$v_a = \sqrt{\dfrac{2(\rho_{ao}/\rho_{ai}-1)gh}{(\rho_{ao}/\rho_{ai})^2\dfrac{\mu_a^2 A_a^2}{\mu_b^2 A_b^2}+(\rho_{ao}/\rho_{ai})}} \tag{5-9}$$

若室内外空气热力学温度为 T_i 与 T_o（K），有 $\rho_{ao}/\rho_{ai}\approx T_i/T_o$，则上式为：

$$v_a = \sqrt{\dfrac{2(T_i/T_o-1)gh}{\dfrac{T_i^2}{T_o^2}\cdot\dfrac{\mu_a^2 A_a^2}{\mu_b^2 A_b^2}+\dfrac{T_i}{T_o}}} = \sqrt{\dfrac{2(T_i-T_o)gh}{T_i\left(\dfrac{T_i}{T_o}\dfrac{\mu_a^2 A_a^2}{\mu_b^2 A_b^2}+1\right)}} \approx \sqrt{\dfrac{2(T_i-T_o)gh}{T_i\left(\dfrac{\mu_a^2 A_a^2}{\mu_b^2 A_b^2}+1\right)}} \tag{5-10}$$

热压通风产生的进风口风量为：

$$L_a = \mu_a A_a v_a = \mu_a A_a\sqrt{\dfrac{2(T_i-T_o)gh}{T_i\left(\dfrac{\mu_a^2 A_a^2}{\mu_b^2 A_b^2}+1\right)}} = \sqrt{\dfrac{2(T_i-T_o)gh}{T_i\left(\dfrac{1}{\mu_a^2 A_a^2}+\dfrac{1}{\mu_b^2 A_b^2}\right)}} \tag{5-11}$$

或

$$L_a = k\sqrt{\dfrac{2(T_i-T_o)gh}{T_i}} = k\sqrt{\dfrac{2gh\Delta T}{T_i}}\quad m^3/s \tag{5-12}$$

式中，$\Delta T = T_i - T_o$，k 为由进出风口的面积与流量系数确定的系数：

$$k = \dfrac{1}{\sqrt{\dfrac{1}{\mu_a^2 A_a^2}+\dfrac{1}{\mu_b^2 A_b^2}}} \tag{5-13}$$

则排风口风量为：

$$L_b = \mu_b A_b v_b = \sqrt{\dfrac{2(T_i-T_o)gh}{T_o\left(\dfrac{1}{\mu_a^2 A_a^2}+\dfrac{1}{\mu_b^2 A_b^2}\right)}} = k\sqrt{\dfrac{2gh\Delta T}{T_o}} \tag{5-14}$$

以上热压自然通风系统的通风量计算式，进风口风量与排风口风量因空气密度的差异而略有不同，工程计算中可忽略其差异，只计算其中之一即可。

进风口与排风口的流量系数与进、排风口的形式、窗洞口形状以及窗扇的位置、开启角度、洞口范围内的设施构件阻挡情况等因素有关，可按表5-1查取。在窗洞口安装有阻碍通风的窗纱、防虫网等时，流量系数应进行折减；当湿帘作为进风口时，流量系数可取为 0.2～0.25。

进、排风窗口流量系数　　　　　　　　　　　　　　　　表 5-1

窗扇结构		窗扇高长比 h/l	开启角度 $\alpha(°)$				
			15	30	45	60	90
单层窗上悬		$1:\infty$	0.18	0.33	0.44	0.53	0.62
		$1:2$	0.22	0.38	0.50	0.56	0.62
		$1:1$	0.25	0.42	0.52	0.57	0.62

窗扇结构	窗扇高长比 h/l	开启角度 $\alpha(°)$				
		15	30	45	60	90
单层窗上悬	$1:\infty$ $1:2$ $1:1$	0.18 0.24 0.30	0.34 0.38 0.45	0.46 0.50 0.56	0.55 0.57 0.63	0.63 0.63 0.67
单层窗中悬	$1:\infty$ $1:2$ $1:1$	0.13 — 0.15	0.27 — 0.30	0.39 — 0.44	0.56 — 0.56	0.61 — 0.65
双层窗上悬	$1:\infty$ $1:2$ $1:1$	— 0.18 0.26	— 0.32 0.45	— 0.44 0.51	— 0.53 0.58	— 0.65 0.65
双层窗上下悬	$1:\infty$ $1:2$ $1:1$	0.13 0.15 0.23	0.24 0.30 0.40	0.34 0.41 0.51	0.45 0.50 0.57	0.60 0.60 0.65
竖轴板式进风窗对开窗	$90°$	0.65				
普通通风口	—	$0.65\sim0.70$				
大门、跨间膛孔	—	0.80				

注：资料来源：孙一坚. 简明通风设计手册. 北京，中国建筑工业出版社，1997。

已知自然通风窗口位置与面积等条件，利用以上计算式，即可计算能够达到的通风量。若已知必要的通风量，需确定自然通风窗口的位置、面积时，可先根据设施的使用要求和形式、结构等方面情况，确定通风窗口的位置分布，再确定进、排风口的流量系数和面积比例，得出比值 $\mu_a A_a / \mu_b A_b$ 之后，即可求得所需进、排风口的面积。

对于全部通风窗口分布于三个以上高度的情况，可利用中和面的概念进行计算。需先假定中和面的位置，计算各窗口的余压为：

$$\Delta p_j = (\rho_{ao} - \rho_{ai})g h_j \quad (j=1,2,\cdots\cdots) \tag{5-15}$$

式中 h_j——各通风窗口至中和面的距离，窗口位于中和面以上为正、以下为负，m。

则通过各通风窗洞口的空气质量流量可逐一用下式计算：

$$G_j = \pm\rho_a L_j = \pm\rho_a \mu_j A_j \sqrt{2 \mid \Delta p_j \mid / \rho_a} = \pm\mu_j A_j \sqrt{2 \mid \Delta p_j \mid \rho_a} \quad (j=1,2,\cdots\cdots) \tag{5-16}$$

上式中，当余压为正时取正值，为排风量，取 $\rho_a = \rho_{ai}$，余压为负时取负值，为进风量，取 $\rho_a = \rho_{ao}$。空气密度可近似按 $\rho_{ai} = 353/T_i$ 与 $\rho_{ao} = 353/T_o$ 计算。

计算结果应满足：

$$\sum G_j = 0 \qquad\qquad (5\text{-}17)$$

如上式不能满足，则应适当调整中和面高度，重新试算，直至满足要求。

【例 5-1】 北京地区某连栋塑料温室，东西方向共 8 连栋，单栋跨度为 8m，东西长 64m，南北宽 33m，面积 2112m²。温室设有侧窗和谷间天窗自然通风系统（见图 5-2），东西两侧的侧窗长 30m，高 1.6m，中心离地面高度为 1.4m；共 5 个天窗，通长 33m，开启到最大时天窗实际过风断面宽度为 0.8m，窗口中心离地高度为 3.6m。试计算在春季室外气温为 24℃、室内气温为 30℃时的自然通风量能否满足排除室内 150W/m² 热量的要求。

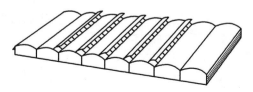

图 5-2 连栋塑料温室自然通风系统

解：

① 计算必要通风量

温室内需排除的多余热量为：$Q = 2\ 112 \times 150 = 316800\text{W}$。

取排出空气的温度 $t_p = t_i = 30℃$，进风空气温度 $t_j = t_o = 24℃$，则必要通风量为：

$$L = \frac{Q}{\rho_a c_p (t_p - t_j)} = \frac{316800}{\dfrac{353}{273+30} \times 1030 \times (30-24)} = 44.0\text{m}^3/\text{s}$$

② 热压自然通风量

通风窗面积：$A_a = 2 \times 30 \times 1.6 = 96\text{m}^2 \qquad A_b = 5 \times 33 \times 0.8 = 132\text{m}^2$

进、排通风窗口高度差：$h = 3.6 - 1.4 = 2.2\text{m}$

$$T_o = 24 + 273 = 297\text{K} \qquad T_i = 30 + 273 = 303\text{K}$$

取 $\mu_a = \mu_b = 0.63$

$$k = \frac{1}{\sqrt{\dfrac{1}{\mu_b^2 A_b^2} + \dfrac{1}{\mu_a^2 A_a^2}}} = \frac{1}{\sqrt{\dfrac{1}{0.63^2 \times 96^2} + \dfrac{1}{0.63^2 \times 132^2}}} = 48.91$$

则热压通风量为：

$$= k\sqrt{\frac{2(T_i - T_o)gh}{T_i}} = 48.91 \times \sqrt{\frac{2 \times 9.81 \times 2.2 \times (303-297)}{303}} = 45.2\text{m}^2/\text{s} > 44.0\text{m}^3/\text{s}$$

满足要求。

5.2.2 风压作用下的自然通风

在室外存在自然风力时，由于建筑物的阻挡，气流将发生绕流，在建筑物四周呈现变化的气流压力分布（见图 5-3）。建筑物迎风面气流受阻，形成滞流区，流速降低、静压升高；而侧面和背风面气流流速增大和产生涡流，静压降低。

这种由于风的作用，在建筑表面形成比远处未受扰动处升高和降低的空气静压称为风压。由于风压的作用，建筑物迎风面室外空气压力大于室内，侧面和背风面室外气压小于

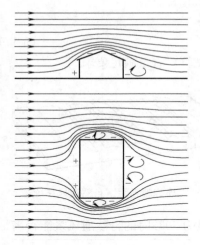

图 5-3 建筑物周围的气流与静压分布

室内，外部空气便从迎风墙面上的开口处进入室内，从侧面或背风面开口处流出。

风压以气流静压升高为正压，降低为负压，其大小与气流动压成正比。风压在建筑物各表面的分布与建筑物体型、部位、室外风向等因素有关，在风向一定时，建筑物外表面上某处的风压力。可采用下式计算：

$$p_v = C \frac{1}{2} \rho_{ao} v_o^2 \tag{5-18}$$

式中　ρ_{ao}——室外空气密度，kg/m^3；

　　　v_o——室外风速，m/s；

　　　C——风荷载体型系数，其取值与建筑物外形及具体部位、风向有关，几种典型情况的风荷载体型系数见表 5-2。

则在各窗洞口处室外与室内的空气压差为：

$$\Delta p_j = p_{vj} - p_i \quad (j=1,2,\cdots\cdots) \tag{5-19}$$

式中　p_i——室内空气压力，Pa。

风荷载体型系数　　　　　　　　　　　　　　　　表 5-2

屋面类型	风　压　系　数			
双坡屋面		α	C	中间值按插入法计算
		$\leqslant 15°$	-0.6	
		$30°$	0	
		$\geqslant 60°$	$+0.8$	
拱形屋面		f/l	C	中间值按插入法计算
		0.1	-0.8	
		0.2	0	
		0.5	$+0.6$	
落地拱形屋面		f/l	C	中间值按插入法计算
		0.1	$+0.1$	
		0.2	$+0.1$	
		0.5	$+0.6$	

（与气流平行的表面风荷载压体型系数均为 -0.7）

注：资料来源：《建筑结构荷载规范》，2012。

通过各通风窗洞口的空气质量流量可逐一用下式计算：

$$G_j = \pm \rho_{ao} L_j = \pm \rho_{ao} \mu_j A_j \sqrt{2 \mid \Delta p_j \mid / \rho_{ao}} = \pm \mu_j A_j \sqrt{2 \mid p_{vj} - p_i \mid \rho_{ao}} \quad (j=1,2,\cdots\cdots) \tag{5-20}$$

式中　A_j——各窗洞口面积，m^2；

　　　μ_j——各窗洞口流量系数。

一般情况下 p_i 并不已知，计算中，可先假定一个数值（如最初可假定 $p_i=0$），采用上式逐一计算各窗洞口空气流量，显然进风量总和应与排风量总和相等，即 $\sum G_j = 0$。

当在假定的室内空气压力 p_i 下上式不能满足时,调整 A 的大小再进行试算,直至满足要求所有进风口的进风量之和或所有排风口的排风量之和即为所给条件下风压自然通风的通风量。

所有进风口的风荷载体型系数和流量系数均相同,分别为 C_a,μ_a,所有排风口的风荷载体型系数和流量系数均相同,分别为 C_b,μ_b,这时风压通风的通风量计算可以简化为:

$$L=L_a=L_b=kv_o\sqrt{C_a-C_b} \tag{5-21}$$

其中系数 k 的计算式如下:

$$k=\frac{1}{\sqrt{\frac{1}{\mu_a^2 A_a^2}+\frac{1}{\mu_b^2 A_b^2}}} \tag{5-22}$$

式中 A_a,A_b——进风口面积总和以及排风口面积总和,m²。

作为更加简便的估计方法,在美国通常使用下面的经验公式计算风压通风量:

$$L=EAv_0 \tag{5-23}$$

式中 A——进风口面积总和或排风口面积总和,m²;

E——风压通风有效系数,风向垂直于墙面时取 $E=0.5\sim0.6$,风向倾斜时取 $E=0.25\sim0.35$。

由于室外自然风向与风速具有不断变化的特点,因此依靠风压的自然通风效果也是非稳定的。同时通风效果还受地形、附近建筑物及树木等障碍物的影响,这些因素在设计计算中难于较准确地考虑。因此,一般对于室内外温差较大、主要依靠热压通风的建筑,为可靠起见,设计计算中仅考虑热压的作用,据此设计自然通风系统,确定通风窗口面积。而对于风压对通风的影响仅进行定性分析,作为确定自然通风系统的设计布置方案以及生产中的运行管理等参考。对于主要依靠风压通风的建筑,为保证大多数情况达到要求的通风效果,室外风速的取值应按常年统计资料取较低值计算。

【例 5-2】 一栋有窗式蛋鸡舍,南、北两侧墙上分别有宽×高=2.4m×1.5m 的单层上悬窗 25 个,试计算在室外风速为 2.0m/s,风向为北风(近似垂直于两侧墙),窗开启达到最大(窗扇与墙面呈 45°角)时的通风量。

解: 由表 5-2,风荷载体型系数在迎风面北墙为 $C_a=0.8$、背风面南墙为 $C_b=-0.5$。

窗扇高长比 $h/l=1.5/2.4=1:1.6$,由表 5-1 查得北墙上的进风窗口流量系数 $\mu_a=0.51$、南墙上的排风窗口流量系数 $\mu_b=0.53$。

进风窗口与排风窗口的总面积分别为:

$$A_a=A_b=25\times(2.4\times1.5)=90\text{m}^2$$

则:

$$A_a=A_b=25\times(2.4\times1.5)=90\text{m}^2$$

$$k=\frac{1}{\sqrt{\frac{1}{\mu_a^2 A_a^2}+\frac{1}{\mu_b^2 A_b^2}}}=\frac{1}{\sqrt{\frac{1}{0.51^2\times90^2}+\frac{1}{0.53^2\times90^2}}}=33.07$$

通风量:

$$L=L_a=L_b=kv_o\sqrt{C_a-C_b}=33.07\times2.0\times\sqrt{0.8-(-0.5)}=75.4\text{m}^3/\text{s}$$

5.2.3 热压和风压同时作用的自然通风

实际情况下，风压与热压两种自然通风作用是同时存在的。当需要确定两种作用下的通风量时，可采用以下方法进行计算。

首先假设中和面的高度，则各通风窗口处室内、外空气压差为：

$$\Delta p_j = (\rho_{ao} - \rho_{ai})gh_j - \frac{1}{2}C_j\rho_{ao}v_o^2 \quad (j=1,2,\cdots\cdots) \tag{5-24}$$

式中 ρ_{ai}，ρ_{ao}——室内与室外空气密度，kg/m^3；

g——重力加速度，m/s^2；

h_j——各通风窗口至中和面的距离，窗口位于中和面以上为正、以下为负，m；

v_o——室外风速，m/s；

C_j——各通风窗口的风荷载体型系数。

各通风窗口的空气质量流量：

$$G_j = \pm\rho_{ao}\mu_j A_j\sqrt{2\mid\Delta p_j\mid/\rho_{ao}} = \pm\mu_j A_j\sqrt{2\mid\Delta p_j\mid\rho_{ao}} \quad (j=1,2,\cdots\cdots) \tag{5-25}$$

式中 A_j——各窗洞口面积，m^2；

μ_j——各窗洞口流量系数。

计算中统一取排风量为正，进风量为负。

根据进风量总和与排风量总和相等的条件，应有 $\sum G_j = 0$。当采用假定的中和面的高度计算上式不能满足时，调整中和面的高度再进行试算，直至满足要求。所有进风口的进风量之和或所有排风口的排风量之和即为所给条件下自然通风的通风量。

上述计算方法较为麻烦，实际上可采用如下方法近似估计热压与风压两种作用下的自然通风通风量：

$$L = \sqrt{L_w^2 + L_t^2} \tag{5-26}$$

式中 L_w，L_t——按风压和热压单独作用情况下计算的通风量，m^3/s。

5.2.4 自然通风设计

减少耗能和降低生产成本是农业设施设计和生产管理中的一项基本要求。自然通风不需要消耗动力，非常经济，尤其对于跨度较小的农业设施，也较易满足其通风的要求。

自然通风的缺点，除通风能力相对较小和通风效果易受外界条件影响外，还因需设置较大面积的通风窗口，冬季关闭时因缝隙不严导致的冷风渗透热损失较大，对于畜禽舍而言，窗户的热量损失也比墙体大得多，因此冬季设施内的热量损失较大。其次，自然通风一般是利用热压作垂直排气，冬季其所排出的设施内上部空气含热量较高，这样就进一步使设施内的热量损失增大。在夏季，室外气温较高时，设施内外温差较小，这时较难以利用热压进行自然通风，如室外又没有风，则自然通风就比较困难。此外，自然通风虽然节省了风机设备的投资和电能的消耗，但是在建筑上增加了窗扇及其调节机构，尤其是加设了天窗，也会造成建设投资的增加。因此，在某一地区的气候条件下，对于各种类型的农业设施要作全面的经济分析，比较其建造和运行成本以及经济效益，合理选用和配置。

农业设施的自然通风系统应尽量在各种气候条件下都能良好地运行。自然通风一般分水平式和竖向式两类，水平式通风以穿堂形式为好；竖向式通风以风帽或通风屋脊通风形式为好。

在大多数情况下，自然通风是在热压和风压同时作用下进行的。当热压较大、风压较小时，在迎风面的下部开口和背风面的上部开口，使热压和风压的作用方向一致，可保证达到较大的通风量。进排气口的位置如果与风向配合得不恰当，不仅会抵消温差作用，甚至还会发生倒灌现象。因此应该根据当地的风向频率统计，把进风口设置在迎风面而排气口设在背风面。

1. 夏季自然通风

夏季通风的主要目的是排除设施内的多余热量，因此应特别注意自然通风的流速和路径。一般人们能感觉到的最低风速是 0.4~0.5m/s，在气温为 30℃ 时，利用这样的风速约能降低 1℃ 的体感温度。在设施外风速大，窗户开口面积大和通风阻力小的情况下，通风量和通风速度就大。为此，夏季应有足够的进、排气口面积。风流过设施内的路径叫通风路径，它受到室外风向、窗户位置和设施内物体配置的影响。应尽量使设施内通风流畅，没有滞留的场所。

由于夏季设施内外温差较小，热压通风的效果往往不如风压通风的效果好，但是风是一种随机现象，因此要合理地组织好穿堂风。在以满足夏季通风为主的有窗式畜禽舍里，往往是对面开窗（南北），而且常打开畜舍两端的门，以组织穿堂。此外加设天窗或增加上部排气口的标高，对夏季通风也是有利的。为了进一步改善下部通风，在接近地面处可安装百叶窗通风。

2. 冬季自然通风

冬季寒风是一个不利因素，所以应避开冬季风口，充分利用防风林和防风栅。

冬季通风换气量较小，在南方的有窗式建筑物里，外界冷空气通过围护结构缝隙的渗透量就有一定的通风量。因此，只要在上部开设少量的排气孔就可以满足热压换气的要求。在北方地区，冬季自然通风的问题就比较多，它要求围护结构的保温和密闭性能比较好，以保持冬季设施内的适宜环境，然而这种结构往往与夏季通风要求有矛盾。此外，保温设施的冬季内外温差比较大，其热压通风的能力也大，但是冬季通风所需的换气量比较小，因此在排风帽处要设置灵活方便的调节机构，在生产过程中也必须精心管理。

5.3 机械通风

5.3.1 机械通风的基本形式

机械通风系统有进气通风、排气通风和进排气通风三种基本形式。

1. 进气式通风系统

进气式通风系统是由风机将外部新鲜空气强制送入设施内，形成高于设施外空气压力的正压，迫使设施内空气通过排气口排出，又称正压通风系统。

进气式通风系统的优点是便于对空气进行加热、冷却、过滤等预处理。设施内的空气正压可阻止外部粉尘和微生物随空气从门窗等缝隙处进入，避免污染设施内环境，设施内卫生条件较好。因此一些对内部需要洁净，卫生防疫要求较高的设施，往往采用进气式通风系统。

但进气式通风系统由于风机出风口朝向设施内，风速较高，大风量时易造成吹向动植物的过高风速，因此不易实现大风量的通风。同时，室内气流不易分布均匀，易产生气流死角，降低换气效率。正压通风畜舍内，有害气体容易残留在屋角，以致舍内的臭味比较重。此外，设施内正压作用在冬季会使水汽渗入顶棚、墙体等围护结构中，降低其保温能力，还会使水汽渗入门窗缝隙中引起结冰，因此，要求围护结构要有较好的隔汽层。

进气式通风系统为使气流在设施内均匀分布，往往需设置气流分布装置，如在风机出风口连接塑料薄膜风管，气流通过风管上分布的小孔均匀送入设施内。进气式通风系统一般在顶棚处设置通风管道输入室外新鲜空气。如图5-4所示的一座畜舍的正压通风系统，由顶棚处的均匀送风管道进风，舍内污浊空气通过缝隙地板下的侧墙排气口排出。当建筑跨度小于12m时，室内可单设一条进风管道，当建筑跨度大于12m时，可设置两条进风管道。进风管道内设计空气流速为1m/s左右，管道均匀送风口的出流速度一般小于4m/s。果蔬贮藏库采用的进气通风系统为保证库内的贮藏空间，常将进气管道设在地板下。

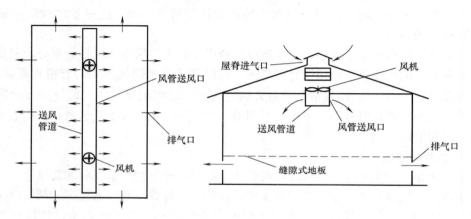

图5-4　进气式通风系统口

2. 排气式通风系统

排气式通风又称为负压通风，是将风机布置在排风口，由风机将设施内空气强制排出，设施内呈低于设施外空气压力的负压状态，外部新鲜空气由进风口吸入。

排气式通风系统因气流速度较高的风机出风口一侧是朝向室外，而面向设施内的风机进风口一侧，气流流速较大的区域仅限于很小的局部范围，这样可避免在大通风量时产生吹向动植物的过高风速，因此易于实现大风量的通风，换气效率高。依靠适当布置风机和进风口的位置，容易使室内气流达到较均匀地分布。在有降温方面要求时，排气式通风便于在进风口安装湿帘等降温设备。此外，排气式通风还具有系统简单、施工和维护方便、投资及运行费用较低等优点，因此，排气式通风系统在农业设施中目前使用最为广泛。

但是排气式通风系统一般要求设施有较好的密闭性，门、窗等密闭不严的缝隙处，由于负压作用可能产生直接吹向动植物的"贼风"，使动植物受到冷害。尤其是在靠近风机处的漏风，还会造成气流的"短路"，降低全设施内的换气效率。此外，排气通风系统不便于与外界的卫生隔离。

排气通风系统根据风机的安装位置与气流方向，分为上部排风、下部排风、横向通风与纵向通风等几种形式。

（1）上部排风　风机装在屋顶上，从屋顶的气楼排出污浊空气，新鲜空气由侧墙进气口进入设施内。图 5-5 是一座水果贮藏库的屋顶排气式通风系统设置情况。这种形式适用于气候温和的地区，建筑物跨度一般小于 9m，一旦停电，还可以利用热压作用自然通风。

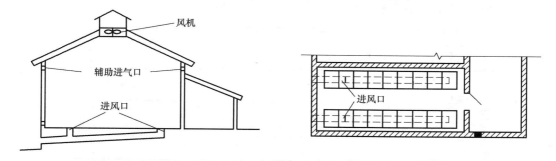

图 5-5　水果贮藏库屋顶排气式通风系统

　　(2) 下部排风　风机安装在侧墙下部，进气口设置在屋顶部分。在畜禽舍中很多做法是将进气口设置在檐口部分，可沿屋檐通长设置，有足够的进风口面积，且沿建筑纵向气流分布均匀。进风口设置有调节板，可调节风口的大小与进气气流的方向，以适应冬、夏不同气候条件下的通风要求。冬季冷气流进入进风口后，可沿顶棚流动较长距离，温度升高一定程度后再下降到畜禽舍的活动区；夏季则调节风口，使进气气流直接下降到畜禽的活动区。图 5-6 所示通风系统，在粪坑部位安装有排风机，舍内空气通过缝隙地板流向粪坑，连同粪坑部位的污浊空气一起排向舍外，可有效改善舍内的空气质量。

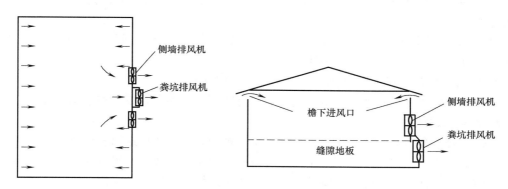

图 5-6　畜禽舍排气式通风系统

　　(3) 横向通风　这是大型密闭畜禽舍常用的通风形式（见图 5-7）。畜舍跨度小于 9m 时，排气风机可安装在一侧纵墙上，新鲜空气从对面纵墙上的进气口进入舍内。在畜舍跨度较大时，这种单向的横向通风容易导致舍内空气温度分布不均匀，而且气流速度偏低。因此在大跨度密闭畜舍内可采用两侧纵墙排风，中间屋脊进风，这种形式适用于跨度在

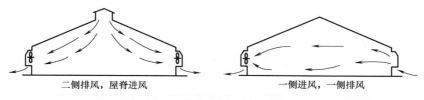

图 5-7　横向排气式通风系统

20m 以内的密闭式畜禽舍，例如有五列笼架的产蛋鸡舍，或两侧有粪沟的双列式畜舍。

（4）纵向通风　这种形式是在农业建筑一端山墙安装全部排气风机，在另一端山墙设置所有进风口，从而在建筑物形成纵向的通风换气，如图5-8所示。

图 5-8　纵向排气式通风系统

纵向通风与横向通风相比具有以下优点：

1）由于在气流方向，气流通过的断面固定不变，且进风口与排风口的气流局部不均匀区相对很小，因此舍内气流速度分布均匀，气流死角很少。

2）舍内气流流动横断面面积远比横向通风小，因此容易用较小的通风量获得较高的舍内气流速度，有利于在夏季通风中提高舍内风速，促进畜禽身体的散热。

3）采用的风机数量比横向通风少，节省设备和运行费用。

4）排风集中于畜禽场区脏道一端，避免了并列相邻畜禽舍之间的排气污染，有利于卫生防疫。

5）由于相邻畜禽舍之间没有排气干扰和污染，因此畜禽舍之间的卫生防疫间隔可大大缩小，有利于节约畜禽场建设用地和投资。

近年纵向通风逐渐取代横向通风，得到越来越多的应用。

纵向通风的缺点是从进风口至出风口空气温度等环境参数有较大的不均匀性。

3. 进排气通风系统

进排气通风系统又称联合式通风系统，是一种同时采用风机送风和风机排风的通风系统，室内空气压力接近或等于室外压力。因该系统使用设备较多、投资费用较高，实际生产中应用较少，仅在有较高特殊要求、而以上通风系统不能满足时采用。

5.3.2　风机的类型和选择

通风机是机械通风系统中最主要的设备。

通风系统对风机的技术性能要求，除了应有足够的风量外，还要求能够克服通风系统的通风阻力。空气经过风机后压力升高，建立起风机前后稳定的压力差，这个压力差称为风机的静压，用以克服通风系统的通风阻力，在一般的进气通风和排气通风系统中，这个阻力即近似等于设施内外的空气压力差。此外，风机的耗能（功率）与效率、噪声大小也是选用时考虑的性能指标。

对于确定的风机，其实际使用时的风量与通风系统的阻力大小有关，一般阻力增大时风量减小。风机在不同阻力（或静压）下可达到的通风量可在风机生产厂家提供的风机特性曲线或风机性能表中查到。选用风机时应根据通风系统的阻力大小，从风机特性曲线或风机性能表中查算出风机所能提供的通风量大小。

　　应用于农业设施领域的通风机一般有轴
流式和离心式两种基本类型，均主要由叶轮
和壳体组成。

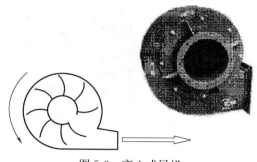

　　（1）离心式风机　离心式风机的工作原
理是依靠叶轮旋转使叶片间跟随旋转的空气
获得离心力，于是空气从叶片间甩出压入机
壳，使机壳内空气压力升高，并沿叶片外缘
切线方向的出口排出（见图 5-9）。其结果是
叶轮中心部分的压力降低，外部的空气则从

图 5-9　离心式风机

该处被吸入，如此源源不断地向叶片外缘出口流动。离心式风机的叶轮旋转方向和气流流
向不具逆转性，其比转数较小，性能特点是风压大而空气流量相对较小，根据不同型号，
其压力从 1000Pa 左右到 3000Pa 以上。离心式风机适用于采用较长的管路送风，或通风
气流需经过加热或冷却设备等通风阻力较高的情况。

　　（2）轴流式风机　轴流式风机的叶片倾斜，与叶轮轴线呈一定夹角，叶轮转动时，叶
片推动空气沿叶轮轴线方向流动。用于农业设施的轴流式风机通常在其外侧设有防风雨的
活页式的百叶窗，在风机未启动时，活页关闭，防止室外冷空气进入；风机启动时，活页
打开，使空气流通。轴流式风机的比转数较高，其性能特点是流量大而压头低，压力一般
在几百帕以下。农业设施通风系统很多情况下通风阻力较小，而要求通风量大。对于不采
用空气处理设备和不经过管道输送、风机直接连通设施内外空间的大多数进气通风与排气
通风系统，其通风阻力通常在 50Pa 以下。轴流式风机的特性可以很好满足这种要求，并
且轴流式风机工作在低静压下，耗能少、效率较高。轴流式风机的叶片旋转方向可以逆
转，气流方向也随之改变，而同时可保持相近的工作性能，因此可以用在需要变换气流方
向的场合。此外，轴流式风机还具有容易安装和维护的优点，由于上述原因，轴流式风机
在农业设施中得到了最为广泛的应用。

　　轴流式风机的流量和静压大小等性能与叶片倾斜角度等结构参数以及叶轮转速有关。
对于确定构造和在某确定转速下工作的轴流式风机，当其在一定静压范围（额定工况）下
工作时，风机效率较高，偏离额定工况时风机工作效率下降。由于轴流式风机最佳工作范
围较窄，在风机的选择和考虑运行中的调节方式时，应注意不使其在偏离该范围的工况下
运行。因此，在实际生产中，一般都不采用设置调节风门（调节阻力大小）的方法来调节
轴流风机的流量，需要调节时，可采用改变转速的方法，或采用数台风机，通过改变投入
运行的风机数量的方法来改变设施的通风量。

　　过去我国没有农业设施专用的轴流式通风机。对于工业生产中采用的轴流式风机，用于
温室与畜禽舍等农用设施通风时其静压仍嫌过高，工作工况不相匹配，以致耗能过高。20
世纪 80 年代以来，北京农业工程大学（现中国农业大学）等单位在引进和吸收国外先进的
大风量节能风机技术的基础上，研制出了适用于农业设施的系列低压大风量风机（见图
5-10），其额定工况的静压值与农业设施的通风要求完全匹配，风量大、能耗与噪声低，同
时还具有安装维护方便、运行可靠等优点。该低压大流量风机已经在我国农业设施中得到广
泛应用，同时也可用于一些厂房车间、商店、市场和食堂等低压、大风量通风的场合。

农用低压大流量轴流式风机系列产品的叶轮直径范围为 560～1400mm，适用于工作静压约 10～50Pa 的工况，单机的风量约达 8000～55000m³/h，其单位功率所能提供的通风量达 35～60（m³/h）/W，噪声一般在 70dB 以下。

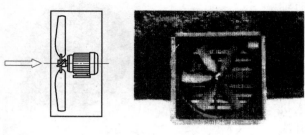

图 5-10　农用低压大流量轴流式风机

表 5-3 为农用低压大流量轴流风机某系列产品的性能表，表中所给出的静压范围是风机高效率工作而且状态稳定的工作点。风机工作中能够提供的风量，需根据通风阻力，即风机的工作静压大小从表中查出。

低压大流量轴流风机性能表　　　　　　　　　　　　　表 5-3

风机型号	叶轮直径 (mm)	叶轮转速 (r/min)	静压（Pa）							电机功率 (kW)
			0	12	25	32	38	45	55	
			风量（m³/h）							
9FJ5.6	560	930	10500	10200	9700	9300	9000	8700	8100	0.25
9FJ6.0	600	930	12000	11490	11150	10810	10470	10130	9640	0.37
9FJ7.1	710	635	13800	13300	13000	12780	12600	12400	11800	0.37
9FJ9.0	900	440	20100	19000	18000	17300	16700	16000	15100	0.55
9FJ10.0	1000	475	26000	24800	23270	22420	21570	20720	19200	0.55
9FJ12.5	1250	320	33000	31500	30500	28500	27000	25000	21000	0.75
9FJ14.0	1400	340	57000	55470	53770	52750	51400	50040	45500	1.5

轴流式风机的选型依据主要是设施的必要通风量和通风阻力。关于必要通风量的确定可参见本书其他部分的相关内容。对于设施通风系统的通风阻力，在不采用空气处理设备和不经过管道输送，即风机直接连通设施内外空间的大多数进气通风与排气通风系统中，其通风阻力一般为 10～30Pa，可根据下式计算：

$$\Delta p = \frac{\rho_a}{2}\left(\frac{L}{\mu A}\right)^2 \tag{5-27}$$

式中　ρ_a——空气密度，kg/m³；

　　　L——通风量，m³/s；

　　　μ——通风口流量系数；

　　　A——进气口或排气口面积，m²。

如果由上式计算出的通风阻力过大，说明通风口面积不够，应予加大。

在通风口装有湿帘时，通风阻力为 20～40Pa。在一般估算时，也可一律按静压为 32Pa 确定风机的工况，计算风量。如果室外自然风力影响风机通风时，风机静压还应增大，可按 50～60Pa 估算。或者仍按 32Pa 的静压确定风机的风量，而按总风量增加 10%～15% 的数值选择和确定风机及其数量。选择风机的型号和数量时，一是考虑总风量应满足必要通风量的要求，同时为使室内气流分布均匀，风机的间距不能太大，一般不能超过 8m。尤其是风机与进风口间距离较短时，风机的间距应更小一些。

另外，较大直径的风机其效率一般比较小直径的风机高，也易达到风量较大时的要求，从这个角度考虑选用大风机是有利的。但是通风系统在一年的不同季节、一天之内不同室外气象等条件下，需要方便地调节风量，风机单台风量过大、台数过少时，不便按通风要求调节风量，同时从防止机械故障的要求考虑，风机数量也不宜过少。所以应综合考虑各种因素，合理选择风机型号、数量，可以采用多台大小不同的风机，适当分组控制运行，以满足不同情况下的通风要求。在风机工作条件方面，由于温室排风湿度大，畜禽舍内多尘、潮湿、氨气浓度高，应考虑防潮、防尘和防腐蚀方面的要求。风机应具有防腐蚀的叶片和外罩，配用的电机应是全封闭型的，以免产生绝缘破坏和风机过热等故障。

5.4 通风量设计

5.4.1 温室通风量设计

温室通风量也称为换气量，通常指单位时间内进入室内或从室内排出的空气体积量，单位为 m^3/h 或 m^3/s。在温室环境调控工程中还常采用换气次数和通风率来表示通风量的大小。换气次数是单位时间内温室内空气的更换次数，即通风量与温室容积的比值，单位为次/h 或次/min。

温室必要通风量是考虑作物在不同生育时期正常生育需要，为使室内空气温度、湿度、CO_2 浓度维持在某一水平或排出有害气体所必需的通风量。必要通风量需根据温室所在地区的气候条件、温室的使用季节和栽培植物的要求等条件进行计算确定。

温室设计通风量指为了有效调控室内气温、湿度和 CO_2 浓度，保证通风系统能够提供足够的通风量，以满足室内栽培植物正常生长的要求。温室设计通风量是风机设备选型、通风口设置和布局以及温室运行管理的依据。确定温室设计通风量的依据是温室的必要换气量。

确定温室的必要通风量，需根据温室所在地区的气候条件、温室的使用季节和栽培植物的要求等条件进行计算确定。温度条件常是温室环境调控中首要的调控目标，同时抑制高温的必要通风量最大，通风量满足抑制高温方面要求时，也能够相应地满足排湿与补充 CO_2 方面的要求。而在寒冷季节，温室没有通风抑制高温的要求，这时应根据排湿与补充 CO_2 方面要求确定合适的通风量。

1. 温室的余热和余湿量

温室的通风系统必须能够排除室内多余的热量和水气，以使温室维持一定的温湿度。为了计算出室温的设计通风量，首先要确定温室的余热和余湿量。因此要对温室传热与能量平衡进行分析。

（1）温室的余热量 Q

温室是一个半封闭的系统，它在不停地与外界进行物质与能量的交换（见图 5-11）。根据能量守恒的原理，温室内的能量平衡关系为：

$$Q_m + Q_s + Q_h + Q_r + Q_{vi} = Q_{vo} + Q_w + Q_f + Q_e + Q_p \qquad (5-28)$$

式中 Q_m——温室内设备的发热量，W；

        Q_s——温室内吸收的太阳辐射热量，W；

        Q_h——加温热量，W；

Q_r——作物、土壤等呼吸放热量，W；

Q_{vi}——通风气流带入的显热量，W；

Q_{vo}——通风气流带出的显热量，W；

Q_w——经过覆盖材料的传热量（对流、辐射），W；

Q_f——地中传热量，W；

Q_e——温室内水分蒸发吸收的潜热，由通风排出室外，W；

Q_p——温室内植物光合作用耗热量，W。

在一般温室中，设备发热量 Q_m、作物、土壤等呼吸放热量 Q_r、植物光合作用耗热量 Q_p 与其他能量相比很小，可忽略不计。故温室的能量平衡关系可简化为：

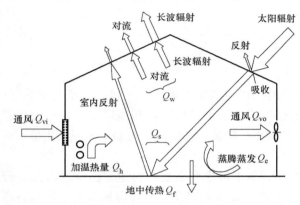

图 5-11　温室中的能量传递与平衡

$$Q_s + Q_h = (Q_{vo} - Q_{vi}) + Q_w + Q_f + Q_e$$
$$(5-29)$$

温室内白天吸收的显热量来自太阳的短波辐射，而部分显热量将通过覆盖层传出室外，部分被室内地面和植物等的水分蒸发蒸腾作用消耗转化为潜热，并随通风气流排出室外。夏季地中传热量相对较小，取 $Q_f \approx 0$，加温热量 $Q_h = 0$，则温室通风应排出的余热量为：

$$Q = Q_{vo} - Q_{vi} = Q_s - (Q_w + Q_e) \quad (5-30)$$

其中

$$Q_s = \alpha A_s \tau I_0 (1-\rho) \quad W/m^2$$

$$Q_w = \sum_j K_j A_{gj} (t_i - t_o) \approx KWA_s (t_i - t_o) \quad W$$

$$Q_e = e(Q_s) \quad W$$

式中　K_j——温室各部分覆盖层的传热系数，近似计算时可取全温室覆盖层平均传热系数 $K = 4 \sim 6 W/(m^2 \cdot \text{℃})$；

A_{gj}——温室覆盖层各部分面积，m^2；

W——温室散热比，$W = \sum_y \dfrac{A_{gj}}{A_s}$，连栋温室取为 1.2～1.5，单栋温室取为 1.7～2.0；

e——蒸腾蒸发潜热与温室吸收的太阳辐射热之比，其值大小与室内地面土壤潮湿状况、植物繁茂程度、室内外空气湿度等因素有关，一般取 0.5～0.7，温室内地面土壤潮湿、植物繁茂、室内外空气湿度较低时取较大值。

I_0——室外水平面太阳总辐射照度，W/m^2，对于夏季其取值见表 5-4；

α——温室受热面积修正系数，一般取 1.0～1.3，温室面积小时取较大值；

ρ——室内日照反射率，一般取为 0.1；

τ——温室覆盖层的太阳辐射透过率，在无室外遮阳网和室内遮阳幕时取 0.6～0.7，有室外遮阳网时取 0.2～0.3，有室内反射型材料遮阳幕时取 0.3～0.4。

大气透明度等级	北纬30°	北纬35°	北纬40°	北纬45°
3	1037	1021	986	949
4	1000	986	949	909
5	962	902	872	840

注：资料来源于《工业建筑供暖通风与空气调节设计规范》GB 50019—2015。

（2）温室的余湿量 W

温室内植物的蒸腾作用会产生水气，同时地面土壤中的水分也会蒸发产生水气。因此温室的余湿量 W 为这两部分水气量之和。其大小与室内地面潮湿状况、作物的繁茂程度、通风量及室内空气湿度高低等因素有关。在太阳辐射强烈的白昼，为降低温室内气温通风量较大时，蒸发蒸腾产生的水气量也较多；在通风量较少的夜间，室内空气湿度较大，室内蒸发蒸腾作用很弱，产生的水气量也很小，尤其是在密闭情况下可以忽略不计。

若 ω_p 为温室内单位面积产生的水气量，则白昼按下式计算：

$$\omega_p = ea\tau I_0(1-\rho)/r \quad [\text{g}/(\text{m}^2 \cdot \text{s})] \tag{5-31}$$

式中　r——水的蒸发潜热，$r=2.442\text{kJ/kg}$。

夜间按下式计算：

$$\omega_p = K_d(p_{ws} - p_w) \quad [\text{g}/(\text{m}^2 \cdot \text{s})] \tag{5-32}$$

式中　K_d——质交换系数，夜间时 K_d 为 $(10\sim15)\times10^{-6}\text{g}/(\text{m}^2 \cdot \text{s} \cdot \text{Pa})$，当温室内植物繁茂、土壤与地面潮湿、室内气流速度大时取较大值；

　　　p_{ws}——室内气温下的饱和水蒸气压力，Pa；

　　　p_w——室内空气的水蒸气分压力，Pa。

温室的余湿量为　　　　　　　　$W = \omega_p A_s \quad (\text{g/s}) \tag{5-33}$

式中　A_s——温室的地面面积，m²。

2. 控制室温的必要通风量

控制室温的最大必要通风量，是考虑在夏季炎热时期，正午日照最强，气温接近最高的时刻，为了使温室内维持一定的温度，排除室内余热所需要的通风量为：

$$L = \frac{Q}{c_p \rho_a(t_2 - t_1)} \quad (\text{m}^3/\text{s}) \tag{5-34}$$

式中　ρ_a——室内空气的密度，kg/m³。

定义通风率为在标准工况下，为排除多余的太阳辐射热，避免室内环境温度过高，单位面积温室所必需的通风流量：

$$q = \frac{L}{A_s} = \frac{Q}{c_p \rho_a(t_2 - t_1)A_s} \quad [\text{m}^3/(\text{m}^2 \cdot \text{s})] \tag{5-35}$$

根据式（5-30）得：

$$q = \frac{\alpha\tau I_0(1-\rho)(1-e) - \sum_j K_j \dfrac{A_{gj}}{A_s}(t_i - t_0)}{c_p \rho_a(t_2 - t_1)} \quad [\text{m}^3/(\text{m}^2 \cdot \text{s})] \tag{5-36}$$

控制室温的必要通风量为：

$$L = A_s q \quad (\text{m}^3/\text{s}) \tag{5-37}$$

在设计温室通风降温系统时，推荐 q 值为 $150m^3/(m^2 \cdot h)$；对于无蒸发降温措施，完全靠机械通风降温的温室，q 值视情况可在 $200 \sim 300m^3/(m^2 \cdot h)$ 的范围内取值。

3. 维持 CO_2 浓度的必要通风量

在日出后植物进行光合作用将从温室内空气中大量吸收 CO_2，使其浓度急剧降低。虽然室内土壤中微生物的呼吸和有机物质分解将放出 CO_2，使室内得到 CO_2 少量补充，但远远满足不了需要。为维持植物继续进行正常光合作用，在日出后温室即需要考虑进行通风，以从室外空气中得到 CO_2 的补充。

维持室内 CO_2 浓度所必要的通风率 q 由下式确定：

$$q = \frac{f_c P - P_s}{C_o - C_i} \quad [m^3/(m^2 \cdot s)] \tag{5-38}$$

式中 C_o——室外空气 CO_2 浓度，一般约为 $0.6g/m^3$；

C_i——设定的室内空气 CO_2 浓度，g/m^3，根据室内种植植物的要求，并考虑经济性，一般可取 $C_i = C_o - (0.05 \sim 0.15)g/m^3$；

P——单位植物叶面积对 CO_2 的平均吸收强度，与植物的种类、生育阶段、生长情况、温度及光照强度等因素有关，一般约为 $0.5 \times 10^{-3} \sim 0.8 \times 10^{-3} g/(m^2 \cdot s)$；

f_c——植物叶面积指数，一般为 $2 \sim 5$，室内植物茂密时取大值。可根据种植植物种类和适宜种植密度选取，参见表 5-5。

P_s——单位温室面积的土壤 CO_2 呼出强度，$g/(m^2 \cdot s)$，与土壤中有机质含量，土壤温度、含水量和通气状况等有关。可按下列经验公式计算：

$$P_s = P_{so} \cdot 3^{t_t/10} \quad [g/(m^2 \cdot s)] \tag{5-39}$$

式中 P_{so}——土壤 $0℃$ 时的 CO_2 释放强度。

t_t——土壤温度，$℃$。

对于一般肥沃的土壤，$0℃$ 时的土壤 CO_2 释放强度 P_{s0} 约为 $0.01 \times 10^{-3} g/(m^2 \cdot s)$。一般情况下温室中土壤 CO_2 释放强度可取土壤温度 t_t 为 $15℃$ 进行计算；对于采用盆栽、无土栽培等方式生产的温室，取 $P_s = 0$。

作物适宜种植密度的叶面积指数 表 5-5

作物类别	叶面积指数 f_c	作物类别	叶面积指数 f_c
密植黄瓜	3~4	直立栽培果菜	3.5~4.0
蔓生蔬菜支架栽培	4.5~5.5	莲状叶形蔬菜	2.0~3.0
芹菜、莴苣、茼蒿等	8	叶菜及草坪	8

注：表中数据指作物生长旺盛时期的数值

4. 控制温室内湿度的必要通风量

温室通风换气是通过引入室外相对干燥的空气、排出较高湿度的室内空气达到降低室内湿度的目的。其必要通风量须能够排除室内设定气温和相对湿度条件下植物蒸腾与土壤蒸发所产生的水气量。

控制温室内湿度的必要通风率为：

$$q = \frac{\omega_p}{\rho_a (d_i - d_o)} \quad [m^3/(m^2 \cdot s)] \tag{5-40}$$

式中 d_i, d_o——室内、室外空气的含湿量，g/kg干空气；

5. 排出有害气体的必要通风量

如果在温室中持续检测到会造成作物伤害的过量污染物时，可按下式计算必要通风量：

$$L = \frac{m}{3600(\rho_{my} - \rho_{mj})} \quad (m^3/s) \tag{5-41}$$

式中 m——有害物质散发量，mg/h，由温室中实际测试结果确定，对于燃烧燃料时有害气体的散发量也可由燃料用量估算得出；

ρ_{my}——温室中有害物质最高允许浓度，mg/m³，可按表5-6选取；

ρ_{mj}——进入空气中有害物质浓度，mg/m³，由室外计算条件或实际测试结果确定。

温室有害气体浓度限值 表 5-6

有害气体名称	有害气体浓度限值		有害气体名称	有害气体浓度限值	
	体积浓度 (μL/L)	质量浓度 (mg/m³)		体积浓度 (μL/L)	质量浓度 (mg/m³)
乙炔(C_2H_2)	1	1.1	丙烷(C_3H_8)	50	91.7
一氧化碳(CO)	50	58.2	二氧化硫(SO_2)	1	2.66
氯化氢(HCl)	0.1	0.15	氨气(NH_3)	5	3.54
乙烯(C_2H_4)	0.05	0.058	二氧化氮(NO_2)	2	3.8
甲烷(CH_4)	1000	667	氯气(Cl_2)	0.1	0.29
氯化亚氮(N_2O)	2	3.7	臭氧(O_3)	4	7.98

注：资料来源于周长吉. 现代温室工程，2008。

5.4.2 畜禽舍通风量设计

1. 几个基本概念

（1）等压通风 同时使用正压通风和负压通风，畜禽舍内的平均气压与舍外气压基本一致的通风方式。

（2）畜用风机 根据畜禽舍的环境特点设计，专供畜禽舍通风使用的抗腐蚀、耐用、可调节风速的高效风机。

（3）条缝进气口 沿着畜禽舍的纵轴方向的一条或多条气流入口。

（4）独立进气口 不连续的单个气流入口。

（5）顶棚进气口 带空隙顶棚作为气流入口。

（6）呼吸商 呼吸过程中二氧化碳产生体积与氧气消耗体积之比。

2. 自然通风系统技术要求

（1）自然通风的基本要求

1）自然通风畜禽舍要充分利用当地的主导风向。

2）自然通风畜禽舍的屋脊线与主导风向夹角小于 45°。

（2）自然通风量的确定

根据空气密度差引起的热压设计自然通风量（m³/s），按式（5-42）计算。

$$V_n = 60AC\sqrt{\frac{2g\Delta H\Delta T}{T}} \tag{5-42}$$

式中　A——进气口或出气口面积的数值，m^2；

　　　C——开口的通风效率，近似于0.6；

　　　G——重力加速度，$9.8m/s^2$；

　　　ΔH——进气口与出气口之间高度差的数值，m；

　　　ΔT——舍内外的温度差的数值，K；

　　　T——舍外的绝对温度的数值，K。

3. 机械通风系统技术要求

（1）机械通风量的基本要求

1）畜禽舍的最大设计通风量为夏季通风量，以排出畜禽舍内的多余热量为基础。

2）畜禽舍的最小设计通风量为冬季通风量，以排出畜禽舍内的有害气体或多余湿气为基础。

（2）机械通风量设计

1）最大通风量

根据舍内显热平衡确定最大通风量为：

$$V_{max} = (Q_s + Q_m + Q_{sun} - Q_{hl})/(C_p\Delta T)\quad(kg/s) \tag{5-43}$$

式中　Q_s——动物显热量的数值（参见表5-7和表5-8），W；

　　　Q_m——其他显热量的数值〔夏季畜禽舍内通常不使用加热设备（分娩舍除外），其他设备运行以及粪便和垫料发酵产生的显热量很小，此项可似忽略〕，W；

　　　Q_{sun}——太阳辐射热负荷的数值（如果畜禽舍的屋顶经过适当的隔热处理，则此项可以忽略）W；

　　　Q_{hl}——畜禽舍外围结构传热量的数值，W；

　　　C_p——空气比热容的数值，$J/(kg\cdot℃)$；

　　　ΔT——舍内外温度差的数值，℃。

不同家畜的潜热、显热和总产热量　　　　　　　　表5-7

动物	温度（℃）	潜热（Q_L）			显热（Q_S）		总热量（Q_r）	
		水气（kg/h）	kJ/h	W	kJ/h	W	kJ/h	W
猪 22.73kg 实体地面	4.4	0.054	132.9	36.9	320.7	89.1	453.6	126.0
	10.0	0.059	144.5	40.1	256.4	71.2	400.9	111.3
	15.6	0.066	160.4	44.5	219.4	61.0	379.8	105.5
	21.1	0.082	199.4	55.4	159.3	44.3	358.7	99.7
	26.7	0.107	260.6	72.4	87.6	24.3	348.2	96.7
猪 45.45kg 实体地面	4.4	0.063	155.1	43.1	467.4	129.8	622.5	172.9
	10.0	0.068	166.7	46.3	371.4	103.2	538.1	149.5
	15.6	0.082	199.4	55.4	296.5	82.4	495.9	137.7
	21.1	0.100	243.7	67.7	209.9	58.3	453.7	126.0
	26.7	0.122	299.6	83.2	143.5	39.9	443.1	123.1

动物	温度(℃)	潜热(Q_t)			显热(Q_s)		总热量(Q_r)	
		水气(kg/h)	kJ/h	W	kJ/h	W	kJ/h	W
猪 90.90kg 实体地面	4.4	0.091	221.6	61.5	685.8	190.5	907.3	252.0
	10.0	0.095	232.1	64.5	548.6	152.4	780.7	216.9
	15.6	0.102	249.0	69.2	436.8	121.3	685.8	190.5
	21.1	0.120	293.3	81.5	339.7	94.4	633.0	175.9
	26.7	0.150	365.0	101.4	236.3	65.6	601.4	167.0
奶牛 454.5kg	−6.7	0.304	738.5	205.1	3376.0	973.8	4114.5	1178.9
	−1.1	0.349	844.0	234.4	3112.3	864.5	3956.3	1098.9
	4.4	0.413	1002.2	278.4	2795.8	766.6	3798.0	1045.0
	10.0	0.476	1160.5	322.4	2426.5	674.0	3587.0	996.4
	15.6	0.580	1413.7	392.7	2004.5	556.8	3418.2	949.5
	21.1	0.608	1477.0	410.3	1793.5	498.2	3270.5	908.5
	26.7	0.825	2004.5	556.8	1055.0	293.1	3059.5	849.9

蛋鸡的潜热、显热和总产热量   表 5-8

温度(℃)	潜热(Q_L)			显热(Q_S)		总热量(Q_r)	
	水气 g/(h·kg)	kJ/(h·kg)	W/(h·kg)	kJ/(h·kg)	W/kg	kJ/(h·kg)	W/kg
蛋鸡(莱航)夜间	−3.3	1.5	3.7	1.0	16.5	4.6	20.2	5.6
	0.6	2.0	4.9	1.4	16.0	4.5	20.9	5.9
	8.3	1.8	4.4	1.2	14.4	4.0	18.8	5.2
	12.2	2.4	5.8	1.6	12.8	3.6	18.6	5.2
	17.8	2.2	5.3	1.5	12.3	3.4	17.6	4.9
	27.8	3.4	8.1	2.3	8.8	2.5	16.9	4.8
	34.4	4.5	10.9	3.0	4.0	1.1	14.9	4.1
蛋鸡(莱航)白天	−3.3	1.5	3.7	1.0	25.5	7.1	29.2	8.1
	1.7	2.2	5.3	1.5	19.5	5.4	24.8	6.9
	8.3	2.3	5.6	1.6	17.2	4.8	22.8	6.4
	12.2	3.2	7.7	2.1	15.3	4.3	23.0	6.4
	17.2	3.4	8.1	2.3	15.3	4.3	23.4	6.6
	22.2	3.4	8.4	2.3	15.1	4.2	23.5	6.5
	27.8	4.1	10.0	2.8	13.7	3.8	23.7	6.6
	33.3	5.1	12.3	3.4	—	—	12.31	3.42

2）最小通风量

① 根据舍内湿气平衡确定最小通风量为

$$V_{\min} = \frac{Q_L + Q_w + Q_e}{\Delta H680} \quad (kg/s) \qquad (5-44)$$

式中 Q_L——动物产生的潜热量的数值，W；

Q_w——畜禽舍墙面及屋顶水气蒸发的潜热量的数值（冬季畜禽舍围护结构的产湿量通常很小，此项可忽略不计），W；

Q_e——畜禽舍内垫料以及粪尿中水分蒸发的潜热量的数值（一般按动物呼出水分量的 40% 计算），W；

ΔH——畜禽舍内外空气中水气量的差值，kg/m^3。

② 根据二氧化碳浓度计算

根据畜禽舍内二氧化碳浓度确定最小通风量为：

$$V_{\min} = \frac{1.96 \times 10^6 Q_{CO_2}}{(C_{CO_2} - 745)} \quad (kg/s) \qquad (5-45)$$

式中 C_{CO_2}——畜禽舍内二氧化碳浓度最大值，mg/m^3；通常通风良好的畜禽舍中二氧化碳浓度以 $4000mg/m^3$ 为限，即 C_{CO_2} 取值 $4000mg/m^3$。

Q_{CO_2}——氧化碳的产生量 m^3/h；

$$Q_{CO_2} = \frac{n \times Q_T \times 273}{k_{CO_2} \times (T_i + 273)} \times k_m \qquad (5-46)$$

式中 n——动物的数量；

Q_T——动物产生的总热量，kJ/h/头；

T_i——畜禽舍外温度，℃；

k_m——常数（1.00～1.04），随着舍内粪便产生二氧化碳量的变化而稍有不同；

k_{CO_2}——动物呼出单位体积二氧化碳所产生的热量，kJ/m^3。

$$k_{CO_2} = 1000 \times \frac{6.18}{RQ} + 5.02 \qquad (5-47)$$

式中 RQ——呼吸商（参见表 5-9）。

不同动物的呼吸商（RQ）值   表 5-9

动物品种		体重(kg)	饲养水平		
			低	中	高
牛	奶牛		1.0		1.2
	种公牛			1.0	
	青年母牛			1.0	
	肉牛犊		0.8		1.1
猪	断奶仔猪		0.8		1.1
	生长育肥猪	20～50	0.98		1.05
		50～110	1.02		1.14
	空怀母猪			1.0	
	妊娠母猪		0.75		1.1
	哺乳母猪			1.0	
鸡	蛋鸡		1.05		1.15
	肉鸡		0.92		0.86

3）按经验值确定通风量

在一些发达国家的现代企业中，用机械通风的密闭式畜禽舍日益增多，在此情况下，畜禽舍建筑，饲养密度以及影响畜禽产热、产湿的管理设施在某种程度上都已规范化。通风量也可采用经验值。表5-10给出了不同畜禽种类的通风参数，这些参数都是在特定条件下具有代表性的数值，只能作为参考，在引用时应注意到国内气候条件、畜禽舍建筑、畜禽品种及其管理设施的不同。

国外常用畜禽舍的标准通风量参数　　　　　　　表 5-10

畜禽种类	单位	通风量(L/s)		
		最小(冬季)	中等(春、秋季)	最大(夏季)
鸡：				
雏鸡	kg	0.047	0.11	0.21
蛋鸡、种鸡、肉鸡	只	0.24	0.94	1.9
猪：				
带仔母猪	头	9.4	38	240
育肥猪				
5~14kg	头	0.94	4.7	12
14~34kg	头	1.4	7.1	16
34~68kg	头	3.3	11	35
68~100kg	头	4.7	16	57
怀孕母猪 150kg	头	5.7	19	71
公猪 180kg	头	6.6	24	140
牛：				
暖舍奶牛 450kg	kg	12	47	140~240
暖舍幼牛 45kg	kg	4.7	12	24
暖舍肉牛 450kg	kg	7.1	47	94

注：资料来源于陈青云，李成华. 农业设施学. 北京：中国农业大学出版社，2001。

5.5 气流组织

设施内空气流动速度大小及其分布对动植物的生长有很大影响。因此，通风空气在室内的分布是完善通风设备和通风均匀性设计的一个重要组成部分。它主要与进、排风口形状、位置以及进风射流等参数有关。

5.5.1 送风射流的流动规律

为了实现通风空气在室内的均匀分布的设计，应当很好地了解空气射流的特性以及对空气分布的影响。

1. 空气射流的概念与分类

空气从孔口或管嘴以一定速度流出后，气流在空间的运动过程，称为空气淹没射流，简称射流。研究射流运动的目的在于讨论气体出流后的流速场、温度场和浓度场。建筑物或房间的进气口射流对室内空气的分布具有重要作用，因此必须了解进气口的空气流动规律。

空气射流按流态不同分为层流射流和紊流射流；按是否受限可分为自由射流和沿墙射流（也称为受限射流）；按射流温度与室温的差异可分为等温射流（空气射流温度与室内

的空气温度差在 5℃ 以内）和非等温射流（两者的温差超过 5℃），在非等温射流中，如果送风温度低于室内温度称为冷射流，高于室内空气温度则称为热射流；按孔口形式不同可分为圆形射流、矩形射流和缝隙射流。

2. 等温自由射流

当空气从进风口以一定速度流出而不受任何硬边界限制时，则称为自由射流。如果空气射流的温度与室内温度差在 5℃ 以内时，则称为等温自由射流。

当等温自由射流进入室内空间时，由于室内周围空间体积比射流断面体积大得多，送风口长宽比小于 10，气流流动不受任何固体壁面限制，射流呈紊流状态，通常将这种条件下的射流称为等温自由紊流射流。

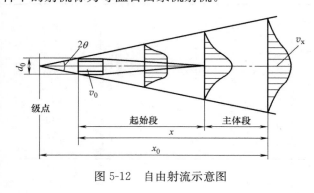

图 5-12　自由射流示意图

射流进入房间后，射流边界与周围气体不断进行动量、质量交换，周围空气不断被卷吸，射流的流量不断增加，断面不断扩大，而射流的速度不断下降，形成了向周围扩散的锥体状流动场。在射流理论中，通常将射流轴心速度保持不变的一段长度称为起始段，其后称为主体段，在主体段射流边界层扩散到轴心，轴心气流速度也开始下降。随着射程的继续增大，射流速度继续减小，最后直到消失。等温自由射流的速度变化过程如图 5-12 所示。

射流轴心速度的计算公式为：

$$\frac{v_{\mathrm{x}}}{v_0}=\frac{0.48}{\dfrac{\alpha x}{d_0}+0.147}$$ (5-48)

射流断面直径计算公式为：

$$\frac{d_{\mathrm{x}}}{d_0}=6.8\left(\frac{\alpha x}{d_0}+0.147\right)$$ (5-49)

式中　x——射流断面至极点间的距离，m；

　　　v_{x}——射程 z 处的射流轴心速度，m/s；

　　　v_0——射流出口速度，m/s；

　　　d_{x}——射程 z 处射流直径，m；

　　　d_0——送风口直径或当量直径，m；

　　　α——送风口的紊流系数。

紊流系数的大小与射流出口截面上的速度分布情况有关，分布越不均匀，α 值越大。此外，α 值还与射流截面上的初始紊动强度有关。紊流系数的大小直接影响射流发展的快慢，α 值大，横向脉动大，射流扩散角就大，射程就短。常见风口形式的紊流系数 α 见表 5-11。

由表 5-11 可以看出，在确定送风口时，如需增大射程，可以提高出口速度或减小紊流系数；如需增大射流扩散角，即增大与周围介质的混合能力，可以选用 α 值较大的送风口。

喷嘴形式		紊流系数 α
圆断面射流	收缩极好的喷嘴	0.066
	圆管	0.076
	扩散角 8°~12°的扩散管	0.09
	矩形短管	0.1
	带有可动导向叶片的喷嘴	0.2
	活动百叶风格	0.16
平面射流	收缩极好的平面喷嘴	0.108
	平面壁上的锐缘斜缝	0.115
	具有导叶加工磨圆边口的通风管纵向缝	0.155

注：引自薛殿华主编. 空气调节. 北京：清华大学出版社，1991。

3. 非等温受限射流

在农业建筑中，在很多情况下室内外温差较大，进风口气流以接近室外气温的状态进入室内，因此在农业建筑环境工程中遇到的射流，大多数属于非等温射流。如果进入室内的气流的扩展受到围护结构的限制，则成为非等温受限射流。

（1）轴心温差计算公式

非等温射流的出口温度与周围空气温度不相同，射流沿射程逐渐与室内空气相掺和，这不仅引起空气动量的交换（决定了流速的分布及变化），还带来了热量的交换（决定了空气温度分布及变化）。因此，射流随着离开出口距离的增大，其轴心温度也在变化。轴心温差的计算公式为：

$$\frac{\Delta T_x}{\Delta T_0} = \frac{0.35}{\frac{\alpha x}{d_0} + 0.147} \tag{5-50}$$

式中　ΔT_x——射流主体段内横断面上轴心点与周围空气温度的差值（轴心温差），K；

　　　ΔT_0——射流出口与周围空气之间的温度差（送风温差），K。

比较式（5-48）与式（5-50），表明热量扩散比动量扩散要快些，即射流的温度扩散角大于速度扩散角，因而射流的温度衰减要比速度衰减更快，且有下式成立：

$$\frac{\Delta T_x}{\Delta T_0} = 0.73 \frac{v_x}{v_0} \tag{5-51}$$

（2）阿基米德数 Ar

阿基米德数 Ar 在非等温射流中起着重要作用，是决定射流弯曲程度的主要因素。实际上阿基米德数是格拉晓夫准则数与雷诺准则数的综合，即 $Ar = Gr/Re^2$。Ar 综合反映浮升力与惯性力两方面的作用，当浮升力作用超过惯性力时（Ar 数值大），射流轴线呈现向下或向上弯曲。当惯性力很大而浮升力相对较小时，射流轴线则趋向直线。当 $Ar = 0$ 时，即为等温射流。一般当 $|Ar| < 0.001$ 时，就可忽略射流的弯曲，按等温射流来计算。

阿基米德数的计算公式为：

$$Ar = \frac{g d_0 (T_0 - T_i)}{v_0^2 T_i} \tag{5-52}$$

式中　T_0——射流出口温度，K；

　　　T_i——室内空气温度，K；

G——重力加速度，9.81m/s^2。

当 $T_o > T_i$ 时，$Ar > 0$，射流向上弯，当 $T_o < T_i$ 时，$Ar < 0$，

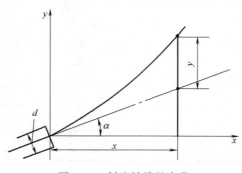

图 5-13　射流轴线的弯曲

非等温射流在射程中，由于气流不仅受出口动能的作用以惯性力向前移动，同时还由于射流与周围空气密度不同而受到浮力的影响，气流所受的重力与浮力不相平衡，使射流在前进的同时发生向下或向上弯曲（见图 5-13）。但整个射流仍可看作是对称于轴心线，因此了解轴心线的弯曲轨迹后，便可得出整个弯曲的射流。当水平射出的是冷射流时，因其密度（或容重）大于周围空气的密度，使射流轴线向下偏斜。

非等温射流的轴心轨迹公式可以采用近似的处理方法：取轴心线上的单位体积流体作为研究对象，只考虑受重力与浮力作用，应用牛顿定律得：

$$y = Ar\left(0.51\frac{ax^3}{d^2} + 0.11\frac{x^2}{d}\right) \tag{5-53}$$

在实际应用过程中为了使式（5-53）更符合实验数据，通常将式中的 0.11 取为 0.35，从而得到非等温射流的轴心轨迹实验公式为：

$$y = Ar\left(0.51\frac{ax^3}{d^2} + 0.35\frac{x^2}{d}\right) \tag{5-54}$$

式中　　y——射流轴线上某点离开喷口轴线的垂直距离，m；

　　　　d——射流喷口直径，m；

　　　　x——射流轴心线上某点与喷口沿喷口轴线方向的距离，m。

当射流出口轴线与水平面间有夹角 a 时，轴心轨迹公式为：

$$y = \frac{Ar}{\cos^2\alpha}\left(0.51\frac{ax^3}{d^2\cos\alpha} + 0.35\frac{x^2}{d}\right) \tag{5-55}$$

（3）贴附效应

若把送风口贴近顶棚布置，送风气流的流动受到壁面的限制，射流贴近顶棚的一侧不能卷吸空气，因而流速大，静压小。但是射流的下部却因流速小而静压大，这样上下的压力差将射流往上举，使气流贴附于板面流动，造成射流的贴附现象。由于贴附射流仅有一边卷吸周围空气，因而速度衰减慢，射程比较长。贴附的长度与阿基米德数有关，Ar 越小，贴附的长度越长。因此在工程应用中，可以利用贴附效应来增加送风口的射流射程，并可减少水平射流的下降距离。

如果忽略空气在壁面上流动的附面层，可以认为贴附射流就是把喷口面积扩大一倍后，再取半个射流（见图 5-14）。则贴附射流可以采用自由射流的相应公式进行计算，但是要用假想扩大一倍后的射流喷

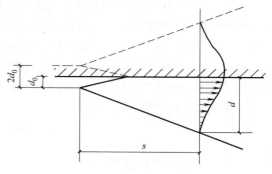

图 5-14　贴附射流

口直径代入。即如果贴附射流圆形断面喷嘴直径为 d_0，假想射流喷口直径为 d'_0，则

$$d'_0 = \sqrt{2} d_0 \tag{5-56}$$

如果是条缝贴附射流，由于条缝长度不变，所以扩大一倍后的假想射流喷口缝宽为原来的缝宽的 2 倍。

5.5.2　排风口空气流动规律

排气口吸入的空气流与进气口射流的流动规律有显著不同。进气口送风射流扩散角 2θ 比较小，所以其断面是逐渐扩展的。排气口吸入的气流是从四周汇流而入，它的作用范围大，因此排气口周围气流的速度场比射流速度场的速度衰减要快得多。图 5-15 给出了圆形排气口周围空气的流动情况。可以看出，排气口速度场近似一个稍扁的球面，等速面为椭球面。气流从四周汇流进入排气口，如图 5-15（a）所示。如果排气口紧贴着壁面，则空气只能从一侧空间流入，所以等速面呈半球形，如图 5-15（b）所示。

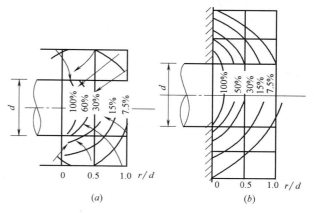

图 5-15　排气口速度分布图

由于各等速面上流向排气口的流量都相等，等于排气口吸入风量，故距排气口 $x(m)$ 处某点的流速为：

$$v_x = \frac{L_x}{A_x} = \frac{L_0}{4\pi x^2} \tag{5-57}$$

式中　L_0——排气口流入的风量（m^3/s）；

$\quad\quad L_x$——距排气口 $x(m)$ 处的空气流量，m^3/s；

$\quad\quad A_x$——距排气口 $x(m)$ 处等速面的面积，m^2。

如果排气口直径为 d，排气口风速为 v_0，则排气口流入的流量为：

$$L_0 = \frac{\pi}{4} d^2 v_0 \tag{5-58}$$

将上式代入式（5-57）中，得：

$$\frac{v_x}{v_0} = \frac{1}{16} \left(\frac{d}{x} \right)^2 \tag{5-59}$$

可见排气口的气流速度的衰减是很快的。

5.5.3　送风口与排风口的类型

一个良好的进、排气口，必须能根据季节变化来调节进气流量，并保证新鲜空气均匀地分布到整个建筑物内。在畜舍中，常见的进气口有缝隙式进气口和矩形进气口。在排气式和联合式通风系统中，排气口往往和排风机相结合。

1. 进气口

(1) 缝隙式进气口 在畜舍排气通风系统中，影响舍内气流模型的关键是进气射流的速度和方向，因此进气口的尺寸、位置和形状是通风系统设计时必须考虑的重要因素。尽管风机决定了畜舍内的排风量，但它们只能在 1.5m 左右的半径范围内对气流的分布有一些作用，而在畜舍屋檐下设置一条连续的缝隙式进气口，就可以为畜舍提供均匀一致的新鲜空气。

缝隙式进气口的位置取决于畜舍的跨度，跨度小于 12m 的畜舍，可沿两侧屋檐下设置连续的缝隙式进气口（进气缝隙应在风机两侧 3m 范围内隔断，以免发生空气短路），对于跨度大于 12m 的畜舍，应增加顶棚中央的缝隙进气口（图 5-16）。

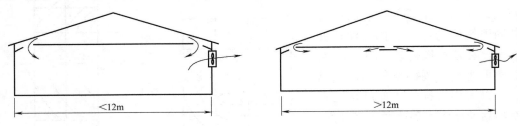

图 5-16 缝隙式进气口的位置

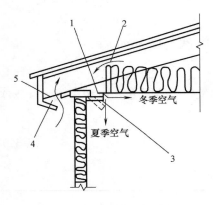

图 5-17 连续缝隙空气进气口
1—按热天通风量设计的进风口；2—孔口；
3—可完全关闭的调节挡板（保温）；
4—屋檐进气口；5—金属网

图 5-17 是一种畜舍连续缝隙进气口。冬季关闭屋檐进气门，舍外空气通过下方的山墙进入阁楼，连续运转风机以从屋顶阁楼里引进新鲜空气。夏季打开两侧屋檐下的进风门，直接从舍外进风，同时为了降低顶棚的温度，利用部分进入屋檐进气口的空气为阁楼通风。

1）缝隙进气口的流速

根据射流理论，各种形式进气射流特性可概括为：进气射流的初始速度直接影响射流气流中任意一点的空气速度；进气射流的射程与进气口初速度成正比；进气射流的初始速度越高，射流气流下沉就越慢，新鲜空气和畜舍内空气的混合就越充分；进气射流的动量依赖于进气初始速度和空气流量。

运用这些理论来设计缝隙式进气口，有助于建立均匀的气流分布模型。冬季室外气温低，空气密度大，如果进气口比较宽，使进气流速较小，新鲜空气进畜舍后，会迅速地下沉到地面，形成冷气流，对牲畜不利，见图 5-18 (b)。适当地调整进气缝隙口的宽度，提高进气射流的初始速度，利用射流的贴附效应，使空气沿顶棚表面流动，避免冷空气过早地下沉，使新鲜空气在流经牲畜之前，就与舍内空气较充分地混合，使室内空气分布均匀一致，如图 5-18 (a) 所示。

在夏季，为了排除畜舍内多余热量，要求通风空气能吹到牲畜身边，使它感到凉快，因此在夏季也需要高速通风。

从通风系统的运行来看，冬季，进排气口及风机上都承受着一定的风压力。如果进气射流的速度比较高，而且风机在较高的压力下运行，那么在相同的室外风压作用下，这样

120

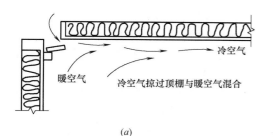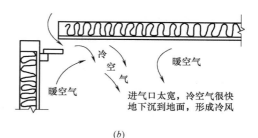

图 5-18 不同进气口宽度的气流分布（冬季）

的通风系统所受室外风力影响相应要小一些。

上述各点都着重强调了进气口高速进风的重要性。畜舍实际采用的进气气流的流速应根据通风系统的形式、畜舍建筑的跨度、饲槽围栏等因素来考虑，任何形式进气口所形成的射流速度都应为 3.5～5.0m/s，这样的流速，相对应的进气口内外空气压差为 10～20Pa。进风流速低于 1～2m/s 时对畜舍内的空气分布是很不利的。

2）缝隙进气口的面积

当空气流过孔口时，由于孔口的收缩效应，喷射出的气流横断面将收缩为孔口总的有效面积的 60%～80%，这种收缩效应增加了空气的初始速度。因此畜舍的进气缝隙的总的面积应为：

$$A = \frac{L}{\varepsilon \times v} \tag{5-60}$$

式中　L——畜舍通风流量，m^3/s；

　　　ε——孔口收缩系数，设计时一般取为 0.6；

　　　v——进气口空气流速，m/s。

由于畜舍进气缝隙口内外两侧的静压降影响着通风流量，因此在不同的静压降下要求的进气缝隙口的面积也不相同。表 5-12 是美国宾夕法尼亚州立大学提供的关于静压降、通风流量与缝宽之间的部分试验数据，从表中可以看出，在静压降一定时，通风流量与缝隙进气口的宽度成正比。

通过每米长进气缝口的通风流量　　　　　　　　　　　　　表 5-12

缝宽(cm)	通风流量(m³/min)	
	静压 10Pa	静压 31Pa
2.54	4.66	9.32
5.08	9.32	18.63
7.62	13.97	27.95
10.16	18.63	32.26

注：表中数据已包括了收缩断面效应。

在设计时，缝隙进气口通常的设计标准是每 186m³/min 的通风流量，需要 1m² 的进气缝口。如果不考虑进气口的收缩效应，则在这个标准条件下，在 10Pa 静压下，进气缝口平均流速为 3m/s；在静压 31Pa 时，为 6m/s。畜舍的通风阻力一般不应超过 50Pa 静压，通常小于 25Pa 静压这也是选择风机的静压的主要依据。

3）进气口的控制

实际采用的进气缝隙口应该是可以调节的。以最大夏季通风流量来确定进气口的尺寸，然后利用导流板来调节不同气候条件下的开度。

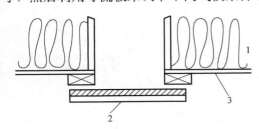

图 5-19　间隙缝隙进气口
1—屋顶保温；2—可调节保温挡风板；3—顶棚

图 5-19 是一种简单的缝隙进气口示意图，进气口设有网格为 20mm×20mm 或 20mm×15mm 的金属防雀网。铰接的导流挡板，一般每年要作四次调整。可考虑采用三种不同的缝隙宽度值与不同的季节的通风换气量相适应。在冬季缝隙宽度调到最小值，此时气流速度可达到 3m/s。在春、秋季可采用适中的缝隙宽度值，而在夏季则调节到最大的缝隙孔口。在最大夏季通风量工况下，进气口流速也不应大于 5m/s。缝隙的调节可采用绳索、滑轮或模具定位块等简单的方法来实现。

图 5-19 是设在畜舍天花板上的间隔缝隙进气口，进气口安装有可以上下调节的保温挡风板。可按挡风板的周边长度来计量此缝隙进气口的长度。按挡板的间距来计量缝隙的宽度，其尺寸取决于所需要的通风流量。在距进气孔 1.2m 范围内不应有荧光灯、管道等阻碍气流运动的物体。进气孔的排列距墙 2.5m，相邻进气口的间距为 5m。

（2）矩形进气口

在屋檐下的缝隙式进气口是一种良好的冬季进气方式，使进入舍内的冷空气与舍内空气充分地混合。但在夏季，只有水平方向气流，会在纵墙下部形成滞流区，应该组织向下的竖向气流，或在下部开设矩形进气口，见图 5-20。

可以在顶棚或侧墙上等距离地设置矩形进气孔口，保证舍内气流的均匀分布。侧墙上相邻进气孔口的中心

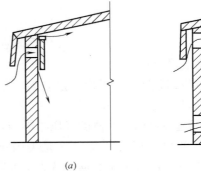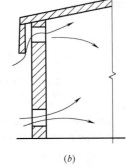

(a)　　　　　　　　(b)

图 5-20　改善矩形进气孔口的气流方向

距离一般为房舍跨度的 0.4 倍。进气口间的窗间墙不宜过宽，一般为 1.0～1.5m，以保证进气射流的均匀分布。矩形孔口的高宽比一般取 1∶6。当跨度小于 9m 时，可采用一侧进气的横向通风形式。当跨度大于 9m 时，应采用中央屋脊排气（或进气），两侧纵墙进气（或排气）形式，或者采用纵向通风形式。

夏季用的矩形进气孔口的进风速度可取 2～3m/s。进气孔口面积应留有余量，否则会增大进气阻力，增加通风能量的消耗。判断进气口面积是否合适，可用下式检验：

$$通风阻力＝进气口阻力＋排气口管道阻力＝0.65v_1^2＋0.06v_2^2 \qquad (5-61)$$

式中　v_1——进气口流速，m/s；

　　　v_2——排气口流速，m/s。

从式（5-61）中可以看出，进气口流速 v_1 越大，阻力也越大。当需要的通风量确定后，要降低通风阻力，就应该增大进气口面积，对于鸡舍来说，进气阻力一般都在 40Pa 以下。如果进气口面积等于排气口面积的 4 倍以上，那么通风阻力就较小并且实用。

密闭鸡舍的进气口应设有遮光装置。进气口设置遮光罩后，会降低它的通风流量，为此将进气口的计算面积再增加10％～15％。

由于矩形进气口面积是按照最大夏季通风量来确定的，因此到了冬季，大部分进气口都要关闭。应尽量减少进气口关闭后缝隙的冷风渗透，并提高进气窗的保温性能。

当最大夏季通风量确定后，进气孔口的总面积为：

$$A = \frac{最大夏季通风量}{3600\mu v} \tag{5-62}$$

式中　μ——进气孔口流量系数，一般 $\mu = 0.6$；

　　　v——进气速度，m/s。

2. 排气口

从图5-15可以看出，与进气口相比，排气口对畜舍内气流分布的影响是微小的。只有在排气风机附近大约1m以内才能感到空气的有效运动。在距排气口2m处，几乎测不出空气向排气口方向的流动。大量的研究已证明排气口的位置对畜舍内气流分布影响不大，影响新鲜空气分布的主要因素是进气口的位置、形状和面积。

习惯上排气风机都沿畜舍纵墙均匀地布置，研究表明，比较合理的畜舍通风系统是在背风面集中布置一个或两个排风点，这样运行管理比较方便。

排气风机的外侧应装置百叶窗，以免风机停转时，发生室外空气倒灌的现象。在排气口的里侧应安装金属网罩，防止风机叶片伤害牲畜。金属网保护罩应能打开，以便清扫和检修。在北方寒冷地区的畜舍，大部分风机在冬季是停止运转的，排气口应安装保温门，减少畜舍内的热量损失。

5.6 空气的净化

空气净化设备按污染物存在的状态分为处理悬浮颗粒物的除尘式和处理气态污染物的除气式两类。除尘式空气净化处理设备主要是利用纤维过滤技术、静电过滤技术等处理悬浮颗粒物。而除气式空气处理设备主要利用吸附技术、光催化技术及离子化技术等处理气态污染物。

5.6.1 除尘式空气净化方法

1. 灰尘的有害影响及除尘方法

（1）灰尘的有害影响　由自然力或机械力产生的，能够悬浮于空气中的固态微小颗粒称为粉尘。国际上将粒径小于75μm的固体悬浮物定义为粉尘，在通风除尘技术中，一般将1～200μm的乃至更大粒径的固体悬浮物均视为粉尘。

在进行环境控制的农业设施里，灰尘对植物的影响不大，而且植物本身就具有净化作用，灰尘主要对畜禽的生产活动影响较大。尤其是在幼畜禽舍，一般都需要进行空气的净化。畜舍内空气中的粉尘粒径小于10μm的叫飘尘，其中有相当一部分比细菌（0.75μm）还要小，可以长时间或无限期地在空中悬浮。它们具有很强的吸附能力，成为有害气体和微生物的载体。畜舍内空气中微生物的数量，同灰尘的多少有着直接的关系，一切能使空气中灰尘增多的因素，都有可能使微生物的数量随之增加。灰尘被畜禽吸入呼吸系统，会引起呼吸器官的各种疾病，如肺水肿、肺炎等。据统计，肥猪的肺炎有87%发生在灰尘最多的猪舍里，而2～6月龄的生长肥育猪受害最重，从剖检中发现，有1/3的猪死于肺炎或因患肺炎而发育不良。灰尘可成为空气中水气的载体或凝聚核，并可吸附氨和硫化氢等有害气体，当它们被吸入家畜呼吸器官时，危害更大。

畜舍中的粉尘大多为有机物质，如碎皮屑、草屑、毛屑和饲料粉尘等，主要是在生产过程中如清扫、铺换垫料、喂料、刷拭和驱赶家畜等产生的。畜舍内灰尘的数量与家畜的种类、饲养密度、饲料形式、地面类型、家畜活动情况、气温、气湿及通风等因素有很大关系。观测发现，围绕产蛋鸡的粉尘大部分是皮肤和羽毛碎屑以及饲料颗粒，而猪舍空气中的粉尘则主要来源于饲料。

粉尘是各种物体粉碎而产生并分散到空气中的微粒，粒径的分布范围很广，但多数在$1～10\mu m$之间。在畜舍中，病毒和细菌依附在较大的粉尘微粒上在空气中到处散布，病原体的生存、扩散和沉降，粉尘微粒都起了关键作用。此外，研究认为，直径范围在$5～20\mu m$的微粒是畜舍内传播臭气的主要载体，臭气被吸附在悬浮微粒上，吸入了含有这种微粒的空气，这些微粒黏接在鼻孔、呼吸道的黏膜上，就加强了闻到的臭味。

由于在呼吸系统里，微粒的穿透和沉积情况很复杂，引用的粒径都在一个近似范围内，实际上也不存在明显的界限。空气中的灰尘被吸入呼吸道后，大于$10\mu m$的灰尘，一般被阻留在鼻腔里，$5～10\mu m$的灰尘可进入支气管，$5\mu m$以下的灰尘可到达细支气管以至肺泡。因此在悬浮微粒中，最危险的是粒径小于$5\mu m$的吸入性微粒。

（2）除尘的方法

为消除灰尘的危害，应进行空气除尘净化。除尘方式一般有湿法除尘和机械除尘两种。湿法除尘包括采用喷嘴向扬尘点喷水促使粉尘凝聚从而减少扬尘的水力除尘和喷雾降尘等。机械除尘主要是借助于通风机和除尘器等捕集粉尘以达到除尘目的。机械除尘设备的基本要求是效率高、操作方便和成本低廉，常用除尘设备有空气过滤器和旋风除尘器等。

旋风除尘器是利用含尘气流进入除尘器后所形成的离心力作用而净化空气的。一般含尘气体在旋风除尘器内沿切线方向进入，并沿螺旋线向下运动，使尘粒从气流中分离出来集中到锥体的底部，而被净化了的空气反向上部由中间管排出。灰尘的离心力越大，除尘效率越高。但旋风除尘器只适用于清除大于$10\mu m$的粒径，投资费用也高，对$5\mu m$以下的细粉尘除尘效率不高，而且单个除尘器的处理风量有一定的局限，因此在畜舍中比较适宜的是采用空气过滤器。

空气过滤器是把含尘量不大的空气（含尘量为几毫克/立方米空气）经处理后，减少或排除有害的微粒或气体，送入农业建筑物内。也可以把含尘量较大的生产过程中产生的污染空气，经处理后排至室外。在生产性畜舍排气口进行除尘，可减少微粒和气味对外界的污染，同时也可减少对其他畜舍疾病的交叉感染。但是一般排气口的通风量都较大，排气中的粉尘浓度也较高，因此在排气口除尘会花费很高的成本，所以应用较少。

畜舍内空气中的粉尘一部分是通风空气从室外带进来的（主要的粒径为<$3\mu m$），而大多数则是在舍内形成的较大粒径的悬浮微粒。要想降低舍内含尘浓度和细菌水平，就需要采用内部空气再循环设备，它的效果将取决于再循环的空气流量、微粒的粒径范围以及空气过滤器的安装位置。

在国外，有些鸡舍内采用了静电过滤器来除尘。静电过滤器，是一种高效的除尘设备，对粒径 $1\sim20\mu m$ 的微粒，效率可达 $98\%\sim99\%$。通常采用二区式电场结构：第一区为电离区，使尘粒荷电，第二区为集尘区，使尘粒沉积。静电过滤器集尘原理如图 5-21 所示。

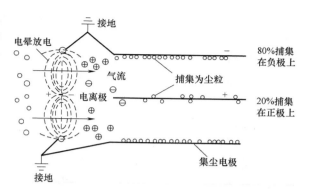

图 5-21　静电过滤器的净化过程原理图

电离区：在一组等距离平行安装的金属板（也有管柱状的）接地电极之间，布有金属放电线（如 0.2mm 钨丝，亦称电晕极或电离极），并在其上加有足够高的直流正电压（$10\sim12$kV），放电线与接地电极之间形成不均匀电场，致使金属放电线周围产生电晕放电现象，含尘空气经过电离极时，空气被电离，使放电线周围充满正离子和电子，电子移向放电线，并在其上中和，而正离子在遇有中性尘粒时就附着在上面，使中性尘粒带上正电荷，然后，随气流流入集尘区。

集尘区：由一组接地金属极板（集尘极）和高正电位的金属极板（加有 5000V 直流电压）按平行于气流的方向交替排列而成，在各对电极之间形成一个均匀电场。当来自电离区的带有正电荷的尘粒进入均匀电场后，在强大的电场作用下，尘粒便沉积在负极性的接地极板上。

静电过滤器的过滤效率随着电场强度的增加和过滤风量的减少而提高。

2. 空气过滤器的种类及性能

（1）空气过滤器的种类

空气过滤器常用于进气口的空气净化和室内的空气再循环。过滤式除尘是通过滤料（纤维、织物、滤纸等）使粉尘与空气分离，具有除尘效率高、结构简单、处理风量范围广等优点。粉尘在空气过滤器中的分离，是依靠筛滤、惯性碰撞、接触阻留（也称拦截）、扩散、静电等机理的综合作用进行的。这种表面过滤式空气过滤器在达到一定容尘量后，经清洗可重复使用。

根据滤尘机理不同，空气过滤器主要有三种类型：黏性填料过滤器、干式纤维过滤器和静电过滤器。

按过滤器的效率，可分成粗效过滤器、中效过滤器、亚高效过滤器和高效过滤器四类。目前畜舍中常用的为粗效过滤器与中效过滤器两种。

粗效过滤器主要用于过滤 $10\sim100\mu m$ 的大颗粒粉尘，滤料大多采用金属网格、干式玻璃纤维丝、粗中孔泡沫塑料。粗效过滤器主要利用惯性效应，通过滤料的风速可以稍大，在 2m/s 以内。为了方便更换，大多做成尺寸 500mm×500mm×50mm 的块状（即平板状），每块的额定风量为 $1500\sim1700\text{m}^3/\text{h}$。此外，为了提高过滤效率和增大额定风量，过滤器亦可做成抽屉式或袋式。在实际使用中，为了延长更换周期，常按小于额定风量选用。

中效过滤器主要用于过滤 $1\sim10\mu m$ 的粉尘，滤料是直径约为 $10\mu m$ 左右的玻璃纤维、中细孔聚乙烯泡沫塑料和由涤纶、丙纶、腈纶等原料制成的合成纤维（无纺布），一般制成抽屉式或袋式。近年来，已逐步采用化学纤维作滤料，这些滤料都制成毡状，沿滤料的厚度方向纤维疏密程度不同，由粗到细密。据试验鉴定，在相同条件下，与泡沫塑料、玻璃纤维滤料相比，化学纤维滤料具有效率高、阻力低、容量大等优点。

（2）空气过滤器的主要性能

空气过滤器的主要性能指标有四项：效率、阻力、容尘量以及面速或滤速。

1）过滤效率　在过滤器的诸多性能中，过滤效果最为重要。过滤效率是衡量过滤器捕获尘粒能力的特性指标，是指在额定风量下，过滤器捕获的灰尘量与过滤器前进入过滤器的灰尘量之比，即过滤器前后空气含尘浓度之差与过滤器前空气含尘浓度之比：

$$\eta = \frac{c_1 - c_2}{c_1} \times 100\% = \left(1 - \frac{c_2}{c_1}\right) \times 100\% \qquad (5\text{-}63)$$

式中　c_1——过滤器前的空气含尘浓度；

c_2——过滤器后的空气含尘浓度。

当空气含尘浓度分别以质量浓度、计数浓度和粒径颗粒浓度表示时，则所得的效率相应为质量效率、计数效率和粒径计数效率。

此外，过滤器的过滤效果，还可用过滤器的穿透率表示。

过滤器的穿透率 K 是指过滤后的空气含尘浓度 c_1 与过滤前空气含尘浓度 c_2 之比：

$$K = \frac{c_2}{c_1} \times 100\% = 1 - \eta \qquad (5\text{-}64)$$

2）过滤器的阻力　是指在额定风速下，气流通过过滤器的阻力。在通风系统中，空气过滤器的阻力占系统总阻力的比重很大，它随过滤器通过风量的增加而增大，所以，评价过滤器阻力时，均指在额定风量时而言。此外，当过滤器沾尘后，其阻力随过滤器沾尘量的增加而增大，一般把过滤器未沾尘时的阻力称为初阻力，把需要更换时的阻力称为终阻力。终阻力值须经综合考虑后决定，通常规定终阻力为初阻力的 2～4 倍。

3）过滤器容尘量　当过滤器的阻力（额定风量下）达到终阻力时，过滤器所容纳的尘粒质量称为该过滤器的容尘量。它是过滤器的再生、清洗或废弃以前，使用寿命的度量。

4）过滤器的面速和滤速　过滤器的面速和滤速可以反映过滤器通过风量的能力。

面速是指过滤器迎风断面通过气流的速度 U，一般以 m/s 表示，即：

$$U = L/A \qquad (5\text{-}65)$$

式中　L——风量，m^3/s；

A——过滤器断面面积（即迎风面积），m^2。

滤速是指滤料面积上气流通过的速度 v，一般以 cm/s 表示，即：

$$v = L/A' \qquad (5\text{-}66)$$

式中　A'——滤料净面积（即除去粘结等占去的面积），m^2。

空气过滤器的性能要满足效率高、阻力低、容尘量大和成本低廉的要求。各类空气过滤器一般均按额定风量或低于额定风量来选用。当然，如果按低于额定风量选用，必然会增加所需过滤器的数量，虽然一次投资会有所增加，但在运行过程中，可增长过滤器的清洗与更换周期以及减小系统阻力的增长速率，从而有利于系统风量的稳定。

5.6.2 除气式空气净化方法

1. 活性炭过滤器

活性炭过滤器利用活性炭来吸附空气中有毒或有臭味的气体、蒸汽或其他有机物质如（如 SO_2、Cl_2、NH_3、O_3 等）。活性炭内部具有许多极细小的孔隙，因此大大地增加了与空气接触的表面面积，1g（约 $2cm^3$）活性炭的有效接触面积约为 $1000m^2$，在正常条件下，它所吸附的物质量能达到它本身质量的 $15\%\sim20\%$。活性炭可以像其他滤料一样，做成各种定型的过滤器，倒如 W 形和圆筒形，如图 5-22 所示。

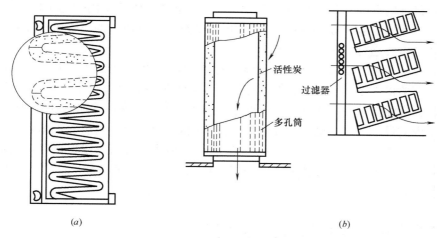

图 5-22　活性炭过滤器
（a）W形；（b）圆筒形

选用活性炭空气过滤器应注意有害气体种类、浓度和吸附后的允许浓度、处理风量，以便确定活性炭的种类和规格；活性炭过滤器的阻力在使用过程中变化很大，质量不断增加，吸附能力不断下降，所以在活性炭过滤器浓度超过允许浓度时，要更换过滤器；不仅要在活性炭过滤器之前安装效率较高的过滤器，在它之后也要安装效率较高的过滤器，前者可防止灰尘堵塞活性炭微孔，后者可过滤掉活性炭本身产生的尘粒。

2. 光催化过滤器

光催化过滤器对有害气体的去除效果十分显著，且有再生功能，免维护。因此广泛应用于空气净化工程中。光催化过滤器具有三种功效：光分解、光灭菌和光脱臭。光分解是指将空气中的甲醛、苯、氯乙烯等有机污染物和氮氧化物、硫氧化物以及氨等无机污染物氧化、还原成为无害物质；光灭菌可破坏细菌的细胞膜和固化病毒的蛋白质，具有很强的灭菌作用；光脱臭可将硫化氢、三甲胺、体臭除去，光催化的脱臭效果是活性炭的150倍。

第6章 农业设施的供暖

我国大部分地区冬季都比较寒冷，单靠农业设施的保温系统常常不能保证畜禽养殖和作物栽培所需的适宜温度条件，需要采用人工加热的方法补充设施内的热量。因此，人工加热是冬季设施内温度环境调控的有效手段。在我国东北地区温室供暖的时间大约需要5~6个月，华北地区温室供暖的时间需要3~6个月。南方地区的花卉生产温室和育苗温室冬季生产也需要进行加热或临时加热。

设施农业冬季生产需要消耗大量能量。据统计，全世界农业生产中一年的耗能量有35％用于温室的供暖上。因此，在保证动植物正常生长的温度条件下，要尽量节省能源、降低成本、提高经济效益，在设计农业设施加热系统时应考虑：①加热设备的容量，应能满足保持室内的设定温度（地温、气温）。②设备和加热费要尽量少。如植物工厂的加热费可占生产运行费的50％~60％。必须尽量节省加热费，否则难以保证经济效益。③室内温度空间分布均匀，时间变化平稳。要求加热设备配置合理，调节能力强。④遮阳少，占地少，便于栽培作业。

6.1 农业设施供暖系统设计热负荷

农业设施的作用就是隔离自然气候条件，建立适宜的生态环境。农业设施中的热平衡是为维持农业设施内部温度相对稳定，保持其输入和输出的热量之间的动态平衡。当农业设施的失热量大于得热量时，需要由加热系统补充热量，保证设施内的温度要求。

冬季供暖系统的热负荷是指在某一室外温度 t_o 下，为了达到设施内的温度要求 t_i，供暖系统在单位时间内向农业设施内部供给的热量。它随农业设施得失热量的变化而变化，其值应根据农业设施的得、失热量确定。

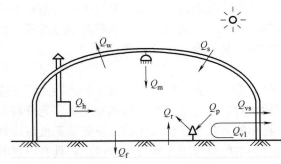

图6-1 冬季通风温室的得热与失热

6.1.1 温室供暖系统设计热负荷

根据能量守恒定律以及图6-1，温室供暖系统的热平衡方程为：

$$(Q_s+Q_m+Q_h+Q_r)-(Q_w+Q_f+Q_{vs}+Q_{vl}+Q_p)=0 \tag{6-1}$$

式中　Q_s——温室内吸收的太阳辐射热量，W；

　　　Q_m——设备（电机、照明等）发热量，W；

　　　Q_h——补充供热量（温室加热系统热负荷），W；

　　　Q_r——作物、土壤等呼吸放热量，W；

Q_w——通过围护结构材料的传热量（导热、对流、辐射等），W；

Q_f——地面传热量，W；

Q_{vs}——通风排出的显热量，W；

Q_{vl}——通风排出的潜热量，W；

Q_p——温室内植物光合作用耗热量，W。

在上述得、失热量中，作物、土壤等呼吸放热量 Q_r 和光合作用耗热量 Q_p 一般较小，可忽略不计。设备散发热量 Q_m 一般也不大，且不稳定，通常可不予计入。

供暖系统的热负荷 Q_h 可简化用下式表示：

$$Q_h = (Q_w + Q_f + Q_{vs} + Q_{vl}) - Q_s \tag{6-2}$$

1. 温室内吸收的太阳辐射热量 Q_s

太阳能是植物生长所必需的，因此温室覆盖材料应有较高的太阳光透射率，特别是在光照较弱的冬季。投射到温室覆盖材料表面的太阳辐射，部分被覆盖层反射，部分被吸收，大部分透射入温室内，透过覆盖层的太阳辐射能与总太阳辐射能之比称为覆盖材料对太阳辐射的透射率。而进入温室内的太阳辐射能又有少部分被室内的地面、植物等反射出去。因此，在任何时期温室内吸收的太阳辐射热量 Q_s 为：

$$Q_s = \tau S A_s (1-\rho) \tag{6-3}$$

式中　S——室外水平面太阳总辐射照度，W/m²；

　　　A_s——温室地面面积，m²；

　　　ρ——室内日照反射率，一般约为 0.1；

　　　τ——温室覆盖材料对太阳辐射的透射率，在表 6-1 查得的覆盖材料透射率的基础上，再考虑温室结构遮荫、覆盖材料老化和污染等因素的影响，乘以 0.5～0.65 的系数折减得到。

各种透光覆盖材料对太阳辐射的透射率 表 6-1

材料种类	单层	双层	材料种类	单层	双层
聚乙烯塑料薄膜（厚 0.1mm）	0.89	0.79	波纹玻璃纤维板（厚 1.02mm）	0.79	0.62
玻璃纤维聚酯板（厚 0.64mm）	0.83	0.70	玻璃（厚 3.18mm）	0.88	0.78
优质玻璃纤维聚酯板（厚 102mm）	0.73	0.50	聚碳酸酯（厚 1.59mm）	0.84	0.73
聚酯板（厚 0.13mm）	0.87	0.78	聚氟乙烯（厚 0.08mm）	0.91	0.84

注：资料来源：M，A，Hgllikson 等著. Ventilation of Agricultural Structures. ASAE，1983。

水平面上的太阳辐射照度 S 是随着时间和地点变化的。时间越接近中午或是所在地点的纬度越低，太阳辐射照度越大，可按式（6-4）进行计算：

$$S = (C + \sin\alpha) A e^{-B/\sin\alpha} \tag{6-4}$$

式中　A，B，C——常数，见表 6-2；

　　　α——太阳高度角。

太阳高度角 α 为太阳与观察地点联线与地平线之夹角，可按下式计算：

$$\sin\alpha = \cos L \cos\delta \cos H + \sin L \sin\delta \tag{6-5}$$

式中　L——所在地的北纬纬度，°；

　　　H——时间角，$H = 15(t-12)$（此角等于 15×偏离正午的小时数，从中午 12 时到午夜为正，从午夜到中午 12 时为负），°；

t——当地真太阳时，对于位于东半球的中国地区，$t=$北京时间$+$（当地东经度数-120)/15；

δ——太阳赤纬角，°。

太阳辐射照度计算常数 表 6-2

日期	$A(\text{W/m}^2)$	B（无量纲值）	C（无量纲值）
1 月 21 日	1230	0.142	0.058
2 月 21 日	1214	0.144	0.060
3 月 21 日	1185	0.156	0.071
4 月 21 日	1135	0.180	0.097
5 月 21 日	1103	0.196	0.121
6 月 21 日	1088	0.205	0.134
7 月 21 日	1085	0.207	0.136
8 月 21 日	1107	0.201	0.122
9 月 21 日	1151	0.177	0.092
10 月 21 日	1192	0.160	0.073
11 月 21 日	1220	0.149	0.063
12 月 21 日	1233	0.142	0.057

注：资料来源：ASHRAE Guide and Data Book》，1981。

$$\delta = 23.45\cos\left(360\frac{n-172}{365}\right) \tag{6-6}$$

式中 n——日期，从 1 月 1 日算起的天数。

如计算中午的高度角 α 为：

$$\alpha = 90° - (L - \delta) \tag{6-7}$$

2. 通过围护结构材料的传热量 Q_w

温室的围护结构有的全部采用透明覆盖材料，有的采用部分透明覆盖材料和其他建筑材料混合组成。透过温室透明覆盖材料的传热形式不仅有其内外表面与温室内外空气间的对流换热和覆盖材料内部的导热，温室内的地面、植物等还以长波热辐射的形式，透过覆盖材料与室外大气进行换热，但在计算通过温室围护结构材料的传热量时，这部分传热量往往也和其他传热方式传递的热量一并计算。即通过透明覆盖材料和非透明覆盖材料传热量计算形式上一样，均采用总传热系数来计算包括对流换热、热传导和辐射几种传热形式的传热量。因此，通过温室围护结构材料的传热量 Q_w 为：

$$Q_w = \sum_j K_j A_{gj}(t_i - t_o) \tag{6-8}$$

式中 t_i——室内气温，℃；

t_o——室外气温，℃；

A_{gj}——温室围护结构各部分面积，m^2；

K_j——温室各部分围护结构的传热系数，$\text{W/(m}^2 \cdot ℃)$。参见表 6-3。

为了减少温室夜间的散热损失，一些温室在非采光面（如北墙等）采用非透明材料围护，或在原透明覆盖材料上夜间覆盖非透明的保温层，对于这样形成的非透明多层围护结构，其传热系数 K' 按下式计算：

$$\frac{1}{K'} = \frac{1}{a_i} + \sum_k \frac{\delta_k}{\lambda_k} + \frac{1}{a_o} \tag{6-9}$$

式中　a_i，a_o——温室覆盖层内表面及外表面换热系数，W/(m² · ℃)；

　　　　δ_k——温室各层覆盖材料的厚度，m；

　　　　λ_k——温室各层覆盖材料的导热系数，W/(m² · ℃)，见表 6-4。

常用围护结构材料传热系数 K[W/(m² · ℃)]　　　　表 6-3

材　　料	K
单层玻璃	6.4
双层玻璃	4.0
单层聚乙烯膜	6.8
双层充气塑料膜	4.0
玻璃纤维增强塑料(FRP)瓦楞板	6.8
聚碳酸酯中空(PC)板,6mm	3.5
聚碳酸酯中空(PC)板,8mm	3.3
聚碳酸酯中空(PC)板,10mm	3.0
聚碳酸酯中空(PC)板,16mm	2.7
聚碳酸酯中空(PC)板,16mm,三层壁	2.4
玻璃钢瓦楞板,12mm	6.4
有机玻璃(PMMA)实心板,4mm	5.3
瓦楞水泥石棉板	6.5
砖墙,240mm	3.4
砖墙,370mm	2.2
砖墙,490mm	1.7
土墙(夯实),1000mm	1.16
空气间层,50~100mm	6

注：新产品红外线吸收膜可减少热损失，但考虑安全因素，实际计算中不作折减。

资料来源：《温室加热系统设计规范》JB/T 10297—2014。

常用材料的导热系数　　　　表 6-4

材料名称	密度 (kg/m³)	导热系数 [W/(m · ℃)]	材料名称	密度 (kg/m³)	导热系数 [W/(m · ℃)]
重砂浆黏土砖砌体	1800	0.814	碎砖混凝土	1800	0.872
轻砂浆黏土砖(ρ=1400)砌体	1700	0.756	加气泡沫混凝土	700	0.220
重砂浆多孔砖(ρ=1300)砌体	1400	0.640	石棉水泥板	1900	0.349
重砂浆矿渣砖(ρ=1400)砌体	1500	0.698	石棉水泥隔热板	500	0.128
水泥砂浆	1800	0.930	石棉水泥隔热板	300	0.093
混合砂浆	1700	0.872	石棉毡	420	0.016
石灰砂浆	1600	0.814	松和云杉(垂直木纹)	550	0.175
钢筋混凝土	2500	1.628	松和云杉(顺木纹)	550	0.350
钢筋混凝土	2400	1.547	胶合板	600	0.175
碎石或卵石混凝土	2200	1.279	锯末屑	250	0.093

材料名称	密度 (kg/m³)	导热系数 [W/(m·℃)]	材料名称	密度 (kg/m³)	导热系数 [W/(m·℃)]
密实的刨花	300	0.16	锅炉炉渣	700	0.221
软木板	250	0.070	矿渣砖	1400	0.582
水泥纤维板、木丝板	400	0.163	普通玻璃	2500	0.756
矿棉、沥青矿棉毡	150	0.070	玻璃砖	2500	0.814
沥青矿棉板	400	0.116	建筑钢	7850	58.15
沥青矿棉板	300	0.093	铸铁件	7200	50.01
玻璃棉、沥青玻璃棉毡	100	0.058	铝	2600	220.97
膨胀珍珠岩	120	0.058	石油沥青油毡、油纸、焦油纸	600	0.175
膨胀珍珠岩	90	0.047	建筑用毡	1050	0.058
沥青膨胀珍珠岩	300	0.081	地沥青地面及黏合层	1800	0.756
膨胀蛭石	120	0.070	石油沥青	150	0.175
沥青蛭石板	400	0.105	夯实黏土墙或土坯墙	2000	0.930
沥青蛭石板	150	0.087	草泥土坯墙	1600	0.698
脲醛泡沫塑料	20	0.047	黏土-砂抹面	1800	0.698
聚苯乙烯泡沫塑料	30	0.047	稻壳	250	0.209
聚苯乙烯泡沫塑料	50	0.058	稻草	320	0.093
岩棉	40~250	0.035	稻草板	300	0.105
锅炉炉渣	1000	0.291			

注：资料来源：王志勇等. 暖通空调设计资料便览，1993。

3. 地面传热量 Q_f

地面传热情况比较复杂，其传热量与地面状况、土壤状况及其含水量等因素有关。据研究资料，在加热温室的地面传热量一般仅占总损失热量的 5%~10%。

地面传热的试验资料较少，目前各国仅用一些粗略的计算法。《温室加热系统设计规范》JB/T 10297—2014 中的计算方法是：在工程上将温室的土地按与外围护结构的距离分成三个区域。不同区域按各自的传热系数和面积求出热损失，然后求和，得到 Q_f。

$$Q_f = \sum_{j=1} K_j A_{gj} (t_i - t_o) \text{W}$$ (6-10)

式中：Q_f——地面热损失，W；

K_j——第 j 区地面传热系数（见表6-5），W/(m²·℃)，见表6-5；

A_{gj}——第 j 区面积，m²。

地面传热系数 K [W/(m²·℃)]   表6-5

计算点距外围护结构距离（m）	K
≤10	0.24
10~20	0.12
>20	0.06

注：资料来源：《温室加热系统设计规范》JB/T 10297—2014。

4. 通风耗热量 Q_{vs} 与 Q_{vi}

通风耗热量是温室主要失热项之一，包括显热损失和潜热损失两部分。显热损失可按下式计算：

$$Q_{vs} = L\rho_a c_p (t_i - t_o) \qquad (6-11)$$

式中　L——通风量，m^3/s；

　　　ρ_a——空气密度，风量按进风量计算时取 $\rho_a = 353/(t_o + 273)$，风量按排风量计算时取 $\rho_a = 353/(t_i + 273)$，kg/m^3；

　　　c_p——空气的定压比热容，取 $c_p = 1030J/(kg \cdot ℃)$。

　　潜热损失取决于室内空气中蒸发水分的多少，这取决于很多因素，如空气的相对湿度、地面土壤潮湿状况、植物繁茂程度和温室中实际栽培面积所占比例等情况，准确地计算较为困难。一般可以按与温室吸收的太阳辐射热量成一定比例的方法进行计算，温室内地面和植物蒸发、蒸腾越强烈，潜热损失的比例越大，即有：

$$Q_{vl} = e Q_s \qquad (6-12)$$

式中　e——通风潜热损失与温室吸收的太阳辐射热之比，其值与影响室内地面和植物等蒸发与蒸腾的因素有关，一般可取 $e = 0.4 \sim 0.6$。

　　在冬季，为了减少温室通风热量损失，往往采用密闭管理的方式。这时虽然通风系统完全关闭，但由于围护结构不可避免地存在缝隙漏风的情况，在风压和热压的作用下，实际上通过温室的缝隙渗入的冷空气实现了不充分的通风。这种情况下实际仍存在的通风热量损失为冷风渗透热损失。

　　由于温室采取密闭的管理方式，温室内湿度很高，室内地面与植物等产生的蒸发与蒸腾量很小，而热负荷计算的环境条件基本上发生在寒冬季节的凌晨，潜热交换有限，在工程计算上可忽略不计。按《温室加热系统设计规范》，渗透热损失可用式（6-13）计算。

$$Q_{vs} = 0.5 k_{风速} V N (t_i - t_o) \qquad (6-13)$$

式中　N——温室的换气次数，次/h，可按表 6-6 选用；

　　　V——温室的内部体积，m^3。

　　　$k_{风速}$——风速因子，见表 6-7。

换气次数 N 推荐值　　　　　　　　　　　　　　　表 6-6

覆盖方法	N（次/h）	覆盖方法	N（次/h）
单层玻璃，缝隙未密封	$1.25 \sim 1.5$	单层塑料薄膜	$1.0 \sim 1.5$
单层玻璃，缝隙密封	1.1	双层充气塑料薄膜	$0.6 \sim 1.0$
双层玻璃	1.0	刚性板材	1.0

注：资料来源：《温室加热系统设计规范》JB/T 10297—2014。

风速因子 $k_{风速}$　　　　　　　　　　　　　　　表 6-7

风速 （m/s）	风力等级	$K_{风速}$
≤6.71	4 级风以下	1.00
8.94	5 级风	1.04
11.18	6 级风—	1.08
13.41	6 级风＋	1.12
15.65	7 级风	1.16

注：资料来源：《温室加热系统设计规范》JB/T 10297—2014。

由于温室供暖系统最大热负荷是针对冬季最冷时期夜间的情况进行计算的,所以可不需计算太阳辐射热量及蒸发蒸腾热量。

温室供暖热负荷:

$$Q = Q_w + Q_f + Q_{vs} \qquad (6\text{-}14)$$

在实际工程中,还可采用更为简化的形式。将冷风渗透的部分折算到通过围护结构材料的传热量中,则供暖热负荷可用下面的简化式进行计算:

$$Q_h = UA_g(t_i - t_o)(1 - \alpha) = UA_s(t_i - t_o)(1 - \alpha)/\beta \qquad (6\text{-}15)$$

式中　U——经验热负荷系数,玻璃覆盖 6.4W/(m²·℃),聚乙烯膜覆盖 7.3W/(m²·℃);

　　　α——保温覆盖的热节省率,根据覆盖保温的情况一般为 0~0.65,见表 6-8;

　　　A_g——温室全覆盖表面积,m²;

　　　β——保温比(=A_s/A_g),连栋温室 β=0.7~0.8,单栋温室 β=0.5~0.6。

多层传热保温的传热系数及节能率(以单层玻璃覆盖为对照)　　　　表 6-8

覆盖方式		覆盖材料	传热系数 K [W/(m²·℃)]	热节省率 α (%)
单层覆盖		玻璃	6.2	0
		聚乙烯薄膜	6.6	−6.5
室内保温覆盖	固定双层覆盖	玻璃+聚氯乙烯薄膜	3.7	40
		双层聚乙烯薄膜	4.0	35
		中空塑料板材	3.5	43
	单层活动保温幕	聚乙烯薄膜	4.3	31
		聚氯乙烯薄膜	4.0	35
		无纺布	4.7	24
		混铝薄膜	3.7	40
		镀铝薄膜	3.1	50
	多层覆盖	二层聚乙烯薄膜保温帘	3.4	45
		聚乙烯薄膜+镀铝薄膜保温帘	2.2	65
		双层充气膜+缀铝膜保温帘(镀铝膜条比例 66%)	2.9	53
	充填保温材料	发泡聚苯乙烯颗粒(厚 10cm)	0.45	90
室外覆盖	活动覆盖	稻草帘	2.4	61
		苇帘	2.2	65
		复合材料保温被	2.1~2.4	61~66

注:资料来源:马承伟.农业生物环境工程,2010。

6.1.2　畜禽舍供暖系统设计热负荷

目前我国尚无畜禽舍供暖系统的相关设计标准,通常参考《工业建筑供暖通风与空气调节设计规范》计算供暖系统设计热负荷。

根据能量守恒定律,畜禽舍热平衡方程为:

$$Q_s + Q_m + Q_h - (Q_w + Q_v + Q_e) = 0 \qquad (6\text{-}16)$$

式中 Q_s——畜禽的显热散热量，W；

$\quad Q_m$——设备（电机与照明等）发热量，W；

$\quad Q_h$——补充供热量（畜禽舍采暖系统热负荷），W；

$\quad Q_w$——围护结构（门、窗、墙、地面、屋顶等）传热耗热量，W；

$\quad Q_v$——通风空气的显热损失，W；

$\quad Q_e$——畜禽舍内因水分蒸发消耗的显热量，W。

其中设备发热量 Q_m 一般不大，可忽略不计。畜禽舍内因水分蒸发消耗的显热量 Q_e 也较小，一些在给出的畜禽产生显热的资料中已考虑了此项因素，故通常不单独计算。

则畜禽舍采暖系统热负荷 Q_h 为：

$$Q_h = Q_w + Q_v - Q_s \qquad (6\text{-}17)$$

1. 畜禽的显热散热量 Q_s

畜禽产生的显热量取决于畜禽舍内畜禽的种类、头数、日龄以及舍内的温度等因素。由表 5-7 等资料，查出每头畜禽单位时间的显热散热量 q_s，然后按下式求得 Q_s：

$$Q_s = \frac{n q_s}{3.6} \qquad (6\text{-}18)$$

式中 n——畜禽舍内畜禽的头数。

2. 畜禽舍围护结构传热耗热量 Q_w

畜禽舍围护结构的传热耗热量计算可分成围护结构传热的基本耗热量和附加（修正）耗热量两部分。基本耗热量是指在一定的室内外条件下，通过畜禽舍各部分围护结构（门、窗、墙、地面、屋顶等）从室内传到室外的稳定传热量的总和。附加（修正）耗热量是指围护结构的传热状况发生变化而对基本耗热量进行修正的耗热量。附加（修正）耗热量包括朝向修正、风力附加和高度附加耗热量等。

围护结构的基本耗热量 Q_{wj}：

$$Q_{wj} = \sum a K A (t_i - t_o) \qquad (6\text{-}19)$$

式中 K——围护结构的传热系数，W/(m² · ℃)；

$\quad A$——围护结构的面积，m²；

$\quad t_i$——冬季舍内计算温度，℃；

$\quad t_o$——室外空气温度，℃；

$\quad \alpha$——围护结构温差修正系数。

均质多层材料的围护结构的传热系数 K：

$$K = \frac{1}{R} = \frac{1}{\dfrac{1}{\alpha_i} + \sum_k \dfrac{\delta_k}{\lambda_k} + \dfrac{1}{a_o}} = \frac{1}{R_i + \sum_k R_k + R_o} \qquad (6\text{-}20)$$

式中 R——围护结构的传热阻，(m² · ℃)/W；

$\quad \alpha_i$，α_o——围护结构内、外表面换热系数，取 $\alpha_i = 8.7$W/(m² · ℃)，$\alpha_o = 23$W/(m² · ℃)；

$\quad R_i$，R_o——围护结构内、外表面传热阻，$R_i = 0.115$ (m² · ℃)/W，$R_o = 0.04$ (m² · ℃)/W；

$\quad \delta_k$——围护结构各层的厚度，m；

$\quad \lambda_k$——围护结构各层材料的导热系数，W/(m · ℃)；参见表 6-9.

R_k——围护结构各层材料的传热阻，$(m^2 \cdot ℃)/W$。

常用围护结构的传热系数 K 值 $[W/(m^2 \cdot ℃)]$　　　　表 6-9

类型			K	类型			K
A 门	实体木制外门	单层	4.65	C 外墙			
		双层	2.33		内表面抹灰砖墙	二四砖墙	2.08
	内门	单层	2.91			三七砖墙	1.57
B 外窗及天窗	木框	单层	5.82			四九砖墙	1.27
		双层	2.68	D 内墙			
	金属框	单层	6.40		（双面抹灰）	一二砖墙	2.31
		双层	3.26			二四砖墙	1.72

注：资料来源：贺平等. 供热工程，1993。

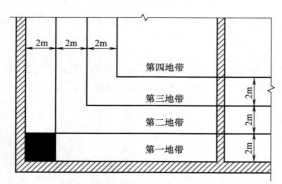

图 6-2　地面传热地带的划分

畜禽舍地面传热耗热量计算按不保温地面的传热计算方法计算。计算地带的划分如图 6-2 所示，即把地面沿外墙平行的方向分成 4 个计算地带，第一地带靠近墙角的地面面积（图 6-2 中的涂黑部分）需要计算两次。

非保温地面各地带的热阻和传热系数见表 6-10。

贴土保温地面各地带的热阻值可按下式计算：

非保温地面的热阻和传热系数　　　　表 6-10

地面	热阻 R_0 $[(m^2 \cdot ℃)/W]$	传热系数 $K_0[W/(m^2 \cdot ℃)]$	地面	热阻 R_0 $[(m^2 \cdot ℃)/W]$	传热系数 $K_0[W/(m^2 \cdot ℃)]$
第一地面	2.15	0.47	第三地带	8.60	0.12
第二地面	4.30	0.23	第四地带	14.20	0.07

注：资料来源：贺平等. 供热工程，1993。

$$R'_0 = R_0 + \sum_k \frac{\delta_k}{\lambda_k} \tag{6-21}$$

式中　R'_0——贴土保温地面的热阻，$(m^2 \cdot ℃)/W$；

　　　R_0——非保温地面的热阻，$(m^2 \cdot ℃)/W$，见表 6-10；

　　　δ_k——各保温层的厚度，m；

　　　λ_k——各保温材料的导热系数，$W/(m \cdot ℃)$。

温差修正系数是考虑供暖房间围护结构外侧不是与室外空气直接接触，而中间隔着不供暖房间或空间的场合，计算与室外大气不直接接触的围护结构的传热耗热量时的修正（见表 6-11）。

温差修正系数 α 值　　　　表 6-11

围护结构特征	α	围护结构特征	α
外墙、屋顶、地面以及与室外相通的楼板等	1.00	与无外门窗的非供暖间相邻的隔墙	0.40
与有外门窗的非供暖房间相邻的隔墙	0.70	带通风间层的平屋顶和坡屋顶闷顶	0.90

注：资料来源：贺平等，供热工程，1993。

考虑实际耗热量会受到气象条件以及建筑物情况等各种因素影响而有所增减，需要对围护结构的基本耗热量进行修正，通常按围护结构基本耗热量的百分比进行修正。附加（修正）耗热量有朝向修正、风力附加和高度附加耗热量等。

（1）朝向修正耗热量　朝向修正耗热量是考虑建筑物不同朝向围护结构受太阳照射影响，而对围护结构的基本耗热量的修正。修正方法是按围护结构的不同朝向，采用不同的修正率。需修正的耗热量等于垂直的外围护结构（门、窗、外墙及屋顶的垂直部分）的基本耗热量乘以相应的朝向修正率，其值按《工业建筑供暖通风与空气调节设计规范》选取，如表 6-12 所示。

朝向修正率（%）　　　　　　　　　　　　表 6-12

围护结构朝向	修正率	围护结构朝向	修正率
北、东北、西北	0～10	东、西	-5
东南、西南	-10～-15	南	-15～-30

选用上面朝向修正率时，应考虑当地冬季日照率、建筑物使用和被遮挡等情况。对冬季日照率小于 35% 的地区，东南、西南和南向修正率宜采用 -10%～0%，东、西向可不修正。

（2）风力附加耗热量　风力附加耗热量是考虑室外风速变化而对围护结构基本耗热量的修正。在计算围护结构基本耗热量时，外表面换热系数 a_o 是对应风速约为 4m/s 的计算值。我国大部分地区冬季平均风速一般为 2～3 m/s。因此，《工业建筑供暖通风与空气调节设计规范》规定：在一般情况下，不必考虑风力附加。只对建在不避风的高地、河边、海岸、旷野上的建筑物，以及城镇、厂区内特别突出的建筑物，才考虑垂直外围结构附加 5%～10%。

（3）高度附加耗热量　高度附加耗热量是考虑房屋高度对围护结构耗热量的影响而附加的耗热量。

《工业建筑供暖通风与空气调节设计规范》规定：采用地面辐射供暖的房间，高度附加率取 $(H-4)$%，且总附加率不宜大于 8%；采用热水吊顶辐射式燃气红外供暖的房间，高度附加率取 $(H-4)$%，且总附加率不宜大于 15%；采用其他供暖形式的房间，高度附加率 $2(H-4)$%，且总附加率不宜大于 15%，H 为房间高度。应注意：高度附加率，应附加于房间各围护结构基本耗热量和其他附加（修正）耗热量的总和上。

综合上述，畜禽舍围护结构的传热耗热量 Q_w 可用下式表示：

$$Q_w = (1+x_g) \sum aKA(t_i - t_o)(1 + x_{ch} + x_f) \tag{6-22}$$

式中　x_{ch}——朝向修正，%；

　　　x_f——风力附加率，%；

　　　x_g——高度附加率，%。

3. 畜禽舍通风耗热量 Q_v

畜禽舍通风耗热量和温室通风显热损失 Q_{vs} 的计算类似，可按式（6-11）计算。

冬季通风量是由湿平衡求出的最小通风量，此通风量用来排除多余水汽和有害气体，以满足畜禽对空气质量的要求。

畜禽舍在冬季有时不进行通风，而是靠风压和热压的作用，通过畜禽舍围护结构的缝隙渗入的冷空气来实现不充分通风。畜禽舍缝隙的渗透引起的冷风渗透耗热量仍按式（6-11）计算，由缝隙渗漏引起的通风量可按照换气次数来算出，通风量等于换气次数乘以畜禽舍的内部体积。

综合上所述，畜禽舍的供暖系统的热负荷 Q_h 为：

$$Q_h = [(1+x_g)\sum aKA(1+x_{ch}+x_f)+L\rho_a c_p](t_i-t_o)-\frac{\eta p_s}{3.6} \tag{6-23}$$

前述农业设施供暖系统热负荷的计算是按稳定传热过程进行计算的，即假设在计算时间内，室内外空气温度和其他传热过程参数都不随时间变化。实际上，室内散热设备散热不稳定，室外空气温度随季节和昼夜变化不断波动，这是一个不稳定传热过程。但不稳定传热计算复杂，所以对室内温度容许有一定波动幅度的一般建筑物来说，采用稳定传热计算可以简化计算方法并能基本满足要求。但对室内温度要求严格、温度波动幅度要求很小的建筑物或房间，就需要采用不稳定传热原理进行供暖系统热负荷计算。

6.2 农业设施的供暖方式

农业设施的供暖就是选择适当的供热设备以满足设施的供暖负荷要求。在计算得到供暖耗热量后，选择什么样的供暖方式是供暖设计中第二个需要解决的问题。供暖系统一般由热源、室内散热设备和热媒输送系统组成。目前用于农业设施的供暖方式主要有热水供暖、蒸汽供暖、热风供暖、电热供暖和辐射供暖等，实际应用中应根据当地的气候特点、供暖系统设计热负荷、当地燃料的供应情况和投资与管理水平等因素综合考虑选定。

1. 热水供暖

以热水为热媒的供暖系统，常用于温室和畜禽舍的供暖。系统由提供热源的锅炉、热水输送管道、循环水泵、散热器以及各种控制和调节阀门等组成。该系统由于供热热媒的热惰性较大，温度调节可达到较高的稳定性和均匀性，与热风和蒸汽供暖相比，虽一次性投资较大，循环动力较大，但热损失较小，运行较为经济。一般冬季室外供暖设计温度在 $-10℃$ 以下且加温时间超过 3 个月的，常采用热水供暖系统。我国北方地区大都采用热水供暖。对温室面积较大的温室群供暖，采用热水供暖在我国长江流域有时也是经济的。

2. 蒸汽供暖

以蒸汽为热媒的供暖系统，其组成与热水供暖系统相近，但由于热媒为蒸气，温度一般在 $100\sim110℃$，要求输送热媒的管道和散热器必须耐高压、高温、耐腐蚀，密封性好。由于温度高、压力大，相比热水供暖系统，散热器面积较小。因此，蒸汽供暖系统的一次性投资相对较低，但管理的要求比热水供暖更严格。一般在有蒸汽资源的条件下或有大面积连片温室群供暖时，为了节约投资，才选用蒸汽供暖系统。

3. 热风供暖

利用热交换器将空气加热，然后由风机将热空气直接送入农业设施的加热方式。这种加热方式由于是强制加热空气，一般加温的热效率较高。热风供暖加热空气的方法可以是热水或蒸汽通过换热器换热后由风机将热风吹入室内，也可以是加热炉直接燃烧加热空气，前者称为热风机，后者称为热风炉。热风机有电热热风机（其规格参数见表 6-13）、热水热风机、蒸汽热风机，根据加热热媒的不同而有区别。热风炉也有燃煤热风炉、燃油热风炉和燃气热风炉（其规格参数见表 6-14 和表 6-15），根据燃烧的燃料不同而分类。输送热空气的方法有采用管道输送和不采用管道输送两种方式，前者输送管道上开设均匀送风孔，室内气温比较均匀，输送管道的材料可以是塑料薄膜筒或帆布缝制的筒，输送管道的布置可以在空中，也可以在栽培床下，视种植需要确定。

热风供暖系统由于热风干燥，温室内相对湿度较低，此外由于空气的热惰性较小，加温时室内温度上升速度快，但在停止加温后，室内温度下降也比较快，易形成作物叶面积水，加温效果不及热水或蒸汽供暖系统稳定。由于加温筒内的空气温度较高，在风筒出风口附近容易出现高温，影响作物生长，设计中应控制风筒出风口温度，减小对作物的伤害。

相比热水供暖系统，热风供暖运行费用较高，但其一次性投资小，安装简单。可以和冬季通风相结合而避免冬季冷风对动植物的危害；供热分配均匀，便于调节和实现自动控制。缺点是供暖系统停止工作后余热小，使室温降低较快，但在系统能实现自动控制时影响很小。热风供暖系统常用于幼畜禽舍、温室和通风储藏室。主要使用在室外供暖设计温度较高（$-10 \sim -5℃$ 以上）、冬季供暖时间短的地区，尤其适合于小面积单栋温室。在我国主要使用在长江流域以南地区。

电热风机的规格参数 表 6-13

规格型号	风机				加热		
	风量 （m³/h）	全压 （Pa）	电机功率 （W）	出口风速 （m/s）	功率 （kW）	加热 （kcal[①]/h）	气体温升 （℃）
SFDNT800/5400	800	28	120	2.5	5.4	4.64	18
SFDNT800/10800	800	28	120	2.5	10.8	9.28	37
SFDNT1600/10800	1600	110	120	5.0	16.2	13.9	18
SFDNT800/16200	800	28	120	2.5	16.2	13.9	56
SFDNT1600/16.2	1600	110	120	5.0	6.3	5.4	28

① 1kcal＝4.186kJ。

燃油（气）热风炉主要技术指标 表 6-14

额定发热量		设计风温 （℃）	煤柴油 （kg/h）	天然气 （m³/h）	液化气 （m³/h）	城市煤气 （m³/h）
kcal/h	kW					
5×10^4	60	60	4.9	5.85	2.27	11
10×10^4	120	60	9.8	11.70	4.54	22
20×10^4	230	60	19.6	23.40	9.10	44

燃煤热风炉的规格参数 表 6-15

规格型号	发热量（kW）	最大温升（℃）	热风温限（℃）	配套电机（kW）	热风量（m³/h）	耗煤量（kg/h）
SFMRL 5	60	＜150	≤130	1.1	2000	15
SFMRL 10	120	＜150	≤130	1.5	3600	25
SFMRL 15	180	＜150	≤130	2.2	5400	38
SFMRL 20	230	＜150	≤130	3.0	7200	50

热风供暖系统设备的选型主要根据供暖热负荷和热风机或热风炉的产热量大小确定。一般要求热风供暖热负荷应大于计算供暖热负荷 5%～10%。

4. 电热供暖

利用电流通过电阻大的导体将电能转变为热能进行空气或土壤加温的加温方式，主要为电加热线（其规格参数见表 6-16）。温室中使用的电加热线有空气加热线和地热加热线两种。加热线的长度是供暖设计的主要参数，其值取决于供暖负荷的大小，由供暖面积、加热线规格（材料、截面面积和电阻率大小）以及所用电源和电压等条件确定。

电加热线的主要规格及其主要参数 表 6-16

型号	电压(V)	电流(A)	功率(W)	长度(m)	包标	使用温度
DV20410	220	2	400	100	黑	≤45℃
DV20406	220	2	400	60	棕	≤40℃
DV20608	220	3	600	80	蓝	≤40℃
DV20810	220	4	800	100	黄	≤40℃
DV21012	220	5	1000	120	绿	≤40℃

采用电热供暖不受季节、地区限制，可根据种植作物的要求和天气条件控制加温的强度和加温时间，具有升温快，温度分布均匀、稳定，操作灵便等优点。缺点是耗电量大，运行费用高。多用于育苗温室的基质加温和实验温室的空气加温等。

5. 辐射供暖

辐射供暖技术是利用辐射加热器释放的红外线直接对农业设施内空气、土壤和作物加热的方法。红外线在照射到所遇到的物体后光能转变为热能，使其表面温度升高，进而通过对流和传导将物体及周围空气温度提高。辐射加温管可以是电加热，也可以是燃烧天然气加热，辐射源的温度可高达 420～870℃。其优点是升温快（直接加热到作物和地面的表面）、效率高（不用加热整个设施内空间），设备运行费用低，设施内种植作物叶面不易结露，有利于病虫害防治，对直接调节植物体温、光合作用及呼吸、蒸腾作用有明显效果，但设备要求较高，设计中必须详细计算辐射的均匀性，对反射罩及其材料特性要慎重选择。对单栋温室，由于侧墙辐射损失较大，使用不经济。目前国内还没有专门的厂家生产温室专用的辐射供暖器。

6.3 热水供暖系统

热水供暖系统，可按下述方法分类：

（1）按系统循环动力的不同，可分为重力（自然）循环系统和机械循环系统。靠水的密度差进行循环的系统，称为重力循环系统；靠机械（水泵）力进行循环的系统，称为机械循环系统。

（2）按供、回水方式的不同，可分为单管系统和双管系统。热水经立管或水平供水管顺序流过多组散热器，并顺序地在各散热器中冷却的系统，称为单管系统。热水经供水立管或水平供水管平行地分配给多组散热器，冷却后的回水自每个散热器直接沿回水立管或水平回水管流回热源的系统，称为双管系统。

（3）按系统管道敷设方式的不同，可分为垂直式系统和水平式系统。

（4）按热媒温度的不同，可分为水温低于或等于 100℃的低温水供暖系统和水温高于 100℃的高温水供暖系统。农业设施主要采用低温水供暖系统。

6.3.1 锅炉设备

锅炉是一种利用燃料或其他能源的热能，将水加热成为热水或蒸汽的热工设备。锅炉由汽锅和炉子两大基本部分组成。燃料在炉子里进行燃烧，其化学能转化为热能，燃料产生的高温烟气通过汽锅的受热面，把热量传递给锅内温度较低的水，水被加热成热水或汽化为具有一定压力和温度的蒸汽。

锅炉按工质状况可分为热水锅炉和蒸汽锅炉。供暖系统除少量采用蒸汽锅炉和蒸汽热交换器以外，大多直接采用热水锅炉供热。蒸汽锅炉的水循环是自然循环，而热水锅炉因热水密度差较小，自然循环力较弱，多用水泵强制循环。

热水锅炉的容量以额定热功率来表征，常用符号 Q 来表示。

$$Q=0.000278G(h''_{rs}-h'_{rs}) \tag{6-24}$$

式中　G——热水锅炉每小时送出的水量，t/h；

h'_{rs}、h''_{gs}——锅炉进、出热水的焓，kJ/kg。

蒸汽锅炉以每小时所生产的额定蒸发量来表征其容量。热功率与蒸发量之间的关系，由下式表示：

$$Q=0.000278D(h_q-h_{gs}) \tag{6-25}$$

式中　D——锅炉的蒸发量，t/h；

h_q、h_{gs}——蒸汽和给水的焓，kJ/kg。

根据不同的燃烧方式，炉子可分为层燃炉、室燃炉和沸腾炉。层燃炉是将燃料层铺在炉排上进行燃烧的炉子，是目前国内供热锅炉中用得最多的一种燃烧设备。常用的有手烧炉、链条炉往复炉排和振动炉排等多种形式。室燃炉是将燃料随空气流入炉室呈悬浮状燃烧的炉子，如煤粉炉、燃油炉和燃气炉。沸腾炉是燃料在炉室中被由下而上，送入的空气流托起，并上下翻腾而进行燃烧的炉子，是目前燃用劣质燃料和脱硫及减少氮氧化物的颇为有效的一种燃烧设备。

我国供热锅炉型号由三部分组成，各部分之间用短横线相连，如下所示：

例如 SHL10 -1.251350 -WⅡ型锅炉，表示为双锅筒横置式链条炉排锅炉，额定蒸发量为 10t/h，额定工作压力为 1.25 MPa，出口过热蒸汽温度为 350℃，燃用Ⅱ类无烟煤的蒸汽锅炉。

又如 QXW2.8 -1.25/90/70 -AⅡ型锅炉，表示为强制循环往复炉排锅炉，额定热功率为 2.8 MW，允许工作压力为 1.25 MPa，出水温度为 90℃，进水温度为 70℃，燃用Ⅱ类烟煤的热水锅炉。

6.3.2 散热器

散热器是安装在供暖房间内的一种放热设备。当热媒从锅炉通过管道输入散热器中时，散热器以对流和辐射的方式把热量传递给室内空气，以补充房间的散热损失，保持室内要求的温度。

1. 对散热器的要求

对散热器的基本要求，主要有以下几点：

（1）热工性能方面 散热器的传热系数 K 值越高，说明其散热性能越好。提高散热器的散热量，增大散热器传热系数的方法，可以采用增加外壁散热面积（在外壁上加肋片）、提高散热器周围空气流动速度和增加散热器向外辐射强度等。

（2）经济方面 散热器的单位散热量的金属耗量越少，成本越低，其经济性越好。

（3）安装使用和工艺方面 散热器应具有一定机械强度和承压能力；散热器的结构形式应便于组合成所需要的散热面积，结构尺寸要小，少占房间面积和空间；散热器的生产工艺应满足大批量生产的要求。

（4）卫生和美观方面 散热器外表光滑，不积灰和易于清扫，散热器的装设不应影响房间观感。

（5）使用寿命方面 散热器应不易于被腐蚀和破损，使用年限长。

2. 常见的散热器的种类和构造

（1）铸铁散热器

常用的铸铁散热器有翼型散热器和柱型散热器两类，如图 6-3 所示。

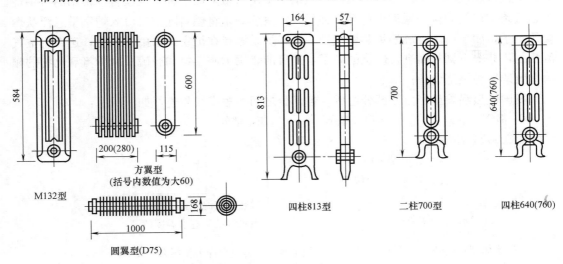

图 6-3 铸铁散热器

翼型散热器制造工艺简单，造价低；但承受压力低（工作压力小于 0.4MPa），传热系数低，外形不美观，易积灰，不易清扫，单件面积大，不易组合成所需要的散热面积。

柱型散热器与翼型散热器相比，传热系数高，外形美观，易清除积灰，容易组成所需的散热面积；但造价较高。

圆翼型散热器和柱型散热器常用于温室和畜禽舍供暖。

（2）钢制散热器

钢制散热器与铸铁散热器相比，金属耗量少，耐压强度高，外形美观，但除钢制柱型散热器外，水容量少，热稳定性差，容易被腐蚀，使用寿命短。对具有腐蚀性气体和相对湿度较大的房间，不宜设置钢制散热器。

除图 6-4 所示的几种钢制散热器外，还有一种最简易的散热器—光面管（排管）散热器，它用钢管焊接成，表面光滑不易积灰，便于清扫，能承受较高的压力，可现场制作和随意组合成需要的散热面积，但钢材耗量大，造价高，占地面积大，适用于粉尘较多和临时供暖设施中。温室中也常采用此种散热器。

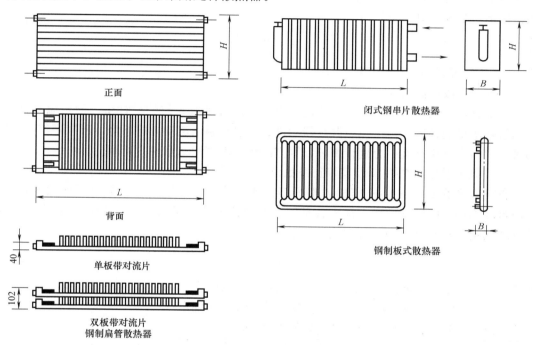

图 6-4　钢制散热器

3. 散热器的布置

散热器的布置原则是尽量保证房间温度分布均匀，热损失少，管路短，且应不妨碍生产操作。

对于一般的农业建筑和民用建筑，常将散热器靠墙布置，应安置在外墙，最好布置在外窗下，这样，从散热器上升的对流热气流就能阻止从外窗下降的冷气流，使流经工作地区的空气比较暖和。

4. 散热器的计算

散热器计算是确定供暖房间所需散热器的面积和片数。

（1）散热面积的计算

散热器散热面积 F 按下式计算：

$$F=\frac{Q}{K(t_{pj}-t_i)}\beta_1\beta_2\beta_3 \tag{6-26}$$

式中　Q——散热器的散热量，W；

t_{pj}——散热器内热媒平均温度，℃；

t_i——供暖室内计算温度，℃；

K——散热器的传热系数，W/(m²·℃)

β_1——组装片数（柱型）或长度（扁管型和板型）修正系数；

β_2——支管连接形式修正系数；

β_3——流量修正系数。

（2）散热器内热媒平均温度

热媒平均温度 t_{pj} 随供暖热媒参数和供暖系统形式而定。在热水供暖系统中，t_{pj} 为散热器进出口水温的算术平均值。

$$t_{pj}=\frac{(t_{sg}-t_{sh})}{2} \tag{6-27}$$

式中　t_{sg}——散热器进水温度，℃；

t_{sh}——散热器出水温度，℃。

对双管热水供暖系统，散热器的进、出口温度分别按系统的设计供、回水温度计算。对单管热水供暖系统，由于每组散热器的进、出口水温沿流动方向下降，所以每组散热器的进、出口水温必须逐一分别计算，计算方法将在本书第 7 章中进行阐述。

（3）散热器传热系数 K 及其修正系数值

影响散热器传热系数 K 值的因素很多，如散热器的制造情况、散热器使用条件等，因而难以用理论的数学模型表征出各种因素对散热器传热系数 K 值的影响，只有通过实验方法确定。实验结果一般整理成下面形式：

$$K=a(\Delta t)^b=a(t_{pj}-t_i)^b \tag{6-28}$$

式中　K——在实验条件，散热器的传热系数，W/(m²·℃)；

$a，b$——由实验确定的系数，可查阅有关设计手册确定；

Δt——散热器热媒与室内空气的平均温差，$\Delta t=t_{pj}-t_i$，℃。

散热器的传热系数 K 值是在一定的条件下，通过实验测定的。若实际情况与实验条件不同，则应对所测值进行修正。式（6-26）中的 β_1、β_2 和 β_3 都是考虑散热器的实际使用条件与测定实验条件不同，而对 K 值，亦即对散热器面积 F 引入的修正系数。各系数见表 6-17～表 6-19。

组装片数或长度修正系数 β_1　　　　　　表 6-17

	柱型组装片数				板型及扁管型组装长度(mm)		
	≤5	6～10	11～20	≥21	≤600	800	≥1000
β_1	0.95	1.00	1.05	1.10	0.92	0.95	1.00

注：资料来源《温室加热系统设计规范》JB/T 10297—2014。

支管连接形式修正系数 β_2　　　　　　表 6-18

散热器形式	连接形式				
	同侧 上进下出	异侧 上进下出	异侧 下进下出	异侧 下进上出	同侧 下进上出
四柱型	1.0	1.004	1.239	1.442	1.426

散热器形式	连接形式				
	同侧 上进下出	异侧 上进下出	异侧 下进下出	异侧 下进上出	同侧 下进上出
M-132 型	1.0	1.009	1.251	1.386	1.396
翼型	1.0	1.009	1.225	1.331	1.369

注：资料来源：《温室加热系统设计规范》JB/T 10297—2014。

流量修正系数 β_3

表 6-19

散热器类型	流量增加倍数						
	1	2	3	4	5	6	≥7
柱型、翼型	1.0	0.9	0.86	0.85	0.83	0.83	0.82
扁管型	1.0	0.94	0.93	0.92	0.91	0.90	0.90

注：资料来源：《温室加热系统设计规范》JB/T 10297—2014。

（4）散热器片数或长度的确定 在确定所需散热器面积后（由于每组片数或总长度未定，先按 $\beta_1 = 1$ 计算），可按下式计算所需散热器的总片数或总长度。

$$n = \frac{F}{f} \qquad (6\text{-}29)$$

式中 f——每片或每米长的散热器散热面积，m^2/片或 m^3/m。

根据每组片数或长度乘以修正系数 β_1，最后确定散热器面积。

（5）考虑供暖管道散热量时，散热器散热面积的计算 供暖系统的管道敷设，有暗装和明装两种方式。暗装管道的散热量没有进入房间内，同时进入散热器的水温降低，因此，对于暗装未保温的管道系统，在设计中要考虑热水在管道中的冷却，计算散热器面积时，要用修正系数 β_4（$\beta_4 > 1$）予以修正。β_4 值可查阅有关设计手册。

对于明装供暖管道，因考虑到全部或部分管道的散热量会进入室内，抵消了水冷却的影响，因而，计算散热面积时，通常可不考虑这个修正因素。在农业设施中，供暖系统的管道一般采用明装。

6.3.3 热水供暖系统的管道与附属设施

热水供暖系统的循环方式及管路布置将在本书第 7 章中进行阐述

1. 管道与阀门

供热管道通常都是采用钢管。钢管能承受较大的内压力和一定的动负荷，管道连接简便；但钢管易受腐蚀。室内供暖管道常采用水煤气管或无缝钢管，室外供热管道都采用无缝钢管和钢板卷焊管。

钢管的连接可采用焊接、法兰盘连接和螺纹连接。焊接比较简便可靠，但不能拆卸。法兰盘连接装卸方便，通常用在管道与设备、阀门等需要拆卸的附件连接上。螺纹连接能拆卸，又比法兰盘连接简便，常用于室内管道和管配件的连接。

阀门是用来开闭和调节热媒流量的配件。常用的阀门有：截止阀、闸阀、旋塞和逆止阀等。

截止阀（见图 6-5）是通过阀盘起落来开闭管道通路，其公称直径为 $\phi15 \sim 200mm$。

它的密闭性较好，是使用最广泛的一种阀门。

闸阀（见图6-6）是通过升降闸板来开闭管道通路，其公称直径为$\phi15\sim400mm$。闸阀密闭性和调节性能不如截止阀，但安装长度短，流动阻力小，介质可正反两个方向流动。

旋塞（见图6-7）通过锥体塞上的孔旋转成和管孔一致或垂直来实现管道通路的开闭，其密闭性能较好。

逆止阀（见图6-8）是用来防止管道或设备内的介质倒流的一种阀门。其结构使阀瓣能被一方向的流体动能开启，介质倒流时则关闭。逆止阀一般安在水泵出口或不允许流体反方向流动的地方。

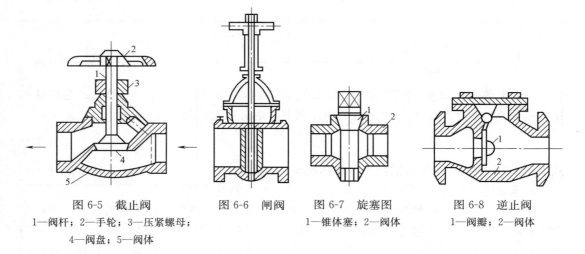

图6-5　截止阀　　　　　图6-6　闸阀　　　图6-7　旋塞图　　　　图6-8　逆止阀
1—阀杆；2—手轮；3—压紧螺母；　　　　　　　　1—锥体塞；2—阀体　　　1—阀瓣；2—阀体
4—阀盘；5—阀体

在热水供暖系统中，一般热水供暖管道的开闭采用闸阀，调节流量采用截止阀。放水、放气在低温时用旋塞，高温时用截止阀。

2. 膨胀水箱

膨胀水箱的作用是用来储存热水供暖系统中由于水加热的膨胀水量。在重力循环上供下回式系统中，它还起着排气作用。膨胀水箱的另一个作用是恒定供暖系统的压力。

膨胀水箱一般用钢板制成，通常是圆形或矩形。图6-9为圆形膨胀水箱构造图。水箱上连有膨胀管、溢流管、信号管、排水管及循环管等管路。当系统充水的水位超过溢水管口时，通过溢流管将水自动溢流排出。信号管用来检查膨胀水箱是否存水。排水管用来清洗水箱时放空存水和污垢。

膨胀水箱与供暖系统管路的连接点：在重力循环系统中，应接在供水总立管的顶端；在机械循环系统中，一般接至循环水泵吸入口前。连接点处的压力，无论在系统不工作或运行时，都是恒定的，此点因而也称为定压点。

在机械循环系统中，膨胀水箱的循环管应接到系统定压点前的水平回水干管上（见图6-10）。该点与定压点之间应保持$1.5\sim3m$的距离。这样可让少量热水能缓慢地通过循环管和膨胀管流过水箱，以防止水箱里的水冻结；同时，膨胀水箱应考虑保温。在重力循环系统中，循环管也接到供水干管上，也应与膨胀管保持一定的距离。

146

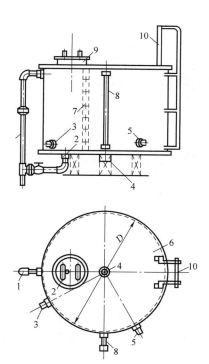

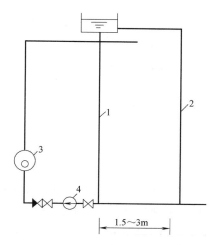

图 6-9　膨胀水箱

1—溢流管；2—排水管；3—循环管；4—膨胀管；

5—信号管；6—箱体；7—内人梯；8—玻璃管水位计；

9—人孔；10—外人梯

图 6-10　膨胀水箱与系统的连接

1—膨胀管；2—循环管；

3—热水锅炉；4—循环水泵

在膨胀管、循环管和溢流管上，严禁安装阀门，以防系统超压，水箱水冻结或水从水箱溢出。

膨胀水箱的容积（即由信号管到溢流管之间的容积）可按下式计算：

$$V_p = \alpha \Delta t_{max} V_c \tag{6-30}$$

式中　α——水的体积膨胀系数，$\alpha = 0.0006℃^{-1}$；

　　　V_e——系统内的水容量，L；

　　　Δt——考虑系统内水受热和冷却时水温的最大波动值，一般以 20℃ 水温算起。如在 95°/70℃ 低温水供暖系统中，$\Delta t_{max} = 95 - 20 = 75℃$，则式（6-29）可简化为：

$$V_p = 0.045 V_c \quad L \tag{6-31}$$

求出膨胀水籍容积后，可按《国家建筑标准设计图集》选用所需型号。

3. 集气罐和放气阀

热水供暖系统在充水前是充满空气的，充水后，会有些空气残留在系统中。水中溶解的空气也会因系统中水被加热而分离出来。如果系统中的空气不及时排除，就会聚集在管道中形成气塞，影响水的正常循环。集气罐和放气阀是目前常见的排气设备。

集气罐用 $\phi100 \sim 250mm$ 的短管制成，它有立式和卧式两种（见图 6-11）。顶端连接 $\phi15mm$ 的排气管。

在机械循环上供下回式系统中，集气罐应设在系统供水干管末端的最高处（见图

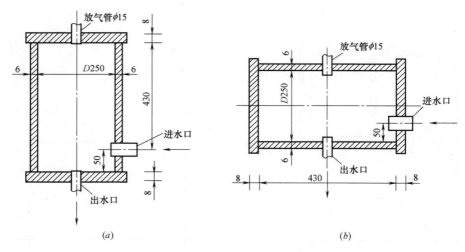

图 6-11　集气罐

(a) 立式；(b) 卧式

6-12）。系统充水时，将排气管上的阀门打开放气，直至有水从管内流出时即关闭。在系统运行时，定期打开阀门，将热水中分离出来并聚集在集气罐内的空气排除。集气罐标准型号和尺寸见国家标准图集。

放气阀多用在水平式系统中，设在散热器上部，用手动方式排除空气。

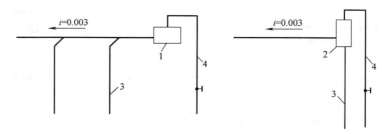

图 6-12　集气罐安装位置

1—卧式集气罐；2—立式集气罐；3—末端立管；4—DN15 放气管

4. 补偿器

供暖系统的管道是在常温下安装的。当系统管道输送热媒时，被热媒加热会引起管道受热伸长。如果此伸长量不能得到补偿，将会产生巨大的应力而引起管道变形，甚至破裂。为减弱或消除因热胀冷缩所产生的应力，应在管道固定支架之间设有补偿器。

管道受热的自由伸长量可按下式计算：

$$\Delta L = \alpha(t_1 - t_2)L \tag{6-32}$$

式中　α——管道的线膨胀系数，一般可取 $\alpha = 1.2 \times 10^{-2}$ mm/(m·℃)；

　　　t_1——管壁的最高温度，可取热媒的最高温度，℃；

　　　t_2——管道安装时的温度，当此温度不能确定时，可取最冷月的平均温度，℃；

　　　L——计算管段的长度，m。

当供暖系统的管道较短时，由于管径一般不大，本身就具有一定的变形能力，所以不必考虑补偿。当直管段长度超过 25～30m 时，就应该设置补偿器，以吸收其热伸长量。

供暖管道上采用补偿器的种类很多，主要有管道的自然补偿、方形补偿器、波纹管补偿器和套筒补偿器等。

（1）自然补偿　利用管路自身的弯曲管段（如 L 形或 Z 形）来补偿管段的热伸长。自然补偿不必特设补偿器，因此考虑管道的热补偿时，应尽量利用其自然弯曲的补偿能力。自然补偿的缺点是管道变形时会产生横向位移，而且补偿的管段不能很长。

（2）方形补偿器　它是由 4 个 90°弯头构成"U"形的补偿器（见图 6-13），靠其弯管的变形来补偿管段的热伸长。方形补偿器通常用与供暖直管同径的无缝钢管煨弯或机制弯头组合而成。它的优点是制造方便，不用专门维修，工作可靠，作用在固定支架上的轴向推力相对较小。其缺点是介质流动阻力大，占地多。方形补偿器在采暖管道上应用很普遍。

（3）波纹管补偿器　它是用金属片冲压焊接成波纹形的装置（见图 6-14），利用金属片本身的弹性伸缩来满足热伸长量。波纹管补偿器的优点是占地面小，不用专门维修，介质流动阻力小，但其造价较贵些。

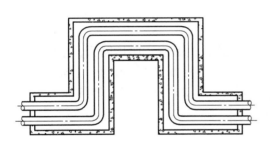

图 6-13　方形补偿器

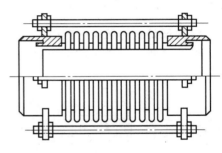

图 6-14　波纹管补偿器

（4）套筒补偿器　它是由填料密封的套管和外壳管组成的，两者同心套装并可轴向补偿的补偿器。图 6-15 所示为一单向套筒补偿器。套筒与外壳体之间用填料圈密封，填料被紧压在前压兰与后压兰之间，以保证封口紧密。补偿器直接焊接在供暖管道上。

套筒补偿器的补偿能力大，一般可达 250～400mm，占地少，介质流动阻力小，造价低，但其压紧、补充和更换填料的维修工作量大，同时管

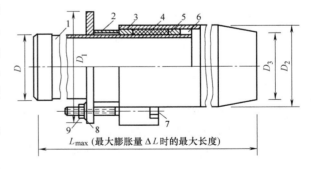

L_{max}（最大膨胀量 ΔL 时的最大长度）

图 6-15　套筒补偿器

1—套筒；2—前压兰；3—壳体；4—填料圈；5—后压兰；
6—防脱肩；7—T 形螺栓；8—垫圈；9—螺帽

道地下敷设时，要增设检查井；如管道变形有横向位移时，易造成填料圈卡住，它只能用在直线管段上；当其使用在弯管或阀门处时，其轴向产生的盲板推力（由内压引起的不平衡水力推力）也较大，需要设置加强的固定支座。

6.3.4　温室热水供暖系统的安装

（1）温室中最常使用的集中供暖分配热量的方式为自然对流方式，用标准黑管（未镀锌管）或圆翼管散热。也可以使用强迫对流配热方式，用柱型、翼型散热器散热。

（2）如果温室为9m以下跨度（或宽度）的单栋温室，可将标准黑管或圆翼管沿侧墙布置。若跨度超过9m，可在作物间（或台架下）加设部分散热管。

（3）连栋温室的散热管一般沿外墙及天沟下设置，根据需要，可在栽培台架下或作物行间加设部分散热管。

（4）如果自然空气循环不足以在作物高度处产生足够均匀的气温，应加设必要的水平空气循环风机。

（5）黑管涂了银粉漆以后，散热效率降低15％左右。

6.4　热风供暖系统

6.4.1　热风供暖系统的形式

1. 热风炉式热风供暖系统

图6-16表示了常见的燃煤热风炉的形式。它由炉膛、烟道、加热风管、空气室、热风室、热风管、风机等组成。热

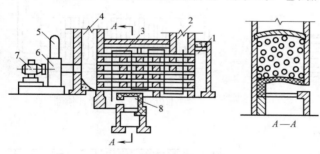

图6-16　热风炉
1—空气室；2—烟道；3—加热风管；4—热风室；
5—热风管；6—风机；7—电动机；8—炉膛

风炉由砖砌成，加热风管常采用直径60～150mm的铸铁管。当工作时，煤在炉膛内燃烧，燃烧后烟气通过烟道排出，同时对加热风管的外壁进行了加热。风机开动时，形成的吸力使空气从空气室进入，在通过加热风管时受到管壁的加热，再经过热风室进入风机，由风机通过热风管送入供暖间，由空气分配管均匀分配。

空气分配管两侧有成排的均布孔，管子可由薄钢板、塑料薄膜制成。

2. 空气加热器式热风供暖系统

图6-17是一栋200头拴养奶牛舍的热风供暖系统。它由空气加热器、风机、阀门和空气分配管道等组成。风机将室外空气通过空气加热器后吸入，再压入牛舍内的空气分配管道均匀分布至牛舍内。空气在通过空气加热器时得到了加热。该系统和牛舍冬季通风相结合，形成正压式通风，舍内压力使污浊空气通过屋顶上部排气缝隙排出。

空气加热器是用热水或蒸汽作为热媒，热媒由锅炉提供。空气加热器由数排管子和联箱组成（见图6-18）。热水或蒸汽从进口进入，通过排管后由出口排出，空气沿垂直于加热器的方向通过并受到加热。由于热媒（热水或蒸汽）与管的换热系数高，而空气与管的换热系数低，所以在管外加上肋片，以增加空气一侧的换热面积，增强其对空气的传热性能。

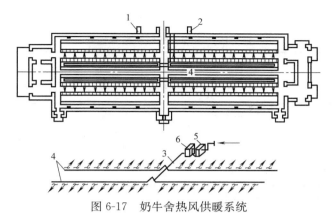

图 6-17　奶牛舍热风供暖系统

1—牛奶加工室；2—通风室；3—阀门；4—空气分配管道；5—空气加热器；6—风机

为了保证空气加热器的性能，应力求管子和肋片之间接触紧密。常将肋片与管子接触处进行热浸镀锌消除间隙，或用加厚壁管直接挤压出肋片。

3. 暖风机式热风供暖系统

将一定数量的暖风机安置在供暖间内，构成热风式供暖。

暖风机又称热风机，它由吸气口、风机、空气加热器和送风口组合成整体机组。如图 6-19 所示，在风机的作用下，室内空气由吸风口进入机体，经空气加热器加热变成热风，然后经送风口送至室内，以维持室内一定的温度。空气加热器可用蒸汽或热水作为热媒。

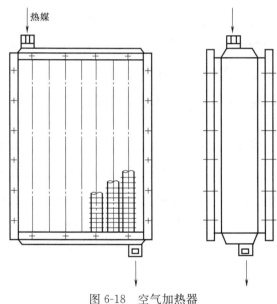

图 6-18　空气加热器

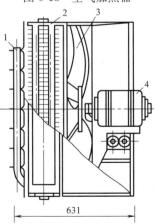

图 6-19　暖风机

1—导向板；2—空气加热器；3—轴流风机；4—电动机

国产部分暖风机技术性能见表 6-20。

部分国产吊挂式暖风机技术性能　　　　　　　　　　　　表 6-20

暖风机型号	热介质	产热量(kW)	流量(m³/h)	温度(℃)		风速(m/s)	电机功率(kW)	外形尺寸长×宽×高(mm)
				进口	出口			
NC-30	蒸汽(98.1~392kPa) 热水(130~70℃)	31.4~40.7 11	2100	15	48~58.2 26.5	7.2	0.6	533×633×540
NC-60	蒸汽 热水	58.1~75.5 23.8	5000	15	50~60 29.5	6	1.0	689×611×696

注：资料来源：崔引安. 农业生物环境工程，1994。

4. 加热器管道风机式供暖系统

除了以热水或蒸汽为热媒的热风机以外，还有以燃油、天然气或液化石油气为燃料的热风机，这些热风机以烟道金属管壁作为热交换器。热风机不需要锅炉，使用方便，我国燃油和可燃气的资源不够丰富，不能广泛应用，但在国外则应用较广。

6.4.2　送风温度和送风量

热风供暖的主要参数是送风温度和送风量，两者主要取决于农业设施的类型和设计热负荷量。

设热风供暖系统的送风量为 L_h，则农业设施的设计热负荷为：

$$Q_h = L_h \rho_a c_p (t_2 - t_1) = (\sum KA + L \rho_a c_p)(t_i - t_o) - \frac{n q_s}{3.6} \qquad (6-33)$$

式中　t_2——热风供暖系统出口空气温度，即送风温度，℃；

　　　t_1——热风供暖系统入口空气温度，当入口为室外空气时，取作室外气温 t_o；当入口在室内时（室内环流热风采暖），取作室内气温 t_i，℃。

其他符号同前。

为简化起见，上式未考虑各项附加耗热量的修正，当需要更准确计算时，可参照式（6-23）的形式进行计算。

对于如图 6-17 所示一类与冬季通风相结合的热风供暖系统，其热风送风量为 $L_h = L$；而对于采用暖风机以室内环流热风方式供暖的情况，暖风机送风与温室通风为各自分开的系统，则热风送风量 L_h 与设施的通风量 L 应分别计算。

这样，通过热负荷公式的计算将有两个参数需要确定，即送风温度 t_o 和送风量 L_h。

我国工业与民用建筑提出的数据是：热风送风温度以不超过 45℃ 为宜，暖风机送风温度为 30~50℃。

美国的温室和畜禽舍采用的热风机——管道送风供暖，其热风机部分采用的温升为 22~39℃。如果利用室内空气环流供暖，则热风机出口气流温度为 35~60℃。苏联生产的燃油热风机出口气流温度为 50~60℃。

我国对热风供暖送风量无具体规定，但建议尽量减小送风量以减少风机电耗。

对于农业设施，由于某些生物的生理要求，对热风环流和非供暖期间的环流的流量有一定的要求。雏鸡舍的环流量每平方米鸡舍不大于 18m³/h，仔猪舍的环流量每平方米不大于 45m³/h。温室冬季室内环流量每平方米为 27～36m³/h。

6.4.3 空气加热器的选择

在各种热风供暖系统中，空气加热器是大型农业设施所常用的。空气加热器的选择计算方法如下。

1. 基本计算公式

因为在空气加热器中只有显热交换，所以加热器计算选择的基本原则就是空气加热器能供给的热量就等于加热空气所需要的显热量，即：

$$Q_h = KF\Delta t_m = L_h\rho_a c_p(t_2 - t_1) \tag{6-34}$$

式中　K——空气加热器的传热系数，W/(m²·℃)；

　　　F——加热器换热面积，m²；

　　　Δt_m——热媒与空气之间的对数平均温差，℃。

为简化起见，用算术平均温差 Δt_p，代替对数平均温差 Δt_m。

当热媒为热水时：

$$\Delta t_p = \frac{t_{w1} + t_{w2}}{2} - \frac{t_1 + t_2}{2} \tag{6-35}$$

当热媒为蒸汽时：

$$\Delta t_p = t_q - \frac{t_1 + t_2}{2} \tag{6-36}$$

式中　t_{w1}，t_{w2}——热水的初、终温度，℃；

　　　t_q——蒸汽平均温度，℃。当蒸汽表压力≤0.03MPa 时，$t_q = 100$℃；当蒸汽表压力大于 0.03MPa 时，t_q 取与空气加热器进口蒸汽压力相应的饱和温度。

2. 选择计算方法和步骤

(1) 初选加热器的型号

一般需先确定通过加热器有效截面积 F' 的空气质量流速 $v\rho$ 来初选加热器型号。空气质量流速 v 过低将使设备投资高，而 $v\rho$ 过高则会因阻力加大而使运行费用增高。最经济的空气质量流速 $v\rho$ 一般在 8kg/(m²·s) 左右。选择空气质量流速 $v\rho$ 后，需要的加热器有效截面积 F' 为：

$$F' = \frac{G}{v\rho} \tag{6-37}$$

式中　G——被加热的空气流量，kg/s。

(2) 计算空气加热器的传热系数 K　传热系数 K 通过实验方法确定，不同型号的空气加热器的传热系数实验公式形式类似，但系数不同，其一般形式为：

以热水为热媒的空气加热器：

$$K = A'(v\rho)^{m'}w^{n'} \tag{6-38}$$

以蒸汽为热媒的空气加热器：

$$K = A''(v\rho)^{m''} \tag{6-39}$$

式中　A'，A''——由实验得出的系数；

　　m'，n'，m''——由实验得出的指数；

w——热水流速，m/s。

不同型号空气加热器的各系数和指数可查阅相关设计手册。对于以热水为热媒的空气加热器，热水流速 w 应按进出口热水温度根据热平衡关系确定。一般是取 $w=0.6\sim1.8$m/s。

（3）计算需要的加热面积和加热器台数

根据式（6-33），可得加热面积 F 为：

$$F=\frac{Q_{\mathrm{h}}}{K\Delta t_{\mathrm{m}}} \tag{6-40}$$

计算加热器的加热面积后还应考虑使用时因积垢而选用安全系数，一般取为 1.1～1.2。最后根据所选型号加热器每台的实际加热面积确定加热器台数。

（4）计算加热器的空气阻力　空气通过加热器的阻力与加热器型号和空气流速有关，计算加热器空气阻力可作为选择风机的依据。空气通过加热器阻力的一般经验公式为：

$$\Delta H=B(v\rho)^{P} \tag{6-41}$$

式中　B，P——由实验得出的系数和指数，可根据加热器型号查阅有关设计手册得出。

6.4.4　热风供暖系统的安装

（1）送风机出口通常都设计成水平方向送风。对于长度小于 20m 的温室，可将两台暖风机安装在温室对角线的相对两角，各自以平行于侧墙的方向，向着对面端墙吹暖风。对于长度超过 20m 而小于 40m 的温室，建议在温室中间增加两台循环风机，一边一台，接力送风。如果温室长度大于 40m，循环风机数量还需增加。沿循环空气流动方向，两台风机之间的距离以不大于风机叶轮直径的 30 倍为宜。循环风机距端墙应在 4.5～6.0m 之间。

（2）对于较长的温室，也可在暖风机出口使用冲孔塑料薄膜软管或布管向室内送风，以改善整个温室的空气循环和温度均匀性。软管一般用聚乙烯塑料薄膜或布制成，在温室内沿水平方向延伸，悬挂在骨架上。软管轴线相对两侧，冲出排气孔，用来向温室送出暖风。排气孔沿着轴线的间距，一般在 0.3～1.0m 之间。软管入口的空气流速大约为 5.1～6.1m/s。排气孔的总面积应不小于软管横断面积的 1.5～2.0 倍。

（3）循环风机和循环软管的安装高度一般应高于作物冠层高度 0.6～0.9m。循环风机应加设护罩，防止操作人员触及叶轮等运动部件而受伤害。循环软管的长度不宜超过 50m，太长将会影响空气分布均匀性。对于宽度在 9m 以下的温室，室内有一根送风软管就够了。如果温室宽度大于 9m，必须安装两根以上的循环送风软管。

（4）在燃烧器不工作的情况下，开动配套的送风机和循环风机，可以改善温室内的空气循环，消除植物叶面结露，避免霉菌等对作物产生危害。

（5）在连栋温室的水平空气循环系统中，循环路径可从一跨下去，而从另一跨返回。在单跨温室中，循环风机的安装，应使其轴线与温室长度方向平行，位置距侧墙的距离为温室宽度的 1/4 处。气流沿一个侧墙下去，从另一侧墙返回。

（6）循环风机的选择，应使总流量为每平方米地面提供 0.01m³/s 的空气流量。风机转速应能调节使作物冠盖附近的局部空气流速不超过 1.0m/s。

6.5 热地板

1. 概述

在种植盆栽作物的温室中，如果盆具容器直接放置在地板上，铺设热地板是最好的加热方法。这种加热装置不占地面面积和空间，不妨碍温室内的任何作业。热地板特别适合于热量需要量不多的温室，例如对种植杜鹃花等灌木植物的越冬温室就非常适用。采用热地板的温室，主加热系统的容量可相应减小。

2. 低温辐射电热膜地板

低温辐射电热膜是一种新型节能、高效、无污染的电热材料。电热膜由可导电的特制油墨、金属载流条经印刷、热压在两层绝缘聚酯薄膜之间制成。通电时，电热膜工作表面的最高温度为 40～60℃，大部分能量以辐射方式传递。

电热膜的数量取决于需要加热的地板面积和功率密度。设计热地板时，功率密度通常取为 45～50W/m。

施工时，在地面上应先铺一层厚为 25～50mm 自熄型聚苯乙烯泡沫保温板（或玻璃纤维棉毡、岩棉等），铺平电热膜，各膜片之间用带塑料绝缘罩的专用连接卡和绝缘导线连接好。建议连接电热膜片的分支线使用截面为 4mm² 的 PVC 单股铜线，引出电源线用截面为 6mm² 的绝缘单股铜线。电热膜只能沿剪切线剪开，防止剪断墨条，造成不发热和漏电。剪断口载流条的一端接连接卡和导线，另一端需在干燥环境下，用耐温 90℃ 以上的防水绝缘胶带封好。做完以上处理之后，除引出电源线外，将全部电热膜、连接卡、连接导线，按一般建筑方法铺砌水泥、瓷砖或其他地板材料即可。电热膜最好贴紧地板装饰材料，以免形成空气热阻，影响热效率。电热膜与建筑物同寿命，适用于永久性建筑供暖。对于临时性建筑，不推荐使用电热膜。已安装电热膜的地板，禁止钻孔、钉钉。

3. 水暖地板

水暖地板一般以 35～40℃ 的热水作为加热工质，采用水泵使热水在循环管路中循环，热水循环管路埋设在地板下，循环管路常用直径为 20mm 左右聚乙烯（PE）管、聚氯乙烯（PVC）管或聚丁烯管。水在管中的流速约为 0.61～0.91m/s。一般每个回路最长不得超过 120m，管心距 300mm，可为每平方米水泥地板提供 47W 功率。

6.6 局部供暖设备

局部供暖设备主要用于温室和畜禽舍。

6.6.1 温室用局部供暖设备

为了促进种子发芽、增殖和作物生长，需在植物根区提供最适宜的温度，因而要给作物栽培床土加热，这就是温床。常用温床有水暖温床和电热温床等形式。

1. 水暖温床

水暖温床一般以 35～40℃ 的热水作为加热工质。用水泵使热水在直径为 13mm 左右的硬质聚乙烯（PE）管、聚氯乙烯（PVC）管、氯化聚氯乙烯（CPVC）管、聚丁烯管或直径为 6mm 的乙丙三元橡胶（EPDM）软管中循环，将热量传给温床的床土。为提高床土温度的均匀性，应使供水管和回水管串联成一个回路，使前供水管的温度梯度与回水管的温度梯度互相补偿。供水管和回水管间距约为 100mm。水管下面应铺聚苯乙烯隔热板，保证将大部分热量引向作物根区。在管子上铺一层湿沙，覆盖冲孔塑料薄膜以保持沙中水分，再铺床土，可进一步改善床土温度均匀性。热水可来自集中供暖系统，也可来自单独的热水器。

通常散热管埋深为 10～15cm，为避免耕作时拆装，也可将散热管埋于地面以下30cm处。散热管间距视加热负荷而定，一般为 50～70cm。

管道的布置有同程式和异程式两种。

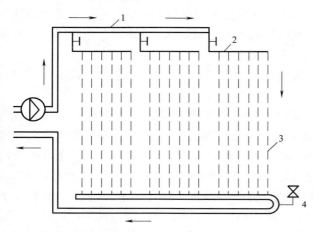

图 6-20　水暖温床的同程式管道布置
1—主管；2—支管；3—散热管；4—放气阀

图 6-20 表示了同程式管道布置，散热管多呈水平或略为倒坡敷设，便于排气。主管道最好敷设于地面上，便于检修。

图 6-21 表示了一育苗温室水暖温床的异程式管道布置，其热源供水温度为 85℃。散热管供水温度为 40℃。混合罐水温由感温元件 T_1，通过控制装置 K_1 控制管道泵 b_1 进行调节；地温由埋设在土壤中的感温元件 K_2，通过控制装置 b_2 控制管道泵如进行调节。

水暖温床需要装设热源、水泵和管路设施，但运行费用较电热温床便宜。在已具备加热条件的育苗温室中采用较为合适。

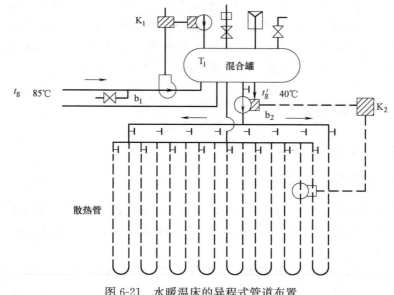

图 6-21　水暖温床的异程式管道布置

2. 电热温床

（1）电热温床的结构

电热温床主要由隔热层、加热线、床土及地面覆盖等部分组成。电热温床宽一般 1～2m，床长随温室长度按需要确定。四周建有宽 150～200mm，高 100～200mm 的池埂。床底铺 50mm 厚的隔热层。一般用聚苯乙烯泡沫板、干燥的碎炉渣、锯末、谷糠、麦秸等绝热性能好的隔热材料。床土底层由 3～5cm 的炉灰或干土铺成，电热线布置在其中。其上则为床土及培养基质，根据需要加上有机及无机肥料。床土厚度要均匀一致。一般育苗温床，土厚 50mm；移苗温床，土厚 100mm。地面覆盖可由塑料薄膜或玻璃等做成，主要作用是利用"温室效应"蓄热保温，提高床温和节约电能。

电热线按一定的间距沿床长度方向，往返铺设并拉直，不得打卷，不能交叉重叠，以免造成漏电或短路事故。电热线两端应从同一床端经外接线引出，便于与电源和控制器连接。外接线与电源线的接头应做好绝缘处理，与电热线一同埋在床土下。电热温床的结构如图 6-22 所示。

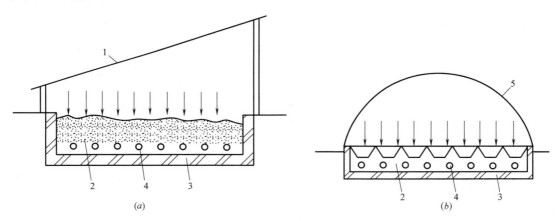

图 6-22　电热温床
（a）蔬菜电热温床育苗；（b）电热温床营养罐育苗
1—玻璃；2—床土；3—绝热层；4—电加热线；5—塑料薄膜

电加热线的平面市置见图 6-23。加热线间距 D 可按下式计算：

$$D = \frac{E - 2a}{n - 1} \tag{6-42}$$

式中　E——温床垂直于加热线的宽度，m；

　　　a——边行加热线与温床边间距，一般按 0.05～0.15m 计；

　　　n——加热线条数。

$$n = \frac{L - (E - 2a)}{C - 2b} \tag{6-43}$$

式中　L——加热线计算长度，m；

　　　C——温床沿加热线方向的边长，m；

　　　b——加热线弯头与温床边距离，一般取 $b = 0.05～0.20$m。

（2）需用电功率的确定

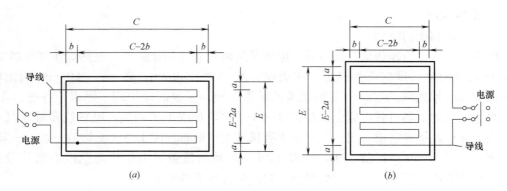

图 6-23　电加热线的平面布置图

（*a*）纵向布置；（*b*）横向布置

按照焦耳定律，电流在电加热线中流过所产生的发热率 Q 为：

$$Q = KI^2R \tag{6-44}$$

式中　I——流过电加热线的电流，A；

　　　R——电加热线的电阻，Ω；

　　　K——考虑漏电、电压不稳、加热线粗细不均等的发热率安全系数，$K=0.85\sim0.95$。

苗床所需加温热量与其面积及内外温差成正比，即苗床设计供暖热负荷 Q_c 为：

$$Q_c = K_cA_c(t_n - t_w) \tag{6-45}$$

式中　t_n——苗床所需温度，据作物品种而定，℃；

　　　t_w——苗床外温，可按育苗期最低外温计，℃；

　　　A_c——苗床面积，m^2；

　　　K_c——苗床散热系数，$W/(m^2 \cdot ℃)$，即单位温差、单位面积在单位时间内的散热量，视覆盖情况而定。

电热线的发热量 Q 应等于苗床设计热负荷 Q_0，因此电热温床的电热线功率 N 应为：

$$N = IV = Q_c/K \tag{6-46}$$

式中　V——电热线承受的电压，V。

（3）电加热线的选择计算

我国的国产电热线，其额定电压均为 220V，每根电热线的额定功率有 400W、600W、800W 和 1000 W 四种。每根电热线的长度约为 90～120m。

电热温床加热线的合理选择，关系到温度分布的均匀性与温床的经济性。在一定的电功率和电压等级下，当选定加热线的电流过大时，虽需用的加热线较短，但布线太稀造成温度分布不均，甚至造成局部高温而伤害幼苗。当电流过小时，需用的加热线太长，造成材料的浪费，甚至布线太密而无法布置。选择加热线时应考虑以下几个因素：

（1）电压等级　我国民用电压有 110V、220V、380V 等几种。从安全性考虑 50V 较好，但从方便性考虑一般的相电压 220V 为佳。

（2）发热率　单位加热线长度的发热量与确定通过的电流和电阻有关，为避免局部温度过高，应通过测试，使加热线温度保持在 50～60℃ 为宜。

（3）耐久性与安全性　从耐久性考虑，应选择不易氧化和锈蚀的合金线；从安全性考虑，加热线外表应涂敷导热性好、耐高温、绝缘性强的塑料保护层。

（4）在满足温度分布均匀的基础上线路经济。

加热线的计算长度 L 与线型、功率及电压之间的关系为：

$$L = \frac{S}{\rho} \cdot \frac{V^2}{N} \tag{6-47}$$

式中　ρ——加热线电阻率，mm^2/m；

　　　S——加热线截面积，mm^2；

　　　N——温床加热需用电功率，W；

　　　V——加热线使用的电压，V。

应选择合适的线型，使加热线的计算长度（m）为加热面积 A_0（m^2）的 5～10 倍。当加热面积过大，不能满足这一要求时，应将加热面积分成几个较小的单元，每单元单独采用一条加热线。

6.6.2　畜禽舍用的局部供暖设备

1. 育雏伞

育雏伞是在鸡舍地面平养雏鸡用的局部加温设备。

在地面上饲养幼雏，在育雏前期要求装有育雏器和围栏，后期撤去。1 周龄以内的幼雏育雏器下应保持 33～35℃，以后每周下降约 2.5℃，至 4～5 周龄后撤去育雏器，舍内温度在幼雏 1～4 周龄时应为 22℃，4～8 周龄为 18℃。围栏高 0.6 m，围栏内除育雏器外还设有饲槽和饮水器。育雏器有电热式和燃气式两种。

（1）电热式育雏伞

如图 6-24 所示，它是一种温床式保温伞。利用电流通过按一定要求铺埋在混凝土板或地坪内的电加热线，电能转换为热能，使地表面提高温度（达 31～41℃），形成温床，温床上吊挂锥台形保温伞罩，使局部热量不易散失。伞内装有照明灯，伞脚四周用布围住，起保温和透气作用。使用的电源电压 220V，电加热线功率为 400W，加温面积 2m^2，保温伞罩直

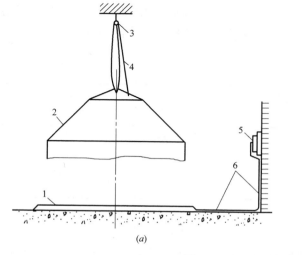
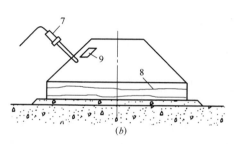

图 6-24　9YD-2 温床式电育雏伞

（a）吊起位置；（b）降落位置

1—温床；2—保温反射罩；3—滑轮；4—拉绳；5—电源；6—电线管；7—感温探头；8—布围裙翻边；9—气孔

径 1.5m，能容纳雏鸡 350～500 只，由控温仪控制温度，每天耗电约 3.31kWh。

（2）燃气式育雏伞

图 6-25 为燃气育雏伞的结构图。其热源可采用天然气、液化石油气、沼气、煤气等可燃气体，在辐射器内网和外网间燃烧，产生高温（850～900℃），再由铝保温反射罩将热量均匀地向下反射到雏鸡身上。辐射器由铁铬铝合金丝网制成。燃烧的气体种类不同时，采用喷嘴的孔径和工作压力也不同：燃烧液化石油气时喷嘴孔

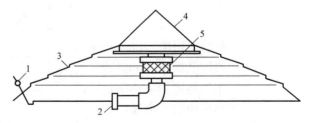

图 6-25　9YQ-2 型燃气式育雏伞
1—喷嘴；2—进气旋塞；3—保温反射罩；4—吊钩；5—辐射器

径为 0.9mm，工作压力为 2.75～2.94kPa；燃烧天然气时分别为 1.44mm 和 1.47～1.96kPa；燃烧沼气时为 1.5mm 和 1.96～2.94kPa；燃烧煤气时为 2.3mm 和 0.78～0.98kPa。该育雏伞每天消耗液化石油气 4kg，发热量 2.32kW。保温反射罩直径为 1.17m，能育雏 500 只。吊挂高度为 0.5m 时，伞内最高温度可达 48.5℃，最低温度 37.5℃，平均 44.2℃。吊挂高度为 1m 时，最高、最低和平均温度分别为 34.4℃、32℃ 和 32.7℃。

2. 红外线灯

红外线灯主要用于产仔母猪舍的母猪栏中仔猪活动区，红外线辐射热可以来自电或液化石油气。采用的红外线灯，如下面有加热地板，产后最初几天的仔猪每窝应有功率为 250W 的红外线灯，如下面无加热地板，则每窝仔猪应有 650W 的红外线灯。灯悬挂在链子上，离仔猪活动区地板 0.45m 以上。当红外线辐射热来自液化石油气时，每 300W 需 6.5m³/h 的通风量。

3. 加热地板

加热地板有热水管式和电热线式两种。主要用在产仔母猪舍和其他猪舍。加热地板易引起水分蒸发而增加室内湿度，所以应使饮水器远离加热地板。母猪活动区不应有加热地板。加热地板的设计数据见表 6-21。

加热地板设计数据　　　　　　　　　　　　　表 6-21

猪重量（kg）	加热地板面积（m²）	地板表面温度（℃）	热水管间距（cm）	电热功率（W/m²）
出生到 13.6	0.67（每窝）	29.5～35	每侧仔猪活动区 1 根	333～444
13.6～34	0.09～0.18（每猪）	21～29.5	12.5	278～333
34～68	0.18～0.27（每猪）	16～21	37.5	278～333
68～100	0.27～0.315（每猪）	10～16	45	222～278

注：资料来源：崔引安. 农业生物环境工程，1994。

热水管加热地板的设备示意图见图 6-26。水泵将水从热水锅炉抽出，泵入地板下的加热水管，再送回热水锅炉。加热水管内流动的热水对地板进行加热。地板下的传感器将所测得温度通过恒温器来启动或停止水泵。加热水管可用铸铁或耐较高温度的塑料管。

电加热线式加热地板见图 6-27。电加热线外包有聚氯乙烯，功率以 7～23W/m 为宜。安装时装在水泥地面下 3.75～5cm。在安装以前应多次试验确认没有断路或短路现象。采用恒温器控制电热线温度，每个恒温器控制 1～5 栏，每栏设一保险丝以免电热线烧坏。加热地板上应避免有铁栏杆和饮水器。电热线下方应有隔热层。除电热地板以外，国外有许多工厂将电热线安在塑料板内制成加热垫，可以铺在地面上供仔猪躺卧活动。若干加热垫为一组，由恒温器控制温度。

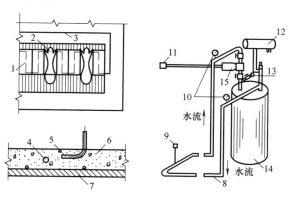

图 6-26　热水管加热地板

1—地板加热管；2—母猪下设 50mm 厚硬质绝热板；3—回水管；4—热水管；
5—传感器；6—混凝土地板；7—防水绝热层；8—热水管；9—空气阀；10—水压表；
11—恒温器；12—膨胀水箱；13—供水阀；14—热水锅炉；15—泵

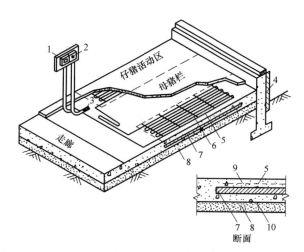

图 6-27　电加热线式加热地板

1—电源开关；2—恒温器；3—传感器；4—外墙隔热层；5—电热线；
6—胶带；7—地板隔热层；8—碎石；9—混凝土；10—防水层

热水管式和电热线式加热地板控制温度用的传感器应在加热地板表面以下 25mm 处，距热水管 100～150mm，或距电热线 50mm，应利用一弯曲的 1 英寸管子埋在相应深度处，这样，传感器可以插入或取出，以便进行保养。

第7章 输配系统设计与运行调节

7.1 空气输配系统

在设施农业环境控制工程中，常采用通风管道系统实现对空气的输配。如机械通风的进气式和联合式通风系统的送风、排风管道。空气通过风道进入和离开设施。风量能否达到设计要求，取决于风道系统的压力分布以及风机在该系统中的平衡工作点，风道设计将直接影响设施内气流组织和空调效果；同时，空气在风道内流动所损失的能量，是靠风机消耗电能予以补偿的，所以风道设计也直接影响空气输配系统的经济性。因此，风道系统的设计，要在满足设计风量要求的前提下，尽可能节省能量。

7.1.1 通风管道系统的形式与装置

1. 通风管道系统的形式

通风系统的主要任务是控制设施内污染物浓度和设施内维持温湿度，保证良好的空气品质，并保护大气环境。通风使设施内外空气交换，排除设施内的污染空气，将清洁的、具有一定温湿度（焓或能量）的空气送入设施内。设施内外空气交换主要由风管系统承担。通风系统分为两类：排风系统和送风系统。如图 7-1、图 7-2 所示

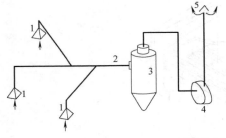

图 7-1 排风系统

1—排风罩；2—风管；3—净化设备；
4—风机；5—风帽

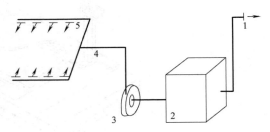

图 7-2 送风系统

1—新风口；2—进气处理设备；3—风机；
4—风管；5—送风口

农业设施的空调系统除了承担通风换气的主要任务外，还增加了新的任务，即不论室外气象条件怎样变化，都要使设施内热环境满足动植物生长要求。因此，空调系统具有两个基本功能，控制设施内空气污染物浓度和热环境质量。由两个系统分别承担：一个是控制污染物浓度的新风系统；另一个是控制热环境的系统，如降温或供暖的冷热水系统。

在气象条件恶劣时，通风换气要消耗大量能源。为了节能，在设施内空气可以重复使用时，可将一部分设施内空气送回到空气处理设备，与新风混合，并经处理后送入设施。这部分重复使用的空气称为回风。这时空调工程的空气输配管网由送风管道、回风管道、

新风管道和排风管道组成，称为一次回风，如图7-3所示。

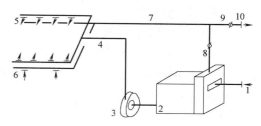

图 7-3 空调送风系统

1—新风口；2—空调机；3—风机；4—送风管；
5—送风口；6—回风口；7、8—回风管；
9—排风管；10—排风口

2. 通风管道系统装置及管件

通风空调工程中空气输配管网的装置及管件有风口、风阀、三通、弯头、变径（形）管、空气处理设备等。

风机是空气输配管网的动力装置。风阀是空气输配管网的控制调节机构，其基本功能是截断或开通空气流通的管路，调节或分配管路流量。同时具有控制、调节两种功能的风阀有：①蝶式调节阀；②菱形单叶调节阀；③插板阀；④平行式多叶调节阀；⑤对开式多叶调节阀；⑥菱形多叶调节阀；⑦复式多叶调节阀；⑧三通调节阀等。①～③种风阀主要用于小断面风管；④～⑥种风阀主要用于大断面风管；⑦、⑧两种风阀用于管网分流或合流或旁通处的各支路风量调节，这类风阀的主要性能有流量特性、全开时的阻力性能（用阻力系数表示）。全关闭时的漏风性能（用漏风系数表示）等。

蝶式、平行式、对开式多叶调节阀靠改变叶片角度调节风量，平行式多叶调节阀的叶片转动方向相同；对开式多叶调节阀的相邻两叶片转动方向相反。插板阀靠插板插入管道的深度来调节风量。菱形调节阀靠改变叶片张角调节风量。

只具有控制功能的风阀有止回阀、防火阀、排烟阀等。止回阀控制气流的流动方向，只允许气流按规定方向流动，阻止气流逆向流动。它的主要性能有两种：气流正向流动时的阻力性能和逆向流动时的漏风性能。防火阀平常全开，火灾时关闭并切断气流，防止火灾通过风管蔓延；排烟阀平常关闭，排烟时全开，排除室内烟气，主要性能有全开时的阻力性能和关闭时的漏风性能。

风口的基本功能是将气体吸入或排出管网，按具体功能可分为新风口、排风口、送风口、回风口等。

新风口将室外清洁空气吸入管网内；排风口将室内或管网内空气排到室外；回风口将室内空气吸入管网内；送风口将管网内空气送入室内。控制污染气流的局部排风罩，从空气输配管网角度也可视为一类风口，它将污染气流和室内空气吸入排风系统管道，通过排风口排到室外。新风口、回风口比较简单，常用格栅、百叶等形式。为了防止室外风对排风效果的影响，排风口往往要加装避风风帽。送风口形式比较多，工程中根据室内气流组织的要求选用不同的形式，常用的有格栅、百叶、条缝、孔板、散流器、喷口等。从空气输配管网角度，风口的主要特性是风量特性和阻力特性。

为了分配或汇集气流，在管路中设置分流或汇流三通、四通；为了连接管道和设备，或由于空间的限制等，在管路中设置变径、变形管段；为了改变管流方向设置弯头等，这些管件都会在所在位置产生局部阻力。

空气处理设备的基本功能是对空气进行净化处理和热湿处理。空气处理设备在处理空气的同时，对空气的流动也造成阻碍，如空气过滤器、表面式换热器、喷水室、净化室、净化塔等。空气处理设备可集中设置，也可分散设置，不管集中还是分散，它都在所在位置处形成管网的局部阻力。

3. 通风管道的种类

（1）按制作风管的材质分

1）金属风管　普通钢板风管、镀锌钢板风管、彩色涂塑钢板风管、镀锌钢、板螺旋圆风管、镀锌钢板螺旋扁圆形风管、不锈钢板风管和铝合金板风管等。

2）非金属风管　酚醛铝箔复合板风管、聚氨酯铝箔复合板风管、玻璃纤维复合板风管、无机玻璃钢风管、硬聚氯乙烯风管、砖砌或钢筋混凝土板等土建风道等。此外，还有聚酯纤维织物风管、金属圆形柔性风管和以高强度钢丝为骨架的铝箔聚酯膜复合柔性风管等。

（2）按风管系统的工作压力分

可分为低压系统、中压系统和高压系统。风管系统的工作压力及密封要求见表 7-1。

风管系统类别划分与密封要求　　　　　　　　　　　　　表 7-1

系统类别	系统工作压力 P/(Pa)	密封要求
低压系统	$P \leqslant 500$	接缝和接管连接处严密
中压系统	$500 < P \leqslant 1500$	接缝和接管连接处增加密封措施
高压系统	$P > 1500$	所有的拼接缝和接管连接处，均应采取密封措施

注：资料来源：黄翔等著．空调工程，2008。

（3）按照风管的断面形状分

可把风管分为圆形、矩形、扁圆形和配合设施建筑空间要求确定的其他形状。圆形断面从节省材料和降低流动阻力来看，最为有利。空调系统的风管宜采用圆形断面或长、短边之比不大于 4 的矩形断面，其最大长、短边之比不应超过 10。

圆形通风管道的规格如表 7-2 所示，矩形风管亦有一定规格，可参看有关设计手册。

圆形通风管道的规格　　　　　　　　　　　　　表 7-2

外径 D/(mm)	钢板制风管 壁厚（mm）	塑料制风管 壁厚（mm）	外径 D/(mm)	钢板制风管 壁厚（mm）	塑料制风管 壁厚（mm）
100			500		
120			560		4.0
140			630		
160	0.5		700	1.0	
180		3.0	800		
200			900		0.5
220			1000		
250			1120		
280			1250		
320			1400		0.6
360	0.75		1600	1.2~1.5	
400		4.0	1800		
450			2000		

注：资料来源：龚光彩等著．流体输配管网，2008。

164

7.1.2 通风管内空气流动阻力

通风管内空气流动阻力包括摩擦阻力和局部阻力。

1. 摩擦阻力

摩擦阻力主要发生在流动边界层内。空气在风道内流动时，由于边壁上流体质点无滑动，故而从边壁开始形成一个边界层。边界层内存在较大的流速梯度，所以在流体流动时，就产生了阻碍流体运动的内摩擦力。

空气在风道中的流动阻力，通常以单位体积流体的能量损失 ΔP 表示，摩擦阻力 ΔP_m 的数学表达式为

$$\Delta P_m = \lambda \frac{l}{4R_s} \cdot \frac{\rho v^2}{2} \qquad (7\text{-}1)$$

式中 λ——摩擦阻力系数；

R_s——风道水力半径，m；

l——风道长度，m；

v——风道内空气平均流速，m/s；

ρ——空气密度，kg/m³。

从式（7-1）可以看出，摩擦阻力除了与流速有关外，还与摩擦阻力系数 λ、水力半径 R_s 以及空气温度有关。

（1）摩擦阻力系数的确定

计算摩擦阻力的关键在于确定摩擦阻力系数 λ。对于层流，λ 只与 Re 数有关，对于紊流，λ 与 Re 数及壁面粗糙度都有关，而且 Re 数不同，粗糙度影响程度也不一样。因此，不可能采用统一的公式来计算任意情况下的摩擦阻力系数 λ。根据实验研究结果，通常按流态、分区域给出不同的计算 λ 公式。

1）层流

$$\lambda = \frac{64}{Re} \qquad (7\text{-}2)$$

2）紊流

$$\lambda = \frac{0.3164}{Re^{0.25}} \qquad (7\text{-}3)$$

紊流水力光滑区：

$$\frac{1}{\sqrt{\lambda}} = -2\lg\left(\frac{K}{3.7D} + \frac{2.51}{Re\sqrt{\lambda}}\right) \qquad (7\text{-}4)$$

紊流过渡区：

$$\lambda = 0.11\left(\frac{K}{D}\right)^{0.25} \qquad (7\text{-}5)$$

式中 D——风道直径，m；

K——风道内表面平均绝对粗糙度，表 7-3 给出了通风系统中常用风管材料的平均绝对粗糙度。

湿周是指过流断面上的流体接触壁面的长度。对紊流来说，湿周的大小就反映了摩擦阻力的大小。在湿周相同、流速相等的条件下，过流量与过流断面积成正比，所以单位体

积能量损失与过流断面成反比，即摩擦阻力与水力半径成反比。

风管内表面的平均绝对粗糙度

表 7-3

管道材料	K(mm)	管道材料	K(mm)	管道材料	K(mm)
钢板制风管	0.15	胶合板风道	1.0	镀锌钢管	0.15
塑料板制风管	0.01	地面沿墙砌造风道	3～6	钢管	0.046
矿渣石膏板风道	1.0	墙内砌砖风道	5～10	涂沥青铸铁管	0.12
表面光滑砖风道	4.0	竹风道	0.8～1.2	铸铁管	0.25
矿渣混凝土板风道	1.5	铅管、铜管(光滑)	0.01	混凝土管	0.3～3.0
铁丝网抹灰风道	10～15	玻璃管	0.01	木条拼合圆管	0.18～0.9

由于一些线算图是按圆管制作的，为了将矩形风管折合为圆形风管进行计算，首先要计算当量直径。当量直径分为流速当量直径和流量当量直径两种。

1) 流速当量直径

设定某一圆形风管中的空气流速与矩形风管中的流速相等，并且单位长度摩擦阻力也相等，则该圆形风管直径就称为此矩形风管的流速当量直径。用 D_v 表示。

根据定义，则有下式成立：

$$R_m = \left(\frac{\lambda}{4R_s}\frac{\rho v^2}{2}\right)_{圆形} = \left(\frac{\lambda}{4R_s}\frac{\rho v^2}{2}\right)_{矩形} \tag{7-6}$$

因 λ、v 及 ρ 彼此相等，所以 $R_{s圆形} = R_{s矩形}$

又根据水力半径定义，有

$$R_{s圆形} = \left(\frac{A}{P}\right)_{圆形} = \frac{\frac{\pi}{4}D_v^2}{\pi D_v} = \frac{D_v}{4} \tag{7-7}$$

$$R_{s矩形} = \left(\frac{A}{P}\right)_{矩形} = \frac{ab}{2(a+b)} \tag{7-8}$$

则得：

$$D_v = \frac{2ab}{a+b} \tag{7-9}$$

式中 a、b——矩形风管的边长。

2) 流量当量直径

设定某一圆形风管中空气流量与矩形风管中流量相等，并且单位长度摩擦阻力也相等，则该圆风管直径就称为此矩形风管的流量当量直径，用 D_L 表示。

若按水力粗糙管推导，得到：

$$D_L = 1.265\left(\frac{a^3 b^3}{a+b}\right)^{0.2} \tag{7-10}$$

若按水力光滑管推导，得到：

$$D_L = 1.31\left[\frac{a^3 b^3}{(a+b)^{1.25}}\right]^{0.21} \tag{7-11}$$

当量直径的概念用于紊流流动是合适的，用于层流则会产生较大误差。因为层流流速变化不都集中在边壁附近，故而摩擦力与湿周之间并非正比关系。条缝形风管运用当量直径时也会产生较大误差。

(2) 摩擦阻力的温度修正

166

空气密度 ρ，运动黏性系数 ν 都与温度有关，故而摩擦阻力与温度有关，计算摩擦阻力的线算图通常是按 20℃ 制作的，所以对于其他温度条件，需要进行温度修正，摩擦阻力的温度修正系数可查图 7-4。

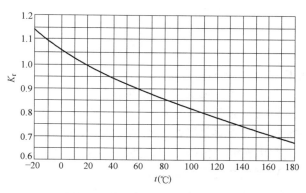

图 7-4　摩擦阻力温度修正系数图

（3）单位长度摩擦阻力线算图

工程应用中，为了避免繁琐计算，常将单位长度摩擦阻力 R_m 制成线算图，如图 7-5 所示。制作该图的条件是：圆风道，空气温度为 20℃，按照紊流过渡区公式计算。线算图的左部分是风道粗糙度修正。

对于矩形风道的单位长度摩擦阻力 R_m 值，也可利用图 7-5 来确定，但需使用当量直径查此图表。

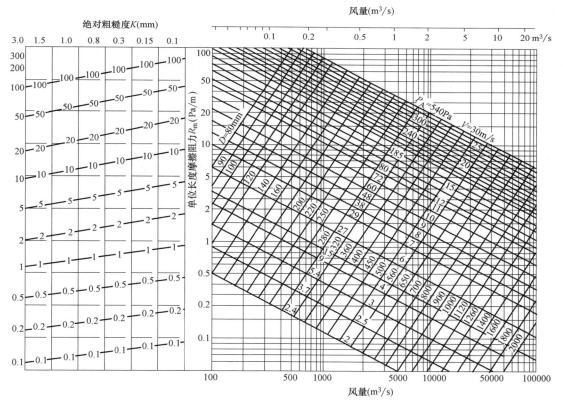

图 7-5　通风管道摩擦阻力线算图

2. 局部阻力

在风道系统中，总要安装一些管件用以控制或调节风道内空气的流动，比较典型的管件有：弯头、三通及变径管，当空气流经管件时，由于流量大小和流动方向的改变，引起了流速的重新分布并产生涡流，由此产生的阻力，称为局部阻力。

局部阻力按下式计算：

$$Z=\zeta\frac{\rho v^2}{2} \tag{7-12}$$

式中　ζ——局部阻力系数。

　　　v——ζ 与之对应的断面流速。

影响局部阻力系数善的主要因素有：管件形状，壁面粗糙度及雷诺数，由于通风空调系统时空气流动大都处于非层流区，故可认为 ζ 仅仅与管件形状有关，ζ 数值，目前常用试验方法确定，各种各样管件的局部阻力系数值，在许多文献资料中都可查到。

3. 风管内空气流动阻力

风管内空气流动阻力，等于摩擦阻力和局部阻力总和，即：

$$\Delta P=\sum(\Delta P_{\mathrm{m}}+Z)=\sum(l\cdot R_{\mathrm{m}}+Z) \tag{7-13}$$

7.1.3　风管内的压力分布

风管内的压力是指风道内空气所具有的全压。全压包括动压和静压两部分，即：

$$p_{\mathrm{q}}=p_{\mathrm{d}}+p_{\mathrm{j}} \tag{7-14}$$

式中，p_{q}、p_{d} 和 p_{j} 分别为全压、动压和静压。空气在流动过程中要损失能量，所以风管内的空气总是从全压高的地方流向全压低的地方，即全压随着流动过程在变化。同时，当风管的过流断面或流量发生变化时，会引起动压和静压之间的相互转化。因此，整个风管系统中，形成了压力分布。

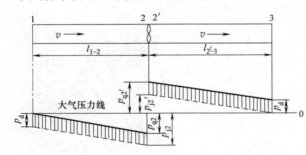

图 7-6　仅有摩擦阻力的风管内压力分布

压力分布线通常是以大气压力为基准（即取大气压力等于零），并根据式（7-13）及式（7-14）计算的结果进行绘制。

1. 仅有摩擦阻力的风管内压力分布线

当风机未启动时，风道内空气动压为零，此时的静压等于全压，且等于大气压。当风机开动后，并忽略风道进口局部损失的情况下，风道内各点压力如图 7-6 所示。

断面 1：　　　　$p_{\mathrm{q}1}=0=$大气压

$$p_{\mathrm{d}1}=\frac{\rho v_1^2}{2}$$

$$p_{\mathrm{j}1}=p_{\mathrm{q}1}-p_{\mathrm{d}1}=0-\frac{\rho v_1^2}{2}=-\frac{\rho v_1^2}{2}$$

断面 2：　　　　$p_{\mathrm{q}2}=p_{\mathrm{q}1}-l_{1\text{-}2}R_{\mathrm{m}}=-R_{\mathrm{m}}l_{1\text{-}2}$

$$p_{\mathrm{d}2}=\frac{\rho v_1^2}{2}$$

$$p_{\mathrm{j}2}=p_{\mathrm{q}2}-p_{\mathrm{d}2}=-R_{\mathrm{m}}l_{1\text{-}2}-\frac{\rho v_1^2}{2}$$

断面 3：　　　　$p_{\mathrm{j}3}=0=$大气压力

$$p_{d3} = \frac{\rho v_3^2}{2}$$

$$p_{q3} = p_{j3} + p_{d3} = \frac{\rho v_3^2}{2}$$

断面 i：
$$p_{q2'} = p_{q3} + R_m l_{2'\text{-}3}$$

$$p_{d2'} = \frac{\rho v_3^2}{2}$$

$$p_{j2'} = p_{q2'} - p_{d2'} = R_m l_{2'\text{-}3}$$

计算出各断面的动压，静压和全压以后，根据摩擦阻力与风道长度成正比关系，即可将各断面的相应压力连接成线，即为压力分布线。

对于仅有摩擦阻力，没有任何局部阻力的最简单风道系统压力分布图来说，也可以看出下面几点：第一，当空气由静止变为流动状态时，只能靠降低静压转化为动压来实现，在进风口即断面1处，由于全压为零，而动压总是正值，则静压为负值。第二，以风机为界，吸入侧的压力都为负值，压出侧的压力都为正值。第三，两个断面的全压差即为两断面间风道的压力损失。当两断面面积相等时，可以认为两断面间的风道阻力是靠静压克服的。第四，风机压头等于风机进出口的全压差，或者说等于风道总阻力，亦即等于风道阻力及出口动压损失之和。即：

$$\Delta p = p_{q2'} - p_{q2} = (p_{d3} + R_m l_{2'\text{-}3}) - (-R_m l_{1\text{-}2})$$
$$= R_m l_{1\text{-}3} + p_{d3}$$

2. 兼有摩擦阻力和局部阻力的风管内压力分布线

风机开动后，各断面的压力计算如图 7-7 所示。

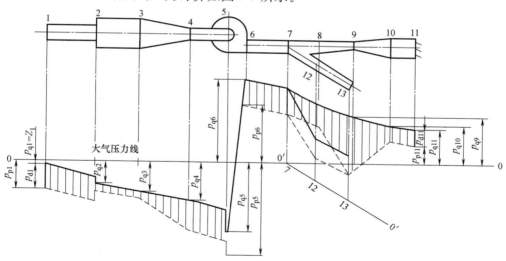

图 7-7　兼有摩擦阻力和局部阻力的风管内压力分布

断面 1：
$$p_{q1} = -Z_1 \quad (Z_1 \text{ 为进风口局部阻力})$$

$$p_{d1} = \frac{1}{2}\rho v_1^2$$

$$p_{j1} = p_{q1} - p_{d1} = -\left(Z_1 + \frac{\rho v_1^2}{2}\right)$$

169

断面 2：　　　　$p_{q2}=p_{q1}-(R_m l+Z)_{1-2}=-(Z_1+R_{m1-2}l_{1-2}+Z_{突扩})$

$$p_{d2}=\frac{\rho v_2^2}{2}<\frac{\rho v_1^2}{2}$$

$$p_{j2}=p_{q2}-p_{d2}=-(Z_1+R_{m1-2}l_{1-2}+Z_{突扩})-\frac{\rho v_1^2}{2}$$

断面 3：　　　　$p_{q3}=p_{q2}-(R_m l+Z)_{2-3}=p_{q2}-R_{m2-3}l_{2-3}$

　　　　　　　　$p_{d3}=p_{d2}$

断面 4：　　　　$p_{q4}=p_{q3}-(R_m l+Z)_{3-4}=p_{q3}-Z_{3-4}$

式中，Z_{3-4} 为渐扩管的局部阻力。

断面 5：　　　　$p_{q5}=p_{q4}-(R_m l_{4-5}+Z_{弯头})$

断面 11：　　　$p_{q11}=p_{j11}+p_{d11}+Z'_{11}$

$$=0+\frac{\rho v_{11}^2}{2}+\zeta'_{11}\frac{\rho v_{11}^2}{2}$$

$$=(1+\zeta'_{11})\frac{\rho v_{11}^2}{2}=\zeta_{11}\frac{\rho v_{11}^2}{2}=Z_{11}$$

式中，ζ'_{11} 是风道出口局部阻力系数，ζ_{11} 是包括出口动压损失在内的出口局部阻力系数。

断面 10：　　　$p_{q10}=p_{q11}+R_m l_{10-11}$

断面 9：　　　　$p_{q9}=p_{q10}+Z_{9-10}$

断面 8：　　　　$p_{q8}=p_{q9}+Z_{8-9}$

断面 7：　　　　$p_{q7}=p_{q8}+Z_{7-8}$

式中，Z_{9-10} 为渐扩管局部阻力，Z_{8-9} 为渐缩管局部阻力，Z_{7-8} 为三通的直通支管局部阻力。

断面 6：$p_{d6}=p_{q7}+R_m l_{6-7}$

为了表示支管 7-12 的压力分布，可经过 $0'$ 引平行于支管 7-12 轴线的 $0'-0'$ 线作为基准线，再用上述同样方法，即可求出该支管的压力分布线。

图 7-7 所示的是一比较接近实际的风管系统。从它的压力分布可以看出以下几点：第一，风机压头等于风管系统总阻力和出口动压之和。第二，在风管分支处，不管分出多少支，其压力值只有一个，因此各并联支管的阻力总是相等。第三，一般情况下，风机压出段的静压都是正值。如果风管过流断面收缩很大即过流断面很小时，静压也会出现负值。

7.1.4　风管的水力计算

通风管道设计的优劣会直接影响整个通风系统的技术经济性能。进行通风管道水力计算的目的是确定管道断面尺寸及阻力，从而确定通风系统采用风机的型号和所需功率。

风道的水力计算，可分为两种类型：设计类型和校核类型。设计类型是已知风道布置，风管长度及各管段风量，要求确定各段管径和选择风机。校核类型是已知各管段长度，管径及风机所能提供的压头，要求校核各段风量是否满足要求。

两种类型的计算原理都一样，都是通过压力平衡来达到分配风量的目的，下面介绍几种常用的计算方法。

1. 假定流速法

前已述及，单位长度摩擦阻力 R_m 是管径 D、风速 v 及风量 L 的函数，即

$$R_m = f(L, v, D) \tag{7-15}$$

若将式（7-15）制成线算图，则如图 7-5 所示。从图上看出，四个变量中若已知两个，则其余两个也可确定。

对设计类型计算而言，风量 L 是作为已知条件，如再假定流速 v，则 D 和 R_m 就可确定，通常就称这种方法为假定流速法。下面介绍它的设计计算步骤：

（1）绘制通风系统轴测图，对各管段进行编号，标注长度和风量。管段长度一般按两管件间中心线距离计算，不扣除管件（如三通、弯头等）本身的长度。

（2）选择风管内的空气流速。选定风速时，要综合考虑建筑空间、初投资和运行费及噪声等因素。风管内的空气流速高，风管断面小，材料耗用少，建造费用小，但是系统阻力大，动力消耗增加，运行费用也相应增加。反之，流速低，动力消耗小，但是材料和建造费用大，风管占用的空间也会增大。因此，必须选定适当的流速。根据经验总结，风管内的空气流速可参考表 7-4。

一般通风管道中常用的空气流速（m/s）　　　表 7-4

管道材料	总管风速	支管风速	室内进风口	室内回风口	新鲜空气风速
薄钢板	6～14	2～8	1.5～3.5	2.5～3.5	5.5～6.5
砖、矿渣、水泥、石棉或矿渣混凝土	4～12	2～6	1.5～3	2～3	5～6

（3）根据各管段的风量和选择的风速，确定各管段的断面尺寸 $a \times b$（或管径 D），并根据通风管道的统一规格进行圆整。再用规格化了的断面尺寸及风量，算出风管内实际流速。

（4）计算摩擦阻力和局部阻力。

（5）对并联管路进行阻力平衡（一般通风系统两支管的阻力差应小于 15%），计算系统的总的阻力（最不利环路的阻力即为系统的总阻力）。

（6）根据系统的总阻力和总风量选择风机。风机的型号由需要的风量和风压来选定，对于离心式风机还要注意选择合适的风机出口方向和传动方式，以便于管路的连接和安装。

考虑到管道可能漏风，有些阻力计算也可能不够完善，选用风机时的风量 L' 和风压 $\Delta p'$ 就必须大于通风系统的计算风量 L 和风压 $\Delta p'$，即按下式：

风量 $\qquad\qquad\qquad L' = K_L \cdot L \tag{7-16}$

风压 $\qquad\qquad\qquad \Delta p' = K_p \cdot \Delta p \tag{7-17}$

式中　K_L——风量附加安全系数，一般送、排风系统，$K_L = 1.0 \sim 1.1$；

　　　K_p——风压附加安全系数，一般送、排风系统，$K_p = 1.1 \sim 1.15$。

2. 假定流速——当量长度法

在风管系统水力计算中，如果能将局部阻力计算转化为类似摩擦阻力计算，将会给风道水力计算带来方便。

将阻力公式表示成如下形式：

$$\Delta p = \left(1 + \frac{D}{\lambda}\zeta\right)\frac{\lambda}{D} \cdot \frac{\rho v^2}{2}$$

$$= (1 + l_当)R_m \tag{7-18}$$

式中　$l_当$——由局部阻力折合成的当量长度，$l_当=\dfrac{D}{\lambda}\zeta$；

$\dfrac{D}{\lambda}$——当 $\zeta=1$ 时的当量长度。

不同管径、不同流态的 D/A 值，可以事先计算好，列成表供查用。

3. 静压复得法

在有分支的通风管道里，由于从支管中流走一部分风量，所以在每个分流三通之后，

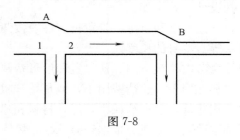

图 7-8

总风量都有所减少，如图 7-8 所示。如果三通前后的风道断面变化不大，那么风速就要降低，即 $v_2 < v_1$，众所周知，当流体的全压一定时，风速降低，则静压增加，即断面 2 处静压大于断面 1 处静压。利用这部分"复得"的静压来克服下一段（AB）管道的阻力，以确定管道尺寸，从而保持各分支前的静压都相等，这就是静压复得法。

（1）静压复得系数

在三通前后，分别取断面 1 和 2，列能量方程式：

$$p_{j1}+\frac{\rho v_1^2}{2}=p_{j2}+\frac{\rho v_2^2}{2}+\Delta p_{1\text{-}2}$$

式中：$\Delta p_{1\text{-}2}=\zeta\cdot\dfrac{\rho v_1^2}{2}$，为三通直通的局部阻力。

则：

$$p_{j2}-p_{j1}=\frac{\rho}{2}\left[(1-\zeta)v_1^2-v_2^2\right]$$

$$\Delta p_j=(1-\zeta)\frac{\rho v_1^2}{2}-\frac{\rho v_2^2}{2}$$

令：

$$B=\frac{(1-\zeta)v_1^2-v_2^2}{v_1^2-v_2^2} \tag{7-19}$$

则：

$$\Delta p_j=B\left(\frac{\rho v_1^2}{2}-\frac{\rho v_2^2}{2}\right) \tag{7-20}$$

式中，B 为静压复得系数。B 是小于 1 的数，由式（7-20）可见，三通本身的局部阻力要消耗一部分静压，使得动压的减少不可能完全转化为静压的增加，B 值大小与三通制作质量有关，一般情况下，$0.5<B<0.9$，设计时可取 $B=0.75$。

（2）计算公式

在图 7-8 中，管段 A-B 的总阻力为：

$$\Delta p_{\text{A-B}}=(l+l_当)\frac{\lambda}{D_2}\cdot\frac{\rho v_2^2}{2} \tag{7-21}$$

根据静压复得法原理，应有下式成立：

$$\Delta p_j=\Delta p_{\text{A-B}}$$

$$B\left(\frac{\rho v_1^2}{2}-\frac{\rho v_2^2}{2}\right)=(l+l_当)\frac{\lambda}{D_2}\cdot\frac{\rho v_2^2}{2}$$

$$v_2=v_1\sqrt{\frac{BD_2}{(l+l_当)\lambda+BD_2}} \tag{7-22}$$

当已知三通上游速度 v_1 时，可用式（7-22），再根据管段中流量 L_2，用试算法计算三通下游速度 v_2 和直径 D_2。

（3）静压复得法的应用

从式（7-20）可以看出，静压复得系数与速度平方变化成正比。在高速风道里，因风速大，则复得静压多，在低速风道里则复得静压少。所以静压复得法适用于高速风道。

用静压复得原理设计风道时，利用复得静压来克服下一段管道的阻力，因此各分支处的静压都相等，这就为实现各支管的分流量相同的均匀送风提供了可能。所以静压复得法适用于设计均匀送风管道。

【例 7-1】 有一妊娠猪舍，长 55m，宽 13m，饲养 200 头母猪，冬季通风量为 16000m³/h。在妊娠猪舍的东侧设有暖风机房，冬季暖风供暖，采用管道在猪舍内均匀送风。管道布置如图 7-9 所示。风管全部用钢板制作，绝对粗糙高度 $K=0.15$mm，各段的长度、风量已在图中注明，进风段平均温度为 25℃，送风段平均温度为 20℃。猪舍内设两条均匀送风支管，总阻力各为 43.3Pa。要求确定该系统的风管断面尺寸和阻力，并且选择风机。

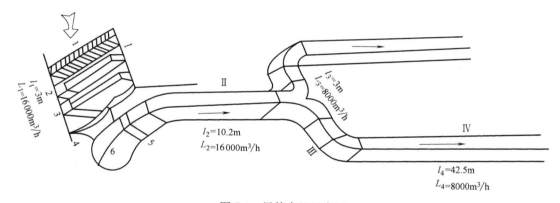

图 7-9 风管布置示意图

1—进口百叶窗；2—空气过滤器；3—加热器；4—圆形渐缩管；5—总风量调节阀；6—离心式风机

解：

1）确定各管段的断面尺寸和单位长度摩擦阻力。

在一般情况下，风管长、部件多的环路阻力大，本管路系统选择管段编号 I-II-III-IV 作为最不利环路。

管段 I 此为暖风机房，是风机的进气段，进气断面为 1.5m×3.0m，长为 3m，由于风管断面较大，而长度又较短，摩擦阻力相对很小，可忽略不计。

管段 II 此为系统总送风管，初选管内空气流速 $v=8$m/s，则断面面积为：

$$A=\frac{16000}{3600\times 8}=0.556\text{m}^2$$

采用矩形风管，参照矩形风管规格，取断面尺寸为 800mm×700mm，风管实际流速为：

$$v=\frac{16000}{3600\times 0.8\times 0.7}=7.9\text{m/s}$$

管道的当量直径为：

$$D_v = \frac{4 \times 0.8 \times 0.7}{2 \times (0.8 + 0.7)} = 750 \text{mm}$$

按 $v = 7.9 \text{m/s}$ 和 $D = 750 \text{mm}$ 查图 7-5 可得 $R_m = 0.72 \text{Pa/m}$。

$$\Delta p_m = 0.72 \times 10.2 = 7.3 \text{Pa}$$

管段Ⅲ 支管流量 $L = 8000 \text{m}^3/\text{h}$，管道断面仍取 $0.8 \times 0.7 \text{m}$。

$$v = \frac{8000}{3600 \times 0.8 \times 0.7} = 4.0 \text{m/s}$$

按 $v = 4.0 \text{m/s}$ 和 $D = 750 \text{mm}$ 查图 7-5 查图 3-12 可得 $R_m = 0.23 \text{Pa/m}$。

$$\Delta p_m = 0.23 \times 3 = 0.69 \text{Pa}$$

2）局部阻力计算

管段Ⅰ

进口百叶窗　百叶窗尺寸为 $1.6 \text{m} \times 1.4 \text{m}$，形式为 45°固定金属百叶窗，有效面积为 80%，查通风管件局部阻力系数，百叶窗的进风局部阻力系数 $\zeta = 0.91$。

进口风速为：

$$v = \frac{16000}{3600 \times 1.6 \times 1.4 \times 0.8} = 2.5 \text{m/s}$$

百叶窗局部阻力：

$$Z = \zeta \frac{\rho v^2}{2} = 0.91 \times \frac{1.185 \times 2.5^2}{2} = 3.4 \text{Pa} \qquad (25℃时，空气的密度为 1.185 \text{kg/m}^3)$$

空气过滤器由 16 块小型网格式过滤器组成，查《供暖通风设计手册》，总阻力为 486.1Pa。

空气加热器选用型号为 SRZ17×10D，查《供暖通风设计手册》，通风净面积为 1.072m^2。

通过加热器的流速为：

$$v = \frac{16000}{3600 \times 1.072} = 4.1 \text{m/s}$$

$$\rho v = 1.185 \times 4.1 = 4.9$$

查表得 $Z = 43.7 \text{Pa}$。

圆形渐缩管 $\alpha = 60°$，查得局部阻力系数 $\zeta = 0.07$。

假设风机进口断面直径 $D = 1000 \text{mm}$，则有：

$$A = \frac{\pi}{4} D^2 = \frac{3.14 \times 1^2}{4} = 0.785 \text{m}^2$$

$$v = \frac{16000}{3600 \times 0.785} = 5.7 \text{m/s}$$

$$Z = \zeta \frac{\rho v^2}{2} = 0.07 \times \frac{1.185 \times 5.7^2}{2} = 1.35 \text{Pa}$$

进口段总阻力：

$$\Delta p = 3.4 + 486.1 + 43.7 + 1.35 = 534.5 \text{Pa}$$

管段Ⅱ

总风量调节阀，查《供暖通风设计手册》，全开时 $\alpha = 0$，叶片数为 3，$\zeta = 0.25$；

90°弯头，查局部阻力系数，$R/b = 1.0$，$a/b = 0.7/0.8 = 0.875$，$\zeta = 0.22$；

分流三通处，$\zeta = 0.25$；

管段 Ⅱ 局部阻力系数之和为 $0.25+0.22+0.25=0.72$。

管段 Ⅲ

90°弯头，查局部阻力系数 $\zeta = 0.22$。

3）管段 Ⅳ 为猪舍内均匀送风支管，总阻力由题意为 43.3Pa。

上列计算均可汇总于表 7-5 中。

4）本系统所需风机压头应能克服 614.5Pa 的阻力。

管道水力计算表 表 7-5

管段编号	风量 L (m³/h)	管长 l(m)	矩形风管尺寸 $a \times b$ (mm)	直径或当量直径 D (mm)	流速 v (m/s)	单位长度摩擦阻力 R_m(Pa/m)	摩擦阻力 Δp_m(Pa)	局部阻力系数 ζ	局部阻力 Z(Pa)	管段总阻力 $\Delta p_m + Z$ (Pa)
1	16000								534.5	534.5
2	16000	10.2	800×700	750	7.9	0.72	7.3	0.72	26.6	33.9
3	8000	3.0	800×700	750	4.0	0.23	0.69	0.22	2.1	2.8
4	8000									43.3
									Σ	614.5

7.1.5 均匀送风管道设计计算

由风管侧壁的若干个孔口或管嘴送出等量的空气，这种风道称为均匀送风管道，均匀送风管道通常有两种形式：一种是风管断面变化，各侧孔的面积相等；另一种是风道断面不变，而改变各侧孔面积的大小。

1. 均匀送风管道的设计原理

空气在风管内流动时，其静压垂直作用于管壁，当空气流经侧孔时，由于孔口内外的静压差，空气将从孔口出流，其出流速度为：

$$v_j = \sqrt{\frac{2\Delta p_j}{\rho}} \qquad (7\text{-}23)$$

空气在风管内流速为：

$$v_d = \sqrt{\frac{2p_d}{\rho}} \qquad (7\text{-}24)$$

式中 Δp_j——风管内外静压差；

p_d——风管内动压。

侧孔出流状态如图 7-10 所示，因此，空气从孔口出流的实际速度为：

$$v = \sqrt{v_j^2 + v_d^2}$$

孔口出流实际速度与风管轴线间的夹角为 α，则有：

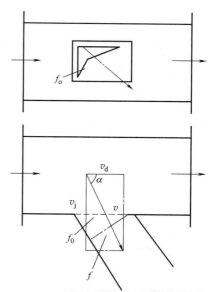

图 7-10 侧孔出流状态图

$$tg\alpha = = \frac{v_j}{v_d} = \sqrt{\frac{\Delta p_j}{p_d}} \qquad (7\text{-}25)$$

$$v = \frac{v_\mathrm{j}}{\sin\alpha} \qquad\qquad (7\text{-}26)$$

孔口出流流量为

$$L_0 = 3600\mu \cdot f \cdot v \qquad\qquad (7\text{-}27)$$

式中 μ——孔口流量系数；

f——孔口在气流垂直方向上的投影面积，从图 7-11 可知，$f = f_0 \cdot \sin\alpha = f_0\dfrac{v_\mathrm{j}}{v}$

f_0——孔口面积。

因此，有：

$$L_0 = 3600\mu f_0 \sqrt{\frac{2\Delta p_\mathrm{d}}{\rho}} \qquad\qquad (7\text{-}28)$$

通常称 v_j 为名义出流速度，称 $\mu v_\mathrm{j} = v_0$ 为在 f_0 上的断面平均速度，$v_0 = L_0/3600f_0$。

对于断面不变的矩形送（排）风管，采用条缝形风口送（排）风时，风口上的流速分布如图 7-11 所示。在送风管上，从始端到末端管内流量不断减小，动压相应下降，静压增大，使条缝出口流速不断增大；在排风管上，则是相反，因管内静压不断下降，管内外压差增大，条缝口入口不断增大。

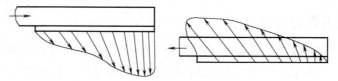

图 7-11　从条缝口吹出和吸入的速度分布

分析式（7-28）可以看出，要实现均匀送风，可采取以下措施：

（1）送风管断面积 F 和孔口面积 f 不变时，管内静压会不断增大，可根据静压变化，在孔口设置不同的阻力体，使不同的孔口具有不同的阻力（即改变流量系数），如图 7-12 (a)、(b) 所示。

（2）孔口面积 f_0 和 μ 值不变时，可采用锥形风管改变送风管断面积，使管内静压基本保持不变，见图 7-12 (c)。

（3）送风管断面积 F 及孔口 μ 值不变时，可根据管内静压变化，改变孔口面积 f，如图 7-12 (d)、(e) 所示。

（4）增大送风管断面积 F，减小孔口面积 f_0。如图 7-12 (f) 所示的条缝形风口，试验表明，当 $f_0/F < 0.4$ 时，始端和末端出口流速的相对误差在 10％ 以内，可以近似认为是均匀分布的。

2. 实现均匀送风的基本条件

对侧孔面积 f_0 保持不变的均匀送风管，要使各侧孔的送风量保持相等，必须保证各侧孔的静压 p_j 和流量系数 μ 相等；要使出风口气流尽量保持垂直，要求出流角 α 接近 90°，下面分析如何实现上述要求。

（1）保持各侧孔静压相等。

在图 7-13 中，取断面 1-1 和 2-2，写能量方程

$$p_{\mathrm{j}1} + p_{\mathrm{d}1} = p_{\mathrm{j}2} + p_{\mathrm{d}2} + (R_\mathrm{m}l + z)_{1\text{-}2}$$

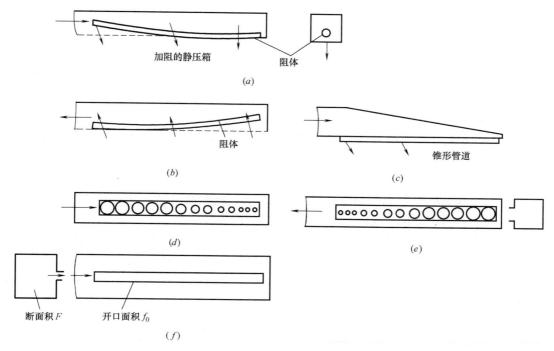

图 7-12　实现均匀送（排）风的方式

若
$$p_{d1}-p_{d2}=(R_m l+z)_{1\text{-}2}$$
则有
$$p_{j1}=p_{j2}$$

可见，如果使两侧孔间的动压降等于两侧孔间阻力，则可保持两侧孔处风道内静压相等。

（2）保持各侧孔流量系数相等的条件

流量系数 μ 与孔口形状，出流角 α 及孔口出流量与分流前风量之比 τ_0（$\tau_0=L_0/L$）有关。

从图 7-14 看出，在 $\alpha\geqslant60°$，$\tau_0=0.1\sim0.5$ 范围内，对于锐边孔口，可以近似认为 $\mu=0.60$。

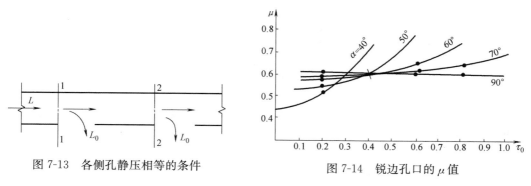

图 7-13　各侧孔静压相等的条件

图 7-14　锐边孔口的 μ 值

（3）尽量增大 α 角

从均匀送风考虑，希望 α 角越大越好，最好是 $\alpha=90°$。由式（7-25）可知，如果 $\alpha=90°$ 则 $v_j/v_d=\infty$，这是不可能的。所以只能使得 α 尽可能大。一般取 $\alpha\geqslant60°$，$tg\alpha\geqslant1.73$，即要求

$$\frac{v_{\rm j}}{v_{\rm d}} \geqslant 1.73 \quad \text{或} \quad \frac{\Delta p_{\rm j}}{p_{\rm d}} \geqslant 3.0 \tag{7-29}$$

3. 均匀送风管道的计算方法

计算前的准备工作：先确定侧孔个数，侧孔间距及每个孔口出流量。计算的任务是：确定侧孔面积，送风管道断面尺寸以及管道阻力。

计算步骤如下：

(1) 根据房间对送风速度的要求，先拟定孔口平均速度 v_0。计算静压速度 $v_{\rm j}$ 及侧孔面积。

(2) 按照 $v_{\rm j}/v_{\rm d} \geqslant 1.73$ 的原则设定 $v_{\rm d1}$，求出第一孔口前管道断面 1 的尺寸或直径。

(3) 计算管段 1-2 之阻力 $(R_{\rm m}l+Z)_{1-2}$，据此求第二断面处的全压 $p_{\rm q2} = p_{\rm q1} - (R_{\rm m}l+Z)_{1-2}$

(4) 根据 $p_{\rm q2}$ 求出 $p_{\rm d2}$，算出第二断面处管道直径或断面尺寸。

(5) 依此类推。断面 1 处的全压即为管道的总阻力。

【例 7-2】 如图 7-15 所示，总风量为 8000m³/h 的圆形均匀送风管道，采用 8 个等面积的侧孔送风，孔间距为 1.5m。试确定其孔口面积、各断面直径和总阻力。

解： 1) 设侧孔的平均流出速度 v_0 为 4.5m/s。

则侧孔面积：

$$A_0 = \frac{L}{3600v_0} = \frac{8000}{8 \times 3600 \times 4.5} = 0.062\text{m}^2$$

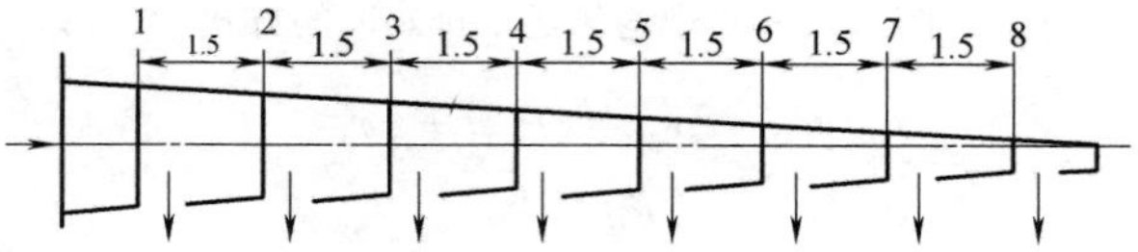

图 7-15　均匀送风管道

侧孔处静压流速：

$$v_{\rm j} = \frac{v_0}{\mu} = \frac{4.5}{0.6} = 7.5\text{m/s}$$

侧孔应有静压：

$$p_{\rm j} = \frac{\rho v_{\rm j}^2}{2} = \frac{1.2 \times 7.5^2}{2} = 33.8\text{Pa}$$

按 $v_{\rm j}/v_{\rm d} \geqslant 1.73$，设定 $v_{\rm d1}$。

$$v_{\rm d1} \leqslant \frac{v_{\rm j}}{1.73} = \frac{7.5}{1.73} = 4.33\text{m/s}$$

故取 $v_{\rm d1} = 4\text{m/s}$。

断面 1 动压：

$$p_{\rm d1} = \frac{\rho v_{\rm d1}^2}{2} = \frac{1.2 \times 4^2}{2} = 9.6\text{Pa}$$

断面 1 直径：

$$D_1 = \sqrt{\frac{4L \times 8}{3600\pi v_{\rm d1}}} = \sqrt{\frac{4 \times 8000}{3600 \times 3.14 \times 4}} = 0.84\text{m}$$

断面 1 处全压：

$$p_{q1} = p_{d1} + p_{j1} = 9.6 + 33.8 = 43.4 \text{Pa}$$

2）计算管段 1-2 的阻力

摩擦阻力：根据风量 $7000 \text{m}^3/\text{h}$ 及管径 $D_1 = 840\text{mm}$（精确计算时应取 D_1 和 D_2 的平均值），查风管阻力线算图 7-5 得 $R_{m1\text{-}2} = 0.17 \text{Pa/m}$

$$\Delta p_{m1\text{-}2} = lR_{m1\text{-}2} = 1.5 \times 0.17 = 0.26 \text{Pa}$$

局部阻力：空气流过侧孔直通部分的局部阻力系数可从 7-6 查得。

空气流过侧孔直通部分的局部阻力系数 表 7-6

L/L_0	0	0.1	0.2	0.3	0.4	0.5	0.6	0.7	0.8	0.9	~ 1
ζ	0.15	0.05	0.02	0.01	0.03	0.07	0.12	0.17	0.23	0.29	0.35

注：L——通过侧孔孔口的空气流量；L_0——通过该侧孔所在的管道断面的空气流量；ζ——空气通过侧孔的局部阻力系数。

由于侧孔 1 处 $L/L_0 = 1000/(8 \times 1000) = 0.125$，从表 7-6 中查得 $\zeta = 0.042$。

局部阻力 Δp_ζ 的大小为：

$$\Delta p_\zeta = \zeta \frac{\rho v_{d1}^2}{2} = 0.042 \times 9.6 = 0.4 \text{Pa}$$

管道 1-2 之间总的阻力 $\Delta p_{1\text{-}2}$ 为：

$$\Delta p_{1\text{-}2} = \Delta p_{m1\text{-}2} + \Delta p_\zeta = 0.26 + 0.4 = 0.66 \text{Pa}$$

断面 2 的全压：

$$p_{q2} = p_{q1} - \Delta p_{1\text{-}2} = 43.4 - 0.66 = 42.74 \text{Pa}$$

3）计算断面 2 的直径 D_2

断面 2 的动压：

$$p_{d2} = p_{q2} - p_j = 42.74 - 33.8 = 8.94 \text{Pa}$$

断面 2 的流速：

$$v_{d2} = \sqrt{\frac{2p_{d2}}{\rho}} = \sqrt{\frac{2 \times 8.94}{1.2}} = 3.86 \text{m/s}$$

断面 2 的直径：

$$D_2 = \sqrt{\frac{4L \times 7}{3600\pi v_{d2}}} = \sqrt{\frac{4 \times 7000}{3600 \times 3.14 \times 3.86}} = 0.8 \text{m}$$

4）计算管段 2-3 的阻力，求断面 3 的直径

摩擦阻力：根据 $L = 6 \times 1000 \text{m}^3/\text{h}$ 及管径 $D_2 = 800\text{mm}$，查得 $R_{m2\text{-}3} = 0.154 \text{Pa/m}$

$$\Delta p_{m2\text{-}3} = lR_{m2\text{-}3} = 1.5 \times 0.154 = 0.23 \text{Pa}$$

局部阻力：侧孔 2 处 $L/L_0 = 1000/(7 \times 1000) = 0.143$，查表 7-6 得 $\zeta = 0.037$。

$$\Delta p_\zeta = \zeta \frac{\rho v_{d2}^2}{2} = 0.037 \times 8.94 = 0.33 \text{Pa}$$

$$\Delta p_{2\text{-}3} = \Delta p_{m2\text{-}3} + \Delta p_\zeta = 0.23 + 0.33 = 0.56 \text{Pa}$$

断面 3 的全压：$\quad p_{q3} = p_{q2} - \Delta p_{2\text{-}3} = 42.74 - 0.56 = 42.18 \text{Pa}$

断面 3 的动压：$p_{d3} = p_{q3} - p_j = 42.18 - 33.8 = 8.38 \text{Pa}$

断面 3 的流速：$v_{d3} = \sqrt{\frac{2p_{d3}}{\rho}} = \sqrt{\frac{2 \times 8.38}{1.2}} = 3.7 \text{m/s}$

断面 3 的直径：$D_3 = \sqrt{\dfrac{4L \times 6}{3600\pi v_{d3}}} = \sqrt{\dfrac{4 \times 6000}{3600 \times 3.14 \times 3.7}} = 0.75\text{m}$

依此类推，可求得其余各断面的直径，分别为 $D_4 = 0.75\text{m}$，$D_5 = 0.63\text{m}$，$D_6 = 0.55\text{m}$，$D_7 = 0.46\text{m}$，$D_8 = 0.33\text{m}$。

断面 1 的全压即为均匀送风管道的总阻力，其值为 43.4 Pa。

7.2 空调水系统

农业设施的空调水系统的作用是以水作为介质在设施间和设施内部传递冷量或热量。正确、合理地设计空调水系统是整个空调系统正常运行的重要保证，同时也能有效地节省电能消耗。

空调水系统包括冷热水系统、冷却水系统和冷凝水系统。

冷热水系统是指由冷水机组（或换热器）制备出的冷水（或热水）的供水，由冷水（或热水）循环泵，通过供水管路输送至空调末端设备，释放出冷量（或热量）后的冷水（或热水）的回水，经回水管路返回冷水机组（或换热器）。按动力形式的不同，冷热水系统分为自然循环系统和机械循环系统。

冷却水系统是指利用冷却塔向冷水机组的冷凝器供给循环冷却水的系统。

冷凝水系统是指空调末端装置排出冷凝水的管路系统。

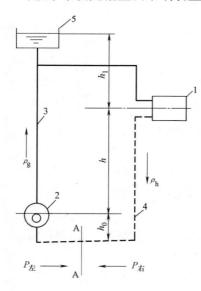

图 7-16　自然循环热水供暖系统
工作原理图

1—散热器；2—热水锅炉；3—供水管路；
4—回水管路；5—膨胀水箱

7.2.1　自然循环热水供暖系统

1. 工作原理

图 7-16 是自然循环热水供暖系统的工作原理图。在系统工作之前，先将系统中充满冷水。当水在锅炉内被加热后，温度升高，密度减小，同时受从散热器流回来密度较大的回水的驱动，使热水沿供水干管上升，流入散热器。在散热器内水被冷却，再沿回水管流回锅炉，形成如图 7-16 箭头所示方向的循环流动。

由此可见，自然循环作用力的大小，取决于水温（水的密度）在循环环路的变化状况。如忽略水在管道中的冷却，认为水温只在锅炉（加热中心）和散热器（冷却中心）中发生变化。假设回水管路的最低点断面 A-A 处有一个假想阀门，若突然将阀门关闭，则在断面 A-A 两侧受到不同压力，这两侧所受到的压力差就是驱使水在系统内进行循环流动的作用压力。

设 P_1 和 P_2 分别表示 A-A 断面右侧和左侧的水柱压力，则：

$$P_1 = g(h_0\rho_h + h\rho_h + h_1\rho_g)$$
$$P_2 = g(h_0\rho_h + h\rho_g + h_1\rho_g)$$

（7-30）

断面 A-A 两侧的压力差，则系统的循环作用压力为：

$$\Delta P = P_1 - P_2 = gh(\rho_h - \rho_g) \tag{7-31}$$

式中　ΔP——自然循环系统的作用压力，Pa；

g——重力加速度，m/s^2，为 $9.81m/s^2$；

h——冷却中心至加热中心的垂直距离，m；

ρ_h——回水密度，kg/m^3；

ρ_g——供水密度，kg/m^3。

可见，自然循环系统的作用压力与锅炉中心至散热器中心垂直距离以及供回水密度差成正比。为了取得足够的循环作用压力，往往应把锅炉安装在较低位置。

2. 主要形式

自然循环系统主要分双管和单管两种形式。图 7-17 （a）为双管上供下回式系统，图 7-17 （b）为单管上供下回顺流式系统。

上供下回式自然循环系统供水干管必须有向膨胀水箱方向上升的流向。其反向的坡度为 $0.5\% \sim 1.0\%$；散热器支管的坡度一般取 1%。这是为了使系统内的空气能顺利地排除，因系统中若积存空气，就会形成气塞，影响水的正常循环。在自然循环系统中，水的流速较低，水平干管中流速小于 $0.2m/s$，而在干管中空气气泡的浮升速度为 $0.1 \sim 0.2m/s$，在立管中约为 $0.25m/s$。因此，系统在充水和运行时空气能逆着水流方向，经过供水干管聚集到系统的最高处，通过膨胀水箱排除。设置在系统最高处的膨胀水箱用来容纳或补充系统中水因膨胀或漏水而引起的余缺，同时也通过它排除系统中的空气。

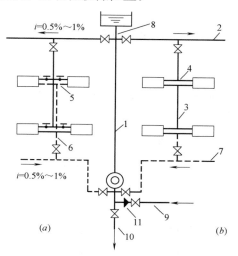

图 7-17　自然循环单双管上供下回式系统
1—总立管；2—供水干管；3—供水立管；
4—散热器供水支管；5—散热器回水支管；
6—回水立管；7—回水干管；8—膨胀水箱连接管；
9—充水管；10—泄水管；11—止回阀

为使系统顺利排除空气和在系统停止运行或检修时能通过回水干管顺利地排水，回水干管应有向锅炉方向的向下坡度。

3. 作用压力的计算

（1）双管系统作用压力的计算

在如图 7-18 所示的双管系统中，由于供水同时在上、下两层散热器内冷却，形成了两个并联环路和两个冷却中心。它们的作用压力分别为：

$$\Delta P_1 = gh_1(\rho_h - \rho_g) \tag{7-32}$$

$$\Delta P_2 = g(h_1 + h_2)(\rho_h - \rho_g) = \Delta P_1 + gh_2(\rho_h - \rho_s) \tag{7-33}$$

式中　ΔP_1——通过底层散热器 aS_1b 环路的作用力，Pa；

ΔP_2——通过上层散热器 aS_2b 环路的作用力，Pa。

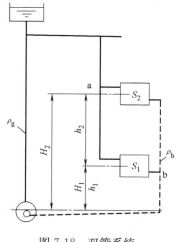

图 7-18　双管系统

可见，在双管系统中，由于各层散热器与锅炉的高度差不同，虽然进入和流出各层散热器的供、回水温度相同（不考虑管路沿途冷却的影响），这就形成上层作用压力大，下层作用压力小的现象。如选用不同管径仍不能使各层阻力损失达到平衡，就会引起各层流量分配不均，也就必然要出现上热下冷的现象，通常称作系统垂直失调。

（2）单管系统作用压力的计算

单管系统的特点是热水顺序流过多组散热器，并逐个冷却，冷却后回水返回热源。在如图 7-19 所示的上供下回单管系统中，散热器 S_1 和 S_2 串联，引起循环作用压力的高度差是 (h_1+h_2)，冷却后水的密度分别为 ρ_1 和 ρ_2，其循环作用压力为：

$$\Delta P = gh_1(\rho_h - \rho_g) + gh_2(\rho_2 - \rho_g) \tag{7-34}$$

式（7-34）也可改写为：

$$\begin{aligned}
\Delta P &= g(h_1+h_2)(\rho_2 - \rho_g) + gh_1(\rho_h - \rho_2) \\
&= gH_2(\rho_2 - \rho_g) + gH_1(\rho_h - \rho_2) \text{Pa}
\end{aligned} \tag{7-35}$$

如图 7-20 所示，若循环环路中有 N 组串联的冷却中心（散热器）时，其循环作用压力为：

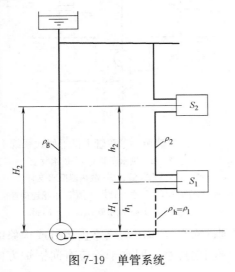

图 7-19　单管系统

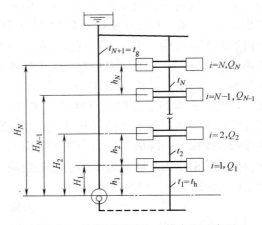

图 7-20　单管顺流系统立管水温示意图

$$\begin{aligned}
\Delta P &= \sum_{i=1}^{N} gh_i(\rho_i - \rho_g) \\
&= \sum_{i=1}^{N} gH_i(\rho_i - \rho_{i+1})
\end{aligned} \tag{7-36}$$

式中　N——在循环环路中，冷却中心的总数；

i——N 个冷却中心的顺序数，令沿水流方向最后一组散热器为 $i=1$；

g——重力加速度，取为 9.81m/s^2；

ρ_g——供暖系统供水密度，kg/m^3；

h_i——从计算冷却中心 i 到冷却中心 $(i-1)$ 间的垂直距离，m；当计算冷却中心 $i=1$（沿水流方向最后一组散热器）时，h_i 表示与锅炉中心的垂直距离，m；

ρ_i——流出所计算的冷却中心的水的密度，kg/m^3；

H_i——从计算的冷却中心到锅炉中心之间的垂直距离，m；

ρ_{i+1}——进入所计算的冷却中心 i 的水的密度，kg/m³，当 $i=N$ 时，$\rho_{i+1}=\rho_g$。

为计算单管系统循环作用压力，需要求出各个冷却中心之间管路中水的密度。为此，首先要确定各散热器之间的水温 t_i。

如图 7-20 所示，设供、回水温度分别为 t_g、t_h。立管串联 N 组散热器，每层散热器的散热量分别为 Q_1，Q_2，…，Q_N，流出第 i 组散热器的水温 t_i（令沿水流动方向最后一组散热器为 $i=1$），可按下式计算：

$$t_i = t_g - \frac{\sum\limits_i^N Q_i}{\sum Q}(t_g - t_h) \tag{7-37}$$

式中　t_i——流出第 i 组散热器的水温，℃；

$\sum Q$——立管的总热负荷，$\sum Q = Q_1 + Q_2 + \cdots + Q_N$，W；

$\sum Q_i$——沿水流方向，在第 i 组（包括第 i 组）散热器前的全部散热器散热量，W。

当管路中各管段的水温 t_i 确定后，相应可确定其 ρ_i 值。利用式（7-35）即可求出单管自然循环系统的作用压力值。

在上述计算里没有考虑水在管路中沿途冷却的因素，假设水温只在加热中心（锅炉）和冷却中心（散热器）发生变化。实际上水的温度和密度在沿循环环路不断变化，它不仅影响各层散热器进、出口水温，同时也增大了循环作用压力。由于重力循环作用压力不大，因此，在确定实际循环作用压力大小时，必须将水在管路中冷却所产生的附加作用压力也考虑在内。

总的自然循环作用压力，可用下式表示：

$$\Delta P_{zh} = \Delta P + \Delta P_f \tag{7-38}$$

式中　ΔP——水在散热器内冷却所产生的作用压力，Pa；

ΔP_f——水在循环环路中冷却的附加作用压力，Pa，可参阅有关设计手册确定。

7.2.2　机械循环水系统

机械循环系统设置了循环水泵，为水循环提供动力，克服循环流动阻力，同时增加了系统的运行电费和维修工作量，但由于水泵所产生的作用压力很大，因此系统管径较小，作用半径大，可用于多幢建筑的供暖、供冷。

1. 工作原理

机械循环流动的能量方程与自然循环流动的能量方程的区别在于循环作用压力增加了水泵扬程，即

$$\Delta p_1 = p + \Delta p_i + \Delta p_f$$

式中　p——水泵扬程（Pa）；

Δp_i——循环环路的作用压力（Pa）；

其他符号同前。

机械循环流动由水泵动力和自然循环综合作用压力共同克服循环阻力。通常机械循环管路中，自然循环作用压力相对水泵动力而言很小，对整个管路系统，可以忽略不计，则：$\Delta p_i = p$

但在机械循环热水系统中，自然循环作用压力仍对并联立管的流量分配产生明显影

响，在进行并联立管的阻力平衡时应计算自然循环作用压力。

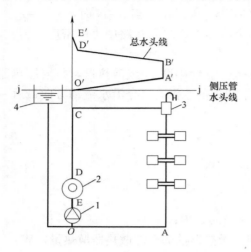

图 7-21　机械循环热水系统
1—循环水泵；2—热水锅炉；
3—集气罐；4—膨胀水箱

如图 7-21 所示，以机械循环热水供暖系统说明机械循环水系统工作原理。机械循环系统设置了循环水泵、膨胀水箱、集气罐和散热器等设备，与自然循环系统的主要区别：一是循环动力不同；二是膨胀水箱的连接点和作用不同；三是排气方式不同。

机械循环系统膨胀水箱设置在系统的最高处，水箱下部接出的膨胀管连接在循环水泵入口或入口前的回水干管上。其作用除了容纳水受热膨胀而增加的体积外，还能恒定水泵入口压力，保证系统压力稳定，起定压作用。机械循环不能像自然循环那样将水箱的膨胀管接在供水总立管的最高处。

如图 7-21 所示的机械循环热水供暖系统中，膨胀水箱与系统连接点为 O。系统充满水后，水泵不工作时，环路中各点的测压管水头 $Z+p/\gamma$ 均相等。因膨胀水箱是开式高位水箱，所以环路中各点的测压管水头线 j-j 是过膨胀水箱水面的一条水平线。

水泵运行后，系统中各点的水头将发生变化，水泵出口处总水头 $H_{E'}$ 最大。因克服沿途的流动阻力，水流到水泵入口处时总水头 $H_{O'}$ 最小。循环水泵的扬程 $H_{E'}-H_{O'}$ 是用来克服水在管路中流动时的流动阻力的。E′—D′—B′—A′—D′ 是系统运行时的总水头线。

如果系统严密不漏水，且忽略水温的变化，则环路中水的总体积将保持不变。运行时，膨胀水箱与系统连接点 O 点的压力与静止时相同，即 $H_{O}=H_{j}$。将 O 点称为定压点或恒压点。

定压点 O 设在循环水泵入口处，既能限制水泵吸水管路的压力降，避免水泵出现气蚀现象，又能使循环水泵的扬程作用在循环管路和散热设备中，保证有足够的压力克服流动阻力，使水在系统中循环流动。这可以保证系统中各点的压力稳定，使系统压力分布更合理。膨胀水箱是一种最简单的定压设备。

机械循环系统中水流速度较大，一般都超过水中分离出的空气泡的浮升速度，易将空气泡带入立管引起气塞。所以机械循环上供下回式系统水平敷设的供水干管应沿水流设上升坡度，坡度值不小于 0.002，一般为 0.003。在供水干管末端最高点处设置集气罐，以便空气能顺利地和水流同方向流动，集中到集气罐处排出。

回水干管也应采用沿水流方向下降的坡度，坡度值不小于 0.002，一般为 0.003，以便于集中泄水。

2. 系统形式

机械循环水系统按工作介质温度可分为热水循环系统和冷水循环系统；按工作介质是否与空气接触可分为闭式系统和开式系统；按系统中的各并联环路中水的流程可分为同程系统和异程系统。按系统中循环水量的特性可分为定流量系统和变流量系统；按系统中冷热水管道的布置方式可分为双管制系统和四管制系统。

（1）机械循环热水供暖系统

机械循环热水供暖系统按管道铺设方式的不同，分为垂直式系统和水平式系统。

1）垂直式系统

图 7-22 为机械循环上供下回式热水系统。机械循环系统除膨胀水箱的连接位置与自然循环系统不同外，还增加了水泵和排气装置。

图 7-22 左侧是双管式系统，右侧是单管式系统。右侧立管Ⅳ是单管跨越式系统。立管的一部分水流进散热器，另一部分立管水通过跨越管与散热器流出的回水混合，再流入下层散热器。这种散热器连接方式，主要用在房间温度要求较严格，需要进行局部调节散热器散热量的建筑中。

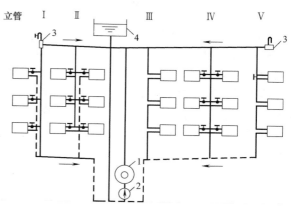

图 7-22　机械循环上供下回式热水系统

1—热水锅炉；2—循环水泵；3—集气装置；4—膨胀水箱

2）水平式系统

水平式系统按供水管与散热器的连接方式分为顺流式（见图 7-23）和跨越式（见图 7-24）两类。这些方式在机械循环和自然循环系统中都可应用。

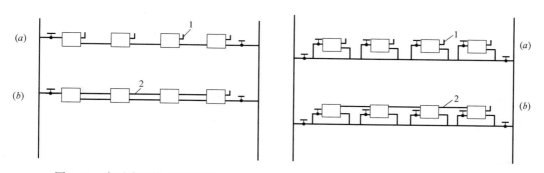

图 7-23　水平式系统（顺流式）

1—冷风阀；2—空气管

图 7-24　水平式系统（跨越式）

1—冷风阀；2—空气管

水平式系统的排气方式要比垂直式上供下回系统复杂些。它需要在散热器上设置冷风阀分散排气［图 7-23（a）和图 7-24（a）］，或在同一层散热器上部串联一根空气管集中排气［图 7-23（b）和图 7-24（b）］。对较小的系统，可用分散排气方式；对散热器较多的系统，宜用集中排气方式。

水平式系统与垂直式系统相比，具有如下特点：①系统的总造价一般要比垂直式系统低；②管路简单，无穿过各层楼板的立管，施工方便；③有可能利用最高层的辅助间架设膨胀水箱，不必在顶棚上专设安装膨胀水箱的房间，这样不仅降低了建筑造价，还不影响建筑物外形美观。但单管水平式系统串联散热器很多时，运行时易出现水平失调，即前端过热而末端过冷现象。

（2）机械循环空调冷冻水系统

实际工程中，常采用的主要典型形式如下：

1）两管制系统与四管制系统

冷、热源利用一组供、回水管为末端装置的盘管提供冷水或热水的系统成为两管制系统。优点是统简单，初投资少，图 7-25 （a）为两管制系统。绝大多数的冷冻水系统采用两管制系统。但在要求高的全年空调的建筑中，过渡季会出现朝阳房间需要供冷而背阳房间需要供热的情况，这时若采用该系统就不能满足这种特殊要求。

冷、热源分别通过各自的供、回水管路，为末端装置的盘管提供冷水和热水的系统称为四管制系统。如图 7-25 （b）所示，四管制系统供冷、供热分开设置，具有冷、热两套独立的系统。优点是能同时满足供冷、供热的要求。缺点是初投资高，管路系统复杂，且占有一定的空间。

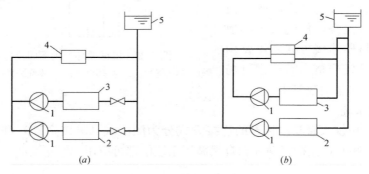

图 7-25　两管制与四管制

（a）两管制系统；（b）四管制系统

1—循环泵；2—热源；3—冷源；4—盘管；5—膨胀水箱

2）开式系统和闭式系统

开式水系统如图 7-26 （a）所示，系统与蓄热水槽连接比较简单，但水中含氧量高，管路和设备易腐蚀，且为了克服系统静水压头，水泵耗电量大，仅适用于利用蓄热槽的低层水系统。

闭式水系统如图 7-26 （b）所示，系统不与大气相接触，仅在系统最高点设置膨胀水箱。管路系统不易产生污垢和腐蚀，不需克服系统静水压头，水泵耗电较小。

空调冷水系统有开式循环和闭式循环之分，而热水系统只有闭式循环。

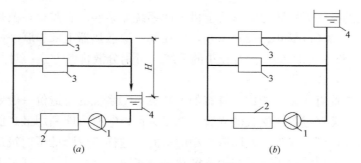

图 7-26　开式与闭式系统

（a）开式系统　（b）闭式系统

1—循环泵；2—冷水机组；3—盘管；4—水箱

3）定流量系统和变流量系统

定流量水系统中的循环水量保持定值，如图 7-27 所示，负荷变化时，依靠改变进入末端装置的流量、改变房间的送风量等手段进行控制。定流量系统的控制简单、操作方便。缺点是水流量不变，输送能耗始终为设计最大值。

变流量水系统中供回水温度保持定值，如图 7-28 所示，负荷改变时，通过改变供水量来调节。输送能耗随负荷减少而降低，水泵容量和电耗小，系统需配备一定的自控装置。

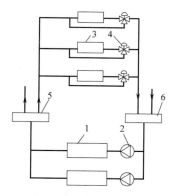

图 7-27　定流量系统

1—冷水机组；2—循环泵；3—空调机组或盘管

4—三通阀；5—分水器；6—集水器

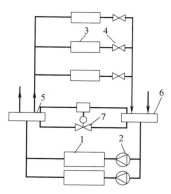

图 7-28　变流量系统

1—冷水机组；2—循环泵；3—空调机组或盘管

4—二通阀；5—分水器；6—集水器；7—旁通调节阀

4）一次泵系统和二次泵系统

一次泵水系统的冷、热源侧和负荷侧只用一组循环水泵，如图 7-27、图 7-28 所示，系统简单、初投资省，这种水系统不能调节水泵流量，不能节省水泵输送能量。

二次泵水系统的冷、热源侧和负荷侧分别设置循环水泵，如图 7-29、图 7-30 所示，可以实现负荷侧水泵变流量运行，能节省输送能耗，并能适应供水分区不同压降的需要，系统总的压力低。但系统较复杂、初投资较高。

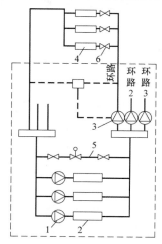

图 7-29　二次泵水系统之一

1—一次泵；2—冷水机组；3—二次泵；

4—风机盘管；5—旁通管；6—二通阀

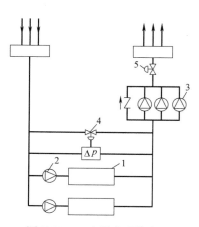

图 7-30　二次泵水系统之二

1—冷水机组；2—一次泵；3—二次泵；

4—压差调节阀；5—总调节阀

（3）机械循环同程式和异程式系统

机械循环无论是热水系统还是冷冻水系统，各支管与末端装置相连，构成一个个并联回路。为了保证各末端装置应有的水量，除了需选择合适的管径外，合理布置各回路的走向是非常重要的。各并联回路只有在阻力接近相等时，才能获得设计流量，从而保证末端装置需要提供的设计热量或冷量。由于管道管径规格有限，一般不可能通过管径选择来到达各支路的阻力平衡；利用阀门也只能在一定程度上进行调节，且能量损失大。

1）异程式系统

异程式系统是指系统水流经每一用户回路的管道长度不相等。异程式热水系统如图7-31所示；异程式冷冻水系统如图7-32所示。当系统作用半径较大，环路较多时，通过各个环路的压力损失较难平衡。有时靠近总管最近的环路，即使选用了最小的管径，仍有很大的剩余压力。初调节不当时，就会出现近处回路流量超过要求，而远处回路流量不足。在远近回路处出现流量失调。

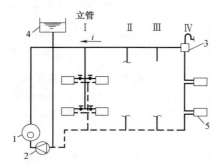

图 7-31 异程式热水系统
1—锅炉；2—循环水泵；3—集气罐；
4—膨胀水箱；5—用户

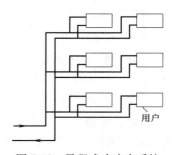

图 7-32 异程式冷冻水系统

异程式水系统管路简单，不需采用同程管，水系统投资较少，但水量分配、调节较难，如果系统较小，适当减小公共管路的阻力，增加并联支管阻力，并在所有盘管连接支管上安装流量调节阀平衡阻力，则亦可用异程式布置。

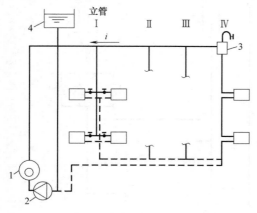

图 7-33 同程式热水系统
1—热水锅炉；2—循环水泵；
3—集气罐；4—膨胀水箱

2）同程式系统

为了消除或减轻系统的流量失调，同程式水系统除了供回水管路以外，还有一根同程管，由于各并联环路的管路总长度基本相等，各用户的水阻力大致相等，所以系统的水力稳定性好，流量分配均匀。同程式系统的特点是通过循环环路的总长度都相等，如7-33所示同程式热水系统，通过最近立管Ⅰ的循环环路与通过最远处立管Ⅳ的循环环路的总长度都相等，因而压力损失易于平衡。

由于同程式系统具有上述优点，在较大的建筑物中，常采用同程式系统，但同程式系统管道的金属消耗量大。图7-34是同程式冷冻水系统的几种形式。

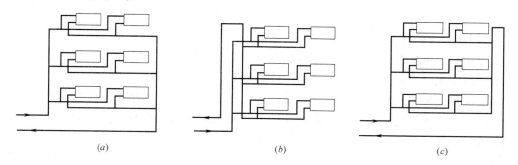

图 7-34　同程系统的几种形式

（a）水平管路同程；（b）垂直管路同程；（c）水平与垂直管路均同程

7.2.3　水系统的定压

在开式系统中，不存在定压问题。而在闭式水系统中，因为必须保证系统管道及设备内充满水，因此，管道中任何一点的压力都应高于大气压力（否则将吸入空气），这就带来了空调水系统的定压问题。

1. 定压点及工作压力

（1）定压点的选择

定压点选择在水泵吸入口处是一种目前广泛采用的定压方式（见图 7-35），它的主要优点是水力系统工况稳定。在系统未工作时，系统内最大压力即为静压 H_0（假定水泵放在系统最低处）；在水泵正常工作时，水泵出口处 C 点压力 P，为系统最大工作压力。若 H_b 为水泵在设计工作点的扬程（m），则：

$$P_c = H_b + H_0 \quad (\text{m}) \tag{7-39}$$

选择系统回水管最高点为定压点，如图 7-36 所示。其优点是：膨胀水管长度较短，可节省投资。在冷水泵不工作时，系统内最大压力仍为 H_0；而当水泵正常工作时，系统

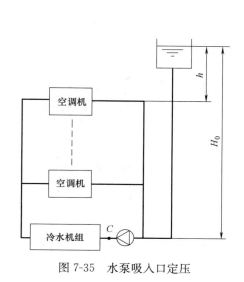

图 7-35　水泵吸入口定压

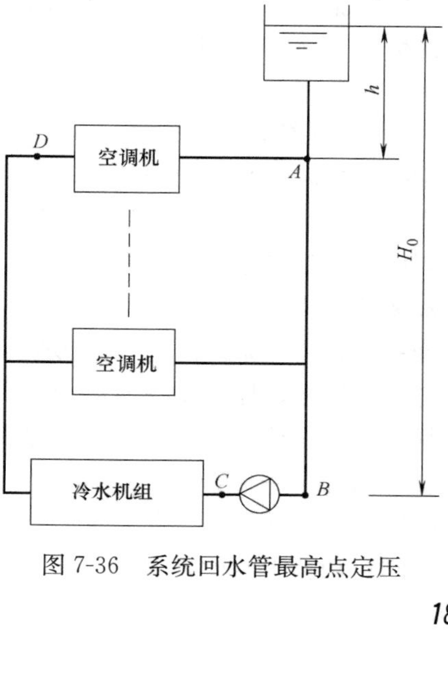

图 7-36　系统回水管最高点定压

内最大工作压力点虽然仍为水泵出口 C 点，但：

$$P_c = H_b + H_0 - \Delta H_{AB} \tag{7-40}$$

式中　ΔH_{AB}——回水管从 B 点至 A 点的水阻力。

　　由于在水系统调节过程中，随水量的变化，ΔH_{AB} 的值是不断变化的，因此，P_c 的值也会随之而变化，故这一系统相对来说工作点不够稳定。

　　定压设备通常也用作系统内水在膨胀冷缩时的膨胀设备。因此无论何时，膨胀管上是不应该设有任何阀门的，即使供检修时用的手动阀也是如此，否则一旦此阀关闭后忘记打开，有可能对整个水系统管道或设备产生严重的破坏。

　　膨胀管有时也兼作水系统的补水管。从系统排气的角度看，水自下而上补水是有利的，因而在此点上，图 7-35 比图 7-36 更合理。

　　定压值的大小也是设计中应该注意的，通常保持运行时系统内最低点压力为 10～15kPa（即大约 1～1.5mH$_2$O）以上是比较安全的。对图 7-35，要求 $h=1$～$1.5m$，而对图 7-36，则要求 $h=(1$～$1.5)+\Delta H_{ABS}$（ΔH_{ABS} 即是在设计状态下，回水管从 B 点至 A 点的水流阻力）。

　　把定压点放在空调机上游侧（如图 7-36 中的 D 点）或供水立管上，都是极不合理的。因为空调机组水阻力较大，这样做必须要求 h 值更大，否则系统内会出负压情况而容易吸入空气。

　　（2）工作压力

　　我国生产的大部分标准系列的水泵（如 IS 泵等），都是以为开式系统服务为基准制造的，其出厂试验压力一般也是以吸入口压力 0.3MPa 为基础来确定的。但是，在闭式系统中，如果 H_0 超过 0.3MPa，使用普通水泵极有可能造成破坏。因此，设计中必须明确提出水泵的吸入口压力 H_0 的值。在计算泵工作压力时应以水泵在零流量下的扬程 H_{bm} 为基准（因为启泵瞬间或者泵出口阀的开启迟于水泵起动时会出现水泵零流量运行的情况），即应提出水泵最大可能的工作压力 $P_{cm}=H_{bm}+H_0$。

　　（3）有效膨胀容积

　　有效膨胀容积 V_c 是系统内水由低温向高温变化过程中，水的体积膨胀量。水的体积膨胀系数为 0.0006，假定水的最低工作温度为 t_1，最高工作温度为 t_2，则有：

$$V_c = 0.0006 \times (t_2 - t_1) \times V \tag{7-41}$$

式中　V——系统内的存水量。

　　影响系统内存水量的因素是较多的，这主要取决于系统形式、管路布置、管径大小等。当一个工程设计完成之后，V 值原则上是可以计算出来的，但其计算工作量实在太大，因而一般都采用估算的方法。

2. 膨胀水箱

　　膨胀水箱作为系统的补水、膨胀及定压设备，其优点是结构简单，造价低廉，对系统的水力稳定性好，控制也非常容易。其缺点是由于水直接与大气接触，水质条件相对较差，另外，它必须放在高出系统的位置。

　　（1）结构

　　膨胀水箱从结构上可分为矩形和圆形；从补水方式上可分为水位电信号控制水泵补水和浮球阀自动补水两种方式。

190

膨胀水箱由箱体、膨胀管、溢水管、循环管、补水量及补水装置（或水位装置）、玻璃管水位计及人梯等几部分组成，如图7-37所示。

圆形和矩形膨胀水箱在国家标准图集中均有标准型号。在实际工程中，如果安装位置有限时，可由设计人员对其尺寸进行调整和修改。

（2）补水方式

浮球阀自动补水是一种较好的补水方式，其采用的前提条件是：补水管必须是有压的且尽可能压力恒定。对设有

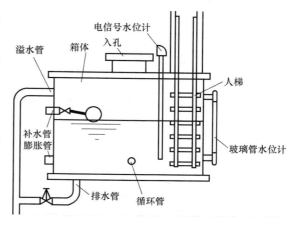

图7-37　膨胀水箱构造示意图

屋顶生活水箱的建筑，只要膨胀水箱比屋顶生活水箱低一定的高度，就可以直接从生活水箱对此进行补水。但是，这种补水方式适用于生活给水水质较软的地区，如果水质较硬而采用软水设备，由于其水流阻力较大，将使这种方式的使用受到一定的限制。

水位传感器控制补水泵的方式也是采用较多的一种，其控制简单，运行比较可靠，但与前一种方式相比，投资及能耗都有所增加。同时，为了防止补水泵频繁启停，延长补水泵寿命，水箱容积应稍大一些，且补水泵的工作参数（尤其是流量）的选择应较符合实际，不能超过太多。这种方式也比较适用于采用了软化水设备的补水系统。

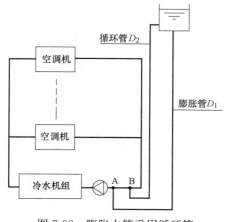

图7-38　膨胀水箱采用循环管
防冻时的连接方式

（3）膨胀水箱的防冻

膨胀水箱必须设于水系统最高点之上，由于空调热水管通常不能到达该处，因此，冬季要注意防冻。膨胀水箱最好设于机房内，有条件时应向该室内送热风来维持室内温度。如果水箱间周围是供暖房间，则通过排风通常也能保持防冻的温度。另外，水箱间的围护结构性能应较好，门窗比较严密。当水箱间建筑热工条件较差又没有适当的手段去维持防冻所要求的最低室温时，采用循环管是一个较好的解决方法，如图7-38所示。利用水在系统管道内流动时的水流阻力产生的压差，使膨胀水箱中水产生少量的流动，其水温因流入了系统热水而得以提高。

假定最不利情况下要求维持水箱内的水温为10℃，其散热量为Q（通过水箱壁面散入水箱间），系统热水温度为50℃，在热水通过循环管流至水箱时的温降为ΔH_x，则流入水箱的水温为$50-\Delta H_x$。水箱要求的水流量为：

$$W_x = \frac{Q \times 860}{50 - \Delta T_x - 10}$$

$$= \frac{860Q}{40 - \Delta T_x} \tag{7-42}$$

要求膨胀管在系统的接口点 A 与循环管在系统的接口点 B 的压差 ΔP_{AB} 应克服膨胀管与循环管在 W_x 水流量时的水流阻力。

根据所选定的膨胀管管径 D_1 与循环管管径 D_2，当管道布置确定后，上述阻力 ΔP_{AB} 的要求是可以计算出来的。而对系统而言，当回水总管 D_0 确定后，其比摩阻 R_0 也可求出。回水总管流量可取一台热水泵的流量以保证安全，因此，A、B 两点的间距为：

$$L_{AB} = \frac{\Delta P_{AB}}{R_0} \tag{7-43}$$

3. 气体定压罐

气体定压罐通常采用隔膜式，其空气与水完全分开，因此对水质的保证性较好。另外，气体定压罐的布置较为灵活方便，不受位置高度的限制，通常可直接放在冷冻机房、热交换站或水泵房内，因此也不存在防冻问题。

采用定压罐时，通常其定压点放在水泵吸入端，如图 7-39 所示。

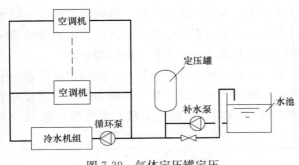

图 7-39　气体定压罐定压

它的工作原理是当系统压力降低时，补水泵运行提高压力，系统压力较高时停止补水。由于罐内有空气，能承受水压在一定范围内的变化，因而比膨胀水箱电信号补水方式的使用范围更大，水泵的启停间隔时间较长也对设备的运行及使用寿命较为有利。同时，由于所有设备集中管理及控制，对其维护使用也比较方便，也不存在防冻问题。

其缺点是占用的机房面积相对较大，必须设置补水箱；与浮球自动补水的开式膨胀水箱相比，它将消耗一定的电能；由于有水泵，其可靠性也稍低一些。因此，此种方式宜在无法设置高位开式膨胀水箱的工程中采用。

7.2.4　空调冷却水系统

空调冷却水系统是指利用冷却塔向冷水机组的冷凝器供给循环冷却水的系统。该系统由冷却塔、冷却水箱（池）、冷却水泵和冷水机组冷凝器等设备及其连接管路组成。

1. 冷却塔的类型

工程上常见的冷却塔有逆流式、横流式、喷射式和蒸发式 4 种类型。

（1）逆流式冷却塔　根据结构不同，可分为通用型、节能低噪声型和节能超低噪声型。按照集水池（盘）的深度不同有普通型和集水型。图 7-40 是逆流式冷却塔的构造示意图。

（2）横流式冷却塔　根据水量大小，设置多组风机。塔体的高度低，配水比较均匀。热

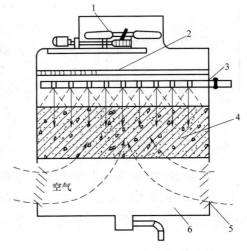

图 7-40　逆流式冷却塔
1—风机；2—收水器；3—配水系统；4—填料；
5—百叶窗式进风口；6—冷水贮槽

交换效率不如逆流式。相对来说，噪声较低。

（3）喷射式冷却塔　它的工作原理与前面两种不同，不用风机而利用循环泵提供的扬程，让水以较高的速度通过喷水口射出，从而引射一定量的空气进入塔内与雾化的水进行热交换，从而使水得到冷却。与其他类型的冷却塔相比，噪声低，但设备尺寸偏大，造价较高。

（4）蒸发式冷却塔　也称闭式冷却塔，类似于蒸发式冷凝器。冷却水系统是全封闭系统，不与大气相接触，不易被污染。在室外气温较低时，利用制备好的冷却水作为冷水使用，直接送入空调系统中的末端设备，以减少冷水机组的运行时间。在低湿球温度地区的过渡季节里，可利用它制备的冷却水向空调系统供冷，收到节能的效果。

冷却塔宜采用相同的型号，其台数宜与冷水机组的台数相同，即"一塔对一机"的方式。冷却塔的结构特点、性能特点及适用范围如表7-7所示。

冷却塔的特点及适用范围 表 7-7

分类		形式	结构特点	性能特点	适用范围
湿式机械通风型	逆流式（圆形、方形）（抽风式、鼓风式）	普通型	1）空气与水逆向流动,进出风口高差较大 2）圆形塔比方形塔气流分布好;适合单独布置、整体吊装,大塔可现场拆装;塔稍高,湿热空气回流影响小 3）方形塔占地较小,适合多台组合,可现场组装 4）当循环水对风机的浸蚀性较强时,可采用鼓风式	1）逆流式冷效优于其他形式 2）噪声较大 3）空气阻力较大 4）检修空间小,维护困难 5）喷嘴阻力大,水泵扬程大 6）造价较低	工矿企业和对环境噪声要求不太高的场所
		低噪声型阻燃型	1）冷却塔采用降低噪声的结构措施 2）阻燃型系在玻璃钢中掺加阻燃剂	1）噪声值比普通型低 4～8dB（A） 2）空气阻力较大 3）检修空间小,维护困难 4）喷嘴阻力大,水泵扬程大 5）阻燃型有自熄作用,氧指数不低于 28,造价比普通型贵10%左右	1）对环境噪声有一定要求的场所 2）阻燃型对防火有一定要求的建筑
		超低噪声型阻燃型	1）在低噪声型基础上增加减噪措施 2）阻燃型系在玻璃钢中掺加阻燃剂	1）噪声比低噪声型低 3～5dB（A） 2）空气阻力较大 3）检修空间小,维护困难 4）喷嘴阻力大,水泵扬程大 5）阻燃型自熄作用氧指数不低于 28,造价比低噪声型贵30%左右	1）对环境噪声有较严格要求的场所 2）阻燃型对防火有一定要求的建筑
	横流式（抽风式）	普通型低噪声型	1）空气沿水平方向流动,冷却水流垂直于空气流向 2）与逆流式相比,进出风口高差小,塔稍矮 3）维修方便 4）长方形,可多台组装,运输方便 5）占地面积较大	1）冷效比逆流式差,回流空气影响稍大 2）有检修通道,日常检查、清理、维修更便利 3）布水阻力小,水泵所需扬程小,能耗小 4）进风风速低、阻力小、塔高小、噪声低	建筑立面和布置有要求的场所

分类	形式		结构特点	性能特点	适用范围
引射式	横流式	无风机型	1)高速喷水引射空气进行换热 2)取消风机,设备尺寸较大	1)噪声、振动较低,省水,故障少 2)水泵扬程高,能耗大 3)喷嘴易堵,对水质要求高 4)造价高	对环境噪声要求较严的场所
干式机械通风型	密闭式	蒸发型	冷却水在密闭盘管中进行冷却,循环水蒸发冷却对盘管间接换热	1)冷却水全封闭,不易被污染 2)盘管水阻大,冷却水泵扬程高,电耗大,为逆流塔的 4.5~5.5 倍 3)质量重,占地大	要求冷却水很干净的场所,如小型水环热泵

注:资料来源:黄翔等著. 空调工程,2008。

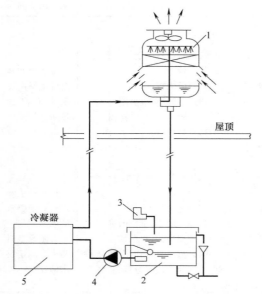

图 7-41 在室内设冷却水箱(池的冷却水
循环流程)

1—冷却塔;2—冷却水箱(池);3—加药装置;
4—冷却水泵;5—冷水机组

2. 冷却水系统的形式

(1) 下水箱(池)式冷却水系统

制冷站为单层建筑,冷却塔设置在屋面上。当冷却水水量较大时,为便于补水,制冷机房内应设置冷却水箱(池)。此时,冷却水的循环流程为:来自冷却塔的冷却供水→机房冷却水箱(加药装置向水箱加药)→除污器→冷却水泵→冷水机组的冷凝器→冷却回水返回冷却塔,如图 7-41 所示。这是开式冷却水系统,适用于制冷站设在地下室,而冷却塔设在室外地面上。

这种系统的好处是冷却水泵从冷却水箱(池)吸水后,将冷却供水压入冷凝器,水泵总是充满水,可避免水泵吸入空气而产生水锤。

冷却水泵的扬程是冷却水供、回水管道和部件(控制阀、过滤器等)的阻力、冷凝器的阻力、冷却水箱(池)最低水位至冷却塔布水器的高差,以及冷却塔布水器所需的喷射压头(大约为 $5mH_2O$)之和,再乘以 $1.05 \sim 1.1$ 的安全系数。

由于制冷站建筑的高度不高,这种开式系统所增加的水泵扬程不大。如果制冷站的建筑高度较高时,可将冷却水箱设在屋面上(就成了上水箱式冷却水系统),这样可减少冷却水泵的扬程节省运行费用。

(2) 上水箱式冷却水系统

制冷站设在地下室,冷却塔设在主楼的屋面上。冷却水箱也设在屋面上冷却塔的近旁。此时,冷却水的循环流程仍为:来自冷却塔的冷却供水→屋面冷却水箱(加药装置向水箱加药)→除污器→冷却水泵→冷水机组的冷凝器→冷却回水返回冷却塔,如图 7-42 所示。

冷却水泵的扬程，应是冷却水供、回水管道和部件（控制阀、过滤器等）的阻力、冷凝器的阻力、冷却塔集水盘水位至冷却塔布水器的高差，以及冷却塔布水器所需的喷射压头（大约为 $5mH_2O$）之和，再乘以 1.05～1.1 的安全系数。

显然，这种系统冷却塔的供水自流入屋面冷却水箱后，靠重力作用进入冷却水泵，然后将冷却供水压入冷凝器，有效地利用了从水箱至水泵进口的位能，减小了水泵扬程，节省了电能消耗。同时，保证了冷却水泵内始终充满水。

（3）多台冷却塔并联运行时的冷却水系统

当多台冷却塔并联运行时，应使各台冷却塔和冷却水泵之间管段的阻力大致达到平衡。如果没有注意并解决好阻力平衡问题，在实际工程中就会出现各台冷却塔水量分配不均匀，有的冷却塔在溢水而有的冷却塔在补水的情况。究其原因，首先是由于连接管道及阀门的阻力不平衡造成的，

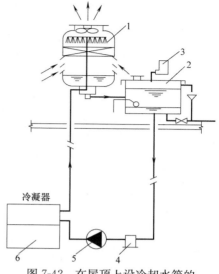

图 7-42　在屋顶上设冷却水箱的
冷却水循环流程

1—冷却塔；2—冷却水箱；3—加药装置；
4—水过滤器；5—冷却水泵；6—冷水机组

导致冷却塔的进水量和出水量不平衡，进水量大、出水量小的塔就会溢流；而出水量大、进水量小的塔却要补水。其次是只在冷却塔的进水管道上设置自动阀门（例如，电动两通阀），而未能在出水管道上设置。这样，对于不运行的冷却塔来说，由于进水阀关闭，没有进水，但出水管连通，照样出水，致使不运行冷却塔的集水盘水位下降，需要补水。

为了解决上述问题，一是在冷却塔的进水支管和出水支管上都要设置电动两通阀，两组阀门要成对地动作，与冷却塔的起动和关闭进行电气联锁；二是在各台冷却塔的集水盘之间采用平衡管连接，而平衡管的管径与进水干管的管径相同；三是为使冷却塔的出水量均衡、集水盘水位一致，出水干管应采取比进水干管大两号的集合管，如图 7-43 所示。

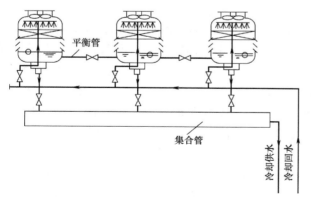

图 7-43　多台冷却塔并联运行时的连接

在多台冷却塔并联运行的系统中，这根集合管在一定程度上起到增加进入水泵的冷却水水容量的作用。

（4）冷却塔供冷系统

目前，常见的冷却塔供冷系统形式主要有：
（1）冷却塔直接供冷系统，如图 7-44 所示。
（2）冷却塔间接供冷系统，如图 7-45 所示。
冷却塔供冷系统适用于低湿球温度地区（在夏季或过渡季利用冷却塔制备的冷却水，

供给空调系统使用，以节省部分能量）。当室外空气的比焓值低于室内空气的设计比焓值时，可利用冷却塔供冷系统。但是对冬季使用的冷却塔，应选用防冻型，并采用在冷却塔集水盘和室外管道设电加热设施等防冻措施。

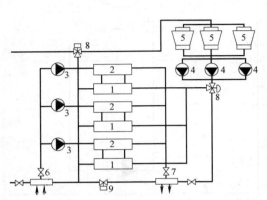 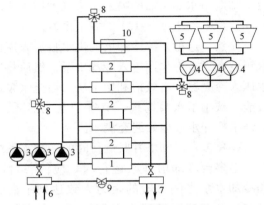

图 7-44　冷却塔直接供冷系统　　　　　图 7-45　冷却塔间接供冷系统

1—冷凝器；2—蒸发器；3—冷水水泵；　　　1—冷凝器；2—蒸发器；3—冷水水泵；4—冷却水水泵；

4—冷却水水泵；5—冷却塔；6—集水器；　　　5—冷却塔；6—集水器；7—分水器；8—电动三通阀；

7—分水器；8—电动三通阀；9—压差调节阀　　　9—压差调节阀；10—板式换热器

3. 冷却水系统设计中的几个问题

（1）冷却水泵的选择

冷却水泵宜按冷水机组台数，以"一机对一泵"的方式配置，不设备用泵。冷却水泵的流量，应按冷水机组的技术资料确定，并乘以 1.05～1.10 的安全系数。冷却水泵的扬程，应按照上水箱冷却水系统还是下水箱冷却水系统分别进行计算，然后再乘以 1.05～1.10 的安全系数即可。

（2）冷却水箱

1）冷却水箱的功能　冷却水箱的功能是增加系统的水容量，使冷却水泵能稳定地工作，保证水泵吸入口充满水而不发生空蚀现象。这是由于冷却塔在间断运转时，塔内的填料基本上是干燥的，为了使冷却塔的填料表面首先润湿，并使水层保持正常运行时的水层厚度，然后才能流向冷却塔的集水盘，达到动态平衡。刚启动水泵时，集水盘内的水尚未达到正常水位的短时间内，引起水泵进口缺水，导致制冷机无法正常运行。为此，冷却塔集水盘及冷却水箱的有效容积，应能满足冷却塔部件由基本干燥到润湿成正常运转情况所附着的全部水量。

2）冷却水箱容量　对于一般逆流式斜波纹填料玻璃钢冷却塔，在短期内使填料层由干燥状态变为正常运转状态所需附着水量约为标称小时循环水量的 1.2%。因此，冷却水箱的容积应不小于冷却塔小时循环水量的 1.2%。即如所选冷却水循环水量为 200t/h，则冷却水箱容积应不小于 $200 \times 1.2\% = 2.4 m^3$。

3）冷却水箱配管　冷却水箱的配管主要有冷却水进水管和出水管、溢水管和排污管及补水管。冷却水箱内如设浮球阀进行自动补水，则补水水位应是系统的最低水位，而不是最高水位，否则，将导致冷却水系统每次停止运行时会有大量溢流以至浪费。其配管尺寸形式可参见图 7-46。

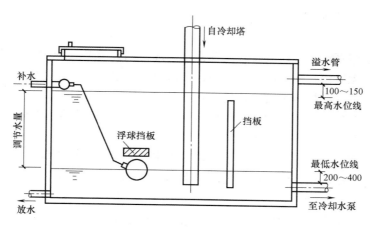

图 7-46 冷却水箱的配管形式

（3）冷却水补充水量

在开式机械通风冷却塔冷却水循环系统中，各种水量损失的总和即是系统必需的补水量。

1）蒸发损失 冷却水的蒸发损失与冷却水的温降有关，一般当温降为 5℃时，蒸发损失为循环水量的 0.93%；当温降为 8℃时，则为循环水量的 1.48%。

2）飘逸损失 由于机械通风的冷却塔出口风速较大，会带走部分水量，国外有关设备其飘逸损失约为循环水量的 0.15%～0.3%；国产质量较好的冷却塔的飘逸损失约为循环水量的 0.3%～0.35%。

3）排污损失 由于循环水中矿物成分、杂质等浓度不断增加，为此需要对冷却水进行排污和补水，使系统内水的浓缩倍数不超过 3～3.5。通常排污损失量为循环水量的 0.3%～1%。

4）其他损失 包括在正常情况下循环泵的轴封漏水，个别阀门、设备密封不严引起渗漏，以及前面提到当设备停止运转时，冷却水外溢损失等。

综上所述，一般采用低噪声的逆流式冷却塔，用于离心式冷水机组的补水率约为 1.53%，对溴化锂吸收式制冷机的补水率约为 2.08%。如果概略估算，制冷系统补水率为 2%～3%。

（4）冷却水的水质要求

循环冷却水系统对水质有一定的要求，既要阻止结垢，又要定期加药，并在冷却塔上配合一定量的溢流来控制 pH 值和藻类生长。

7.2.5 水系统的水力计算

空调水系统阻力一般由设备阻力、附件阻力和管道阻力三大部分组成。

设备阻力通常由设备生产厂商提供，因此，进行水力计算的主要内容是附件和管件（如阀门、三通、弯头等）的阻力以及直管段的阻力。

空调水系统的水力计算包括冷、热水循环系统和冷却水系统两部分的水力计算。通过水力计算可以确定系统中各管段的管径，使各管段的流量和进入末端装置的流量符合要求，然后确定出各管路系统的阻力损失，进而选择出合适的水泵。水力计算应在选择了系统形式、管路布置及所需设备等选择计算后进行。

1. 管材

水系统中常用管材有焊接钢管、无缝钢管、镀锌钢管及 PVC 塑料管几种。

焊接钢管与无缝钢管通常用于空调冷、热水及冷却水管路。在使用前，管道应进行除锈及刷防锈漆的处理。焊接钢管造价便宜，但其承压能力相对较低，一般常用于工作压力不大于 1.6MPa 的水系统中。无缝钢管价格略贵于焊接钢管，其承压较高，可采用不同壁厚来满足水系统对工作压力的要求。

镀锌钢管的特点是不易生锈，对于空调冷凝水管来说是比较适合的。尽管镀锌钢管也可以满足冷却水和冷冻水系统的压力要求，但因其造价较贵，大量在系统中使用从经济上是不合理的。

空调冷凝水管也可采用 PVC 塑料管，其内表面光滑，流动阻力小，施工安装也比较方便，是一种值得推广的管材。

常用钢管的规格有：DN15、DN20、DN25、DN32、DN40、DN50、DN65、DN80、DN100、DN125、DN150、DN200、DN250、DN300、DN350，DN400、DN450、DN500、DN550、DN600、DN650、DN700 等。

2. 水流动压力损失

（1）沿程压力损失

流体在管道内流动时，由于流体与管壁间的摩擦，产生能量损失，称为沿程压力损失。冷热水管路将流量和管径不变的一段管路称为一个计算管段，计算管段沿程压力损失力为：

$$\Delta p = \lambda \frac{l}{d} \frac{\rho v^2}{2} = Rl \tag{7-44}$$

式中　Δp——管段压力损失，Pa；

　　　λ——沿程阻力系数，无量纲量；

　　　l——直管段长度，m；

　　　d——管道直径，m；

　　　ρ——水密度，kg/m³；

　　　v——水速度，m/s；

　　　R——单位长度沿程压力损失，又称比摩阻，Pa/m。

$$R = \frac{\lambda}{d} \cdot \frac{\rho v^2}{2} \tag{7-45}$$

沿程阻力系数 λ 与流体的流态和管壁的表面粗糙度有关，即：

$$\lambda = f(Re, K/d)$$

式中　Re——雷诺数，$Re = vd/\nu = \rho vd/\mu$；

　　　ν——水的运动黏度，m²/s；

　　　μ——水的动力黏度，Pa·s；

　　　K——管壁的当量粗糙度，m，其值与管道使用状况和使用时间等因素有关，对于室内系统管路取 $K = 0.2mm$，室外管路取 $K = 0.5mm$；

室内热水、空调水循环管路，管道设计中采用较低水流速，流动状态一般处于紊流过渡区内，沿程阻力系数 λ 可采用式（7-46）和式（7-47）进行计算：

$$\frac{1}{\sqrt{\lambda}}=-2\lg\left(\frac{K}{3.7d}+\frac{2.51}{Re\sqrt{\lambda}}\right) \tag{7-46}$$

$$\lambda=0.11\left(\frac{K}{d}+\frac{68}{Re}\right)^{0.25} \tag{7-47}$$

对于 $DN\geqslant 40$mm 的管子，可用式（7-48）计算：

$$\lambda=0.11\left(\frac{K}{d}\right)^{0.25} \tag{7-48}$$

设计手册中常根据以上公式制成管道摩擦阻力计算图表，以减少计算工作量。

系统的最不利环路平均比摩阻对整个管网经济性起决定性作用。这就需要确定一个经济的比摩阻，使得在规定的计算年限内总费用为最小，因此推荐经济平均比摩阻。室内机械循环热水供暖系统最不利环路的经济比摩阻为 $60\sim120$Pa/m。冷水管采用钢管或镀锌管时，比摩阻一般为 $100\sim400$Pa/m，最常用的为 250Pa/m。

计算冷水管路沿程压力损失可采用图 7-47 查出水管路的比摩阻。此图是根据莫迪公式

$$\lambda=0.0055\left[1+\left(2000\frac{K}{d}+\frac{10^6}{Re}\right)^{\frac{1}{3}}\right] \tag{7-49}$$

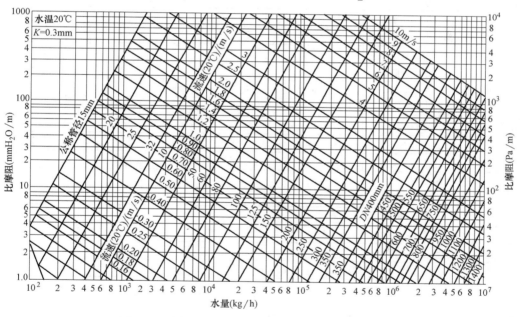

图 7-47　水管路比摩阻计算图（1mmH$_2$O＝9.807Pa）

按 $K=0.3$mm，水温 20℃ 条件制作的，在 $Re=10^4\sim10^7$ 范围内，和式（7-47）相比较，误差在 5% 之内。

管道内的流速、流量和管径的关系表达式为：

$$v=\frac{q_{m}}{3600\rho\frac{\pi}{4}d^2}=\frac{q_{m}}{900\rho\pi d^2} \tag{7-50}$$

式中　q_m——管段中的水质量流量，kg/h。

将式（7-50）的流速代入式（7-45），整理成更方便的计算式：

$$R = 6.25 \times 10^{-8} \frac{\lambda}{\rho} \frac{q_m^2}{d^5} \tag{7-51}$$

在给定水状态参数及其流动状态的条件下，λ 和 ρ 值均为已知，则 $R = f(d, q_m)$。若已知 R、q_m、d 中的任意两个值，就可以确定第三个值。

（2）局部压力损失

当流体通过管道的一些附件，如阀门、弯头、三通、散热器、盘管等时，由于流体速度的大小或方向改变，发生局部旋涡和撞击，产生能量损失，称为局部损失。常用局部水头损失和局部压力损失表示。计算管段的局部压力损失表示为：

$$\Delta p_j = \sum \zeta \frac{\rho v^2}{2} \tag{7-52}$$

式中，$\sum \zeta$ 为管段中各配件的局部阻力系数之和。在统计局部阻力时，对于三通和四通管件的局部阻力系数，应列在流量较小的管段上。

局部阻力系数见表 7-8、表 7-9。

阀门及管件的局部阻力系数   表 7-8

序号	名称		局部阻力系数 δ						
1	截止阀	普通型	4.3～6.1						
		斜柄型	2.5						
		直通型	0.6						
2	止回阀	升降型	7.5						
		旋启式	DN/(mm)	150		200		250	300
			ξ	6.5		5.5		4.5	3.5
3	蝶阀		0.1～0.3						
4	闸阀	DN	15	20～50	80	100	150	200～250	300～450
		ξ	1.5	0.5	0.4	0.2	0.1	0.08	0.07
5	旋塞阀		0.05						
6	变径管	缩小	0.10						
		扩大	0.30						
7	普通弯头	90°	0.30						
		45°	0.15						
8	焊接弯头	DN(mm)	80	100	150	200	250	300	
		90°	ξ	0.51	0.63	0.72	0.72	0.87	0.78
		45°	ξ	0.26	0.32	0.36	0.36	0.44	0.39
9	弯管（揻弯）90° （R 为曲率半径；d 为管径）	d/R	0.5	1.0	1.5	2.0	3.0	4.0	5.0
		ξ	1.2	0.8	0.6	0.48	0.36	0.30	0.29
10	水箱接管	进水口	1.0						
		出水口	0.5						
11	滤水器	DN(mm)	40	50	80	100	150	200	250	300
		有底阀	ξ	12	10	8.5	7	6	5.2	4.4	3.7
		无底阀	2—3						
12	水泵入口		1.0						

注：资料来源：黄翔等著．空调工程，2008。

三通的局部阻力系数 表 7-9

图示	流向	局部阻力系数 δ	图示	流向	局部阻力系数 δ
	2→3	1.5		1→3	0.1
	1→3	0.1		$\frac{1}{3}$→2	3.0
	1→2	1.5		2→$\frac{1}{3}$	1.5
	2→3	0.5		2→1	3.0
	3→2	1.0		3→1	0.1

注：资料来源：黄翔等著. 空调工程，2008。

（3）总压力损失

任何一个冷热水循环系统都是由很多串联、并联的管段组成，通常将流量和管径不变的一段管路称为一个计算管段。

各个计算管段的总压力损失 Δp_1 应等于该管段沿程压力损失 Δp_y，与该管段局部压力损失 Δp_j 之和，即

$$\Delta p_1 = \Delta p_y + \Delta p_j = RL + \sum \zeta \frac{\rho v^2}{2} \tag{7-53}$$

空调水系统进行水力计算时，各并联环路压力损失相对差额不应大于15%，当超过15%时，应设置调节装置。目前调节系统管路平衡的阀门有静态的调节阀、平衡阀，动态的流量平衡阀、压差控制阀，具有流量平衡功能的自控调节阀等，应根据系统特性（定流量或变流量系统）正确选用，并在适当的位置正确设置。

3. 水力计算的方法

（1）热水循环管路的水力计算

热水循环管路水力计算，通常有以下几种情况：

1）按已知系统各管段的流量和系统的循环作用压力，确定各管段的管径；

2）按已知系统各管段的流量和各管段的管径，确定系统所必需的循环作用压力；

3）按已知系统中各管段的管径和该管段的允许压降，确定通过该管段的水流量。

热水循环管路系统是由许多串联或并联管段组成的管路系统。管路的水力计算从系统的最不利循环环路开始，也即从允许的比摩阻 R 最小的一个环路开始计算。与上述三种情况相应的计算方法有：参考比摩阻法、允许流速法、变温降法。

1）参考比摩阻法

当系统水循环的作用压差已预先规定时，可按照此压差和系统的最不利循环环路的总长度概算出一个所谓的参考平均比摩阻 R_{pj}，即：

$$R_{pj} = \alpha \Delta P / \sum l \qquad (7\text{-}54)$$

式中　ΔP——最不利循环环路的循环作用压力差，Pa；

　　　$\sum l$——最不利循环环路的管路长度，m；

　　　α——沿程阻力损失占总阻力损失的估计百分数，对于自然循环或机械循环热水供暖系统 $\alpha = 50\%$；对于室外热水管网，$\alpha = 80\% \sim 90\%$。

根据求出的参考平均比摩阻 R_{pj} 和最不利环路上各管段计算流量 q_m，利用水力计算图表，选各管段最接近的管径 d，可计算出最不利循环环路的流动阻力，其计算阻力不应超过系统规定的压差。而系统中其他环路应和最不利环路进行阻力平衡来确定其管径。

2）允许流速法

热水的流速是影响全系统经济性的因素之一。增大热水流速可以缩小管径，节省管材；但流速过大将使压力损失加大，增加运行的电力消耗。管径太小也不利于环路的水量调节。经过技术经济分析得出的热水供暖的管内最大允许流速见表7-10。

热水供暖管内最大允许流速　　　　　　　　　　表 7-10

管径(mm)	15	20	25	32	40	≥50
最大允许流速(m/s)	0.5	0.65	0.8	1.0	1.0	1.5

注：资料来源：崔引安，农业生物环境工程，1994。

根据最大流速和各管段的计算流量，利用水力计算图表确定管径，并计算系统的阻力，确定水泵型号。这种计算方法适用于事先并不知道系统循环作用压力的情况。

另外，也可用选定的一个经济比摩阻来确定管路管径。为了各循环环路易于平衡，最不利循环环路的平均比摩阻 R_{pj} 不宜选得过大，设计实践中，一般取 60～120Pa/m 为宜。

3）变温降法

前面两种方法都是根据设计热负荷和供回水温差来计算管段的热水流量，由已定的流量与作用压力或允许流速（或经济比摩阻）来确定管径。在计算管段热水流量时，对两管制系统的散热器或单管系统的各立管，均在供回水温度相同的假设下得出水流量。所以前述两法均为"等温降"法。由于管径规格的限制，等温降法最后所选择的管径很难在符合并联管路压力损失平衡定律的前提下，保证各管段通过设计流量的要求。这样，即使安置阀门调节也难以实现预定的供回水温差相等，从而造成系统水力失调和热力失调。

"变温降"法就是在单管系统中各立管温降各不相等的前提下进行水力计算。它以并联环路压力损失平衡定律为计算依据。在热水供暖系统的并联环路上，当其中一个并联支路节点压力损失 ΔP 确定后，对另一个并联支路（例如对某根立管），预先给定其管径 d，从而确定通过该立管热水流量以及该立管的实际温度降。这种计算方法对各立管间的流量分配，完全遵守并联环路压力损失平衡定律，使设计工况与实际工况基本一致。

"变温降"法计算步骤如下：

① 首先任意给定最远立管的温降。一般比供回水温差高 2～5℃。由此求出最远立管的计算流量。根据该立管的流量，选用经济比摩阻 R（或允许流速法）值，确定最远立管管径和环路末端供、回水干管的管径及相应的压力损失值。

② 确定环路最末端的第二根立管的管径。该立管与上述计算管段为并联管路。根据已知节点的压力损失，给定该立管管径。从而确定通过环路最末端的第二根立管的计算流量及其计算温度降。

③ 按照上述方法，由远至近，依次确定出该环路上供、回水干管各管段的管径及其相应的压力损失以及各立管的管径、计算流量和计算温度降。

④ 系统中有多个分支循环环路时，按上述方法计算各个分支循环环路。计算得出的各循环环路在节点压力平衡状况下的流量总和，一般都不会等于设计要求的总流量，最后需要根据并联环路流量分配和压降变化的规律，对初步计算出的各循环环路的流量、温降和压降进行调整。最后确定各立管散热器所需的面积。

（2）空调冷冻水系统的水力计算

无论是局部阻力还是沿程阻力，都与水流速有关。从定性来说，所有的阻力都与流速的平方成正比。因此，首先必须合理地选用管道内流速。流速过小，尽管水阻力较小，对运行及控制较为有利，但在水流量一定时，其管径将要求加大，既带来投资（管道及保温等）的增加，又使占用空间加大；流速过大，则水流阻力加大，运行能耗增加。当流速超过 3m/s 时，还将对管件内部产生严重的冲刷腐蚀，影响使用寿命。因此，必须合理地选用管内流速。

冷冻水循环管路水力计算是在已知水流量和推荐流速下，确定水管管径，计算水在管路中流动的沿程损失和局部损失，确定水泵的扬程和流量。

1）管径的确定

空调水系统中管内水流速按表 7-11、表 7-12 中的推荐值选用，经试算来确定其管径，或按表 7-13 根据流量确定管径。

不同管段管内流速推荐值　　　　　　　　　　　　　表 7-11

管段	水泵吸水管	水泵出水管	一般供水干管	室内供水立管	集管（分水器和集水器）
流速（m/s）	1.2～2.1	2.4～3.6	1.5～3.0	0.9～3.0	1.2～4.5

注：室内要求安静时，宜取下限；直径大的管道，宜取上限。

注：资料来源：黄翔等著．空调工程，2008．

管内水流速推荐值（单位：m/s）　　　　　　　　　　表 7-12

管径（mm）	15	20	25	32	40	50	65	80
闭式系统	0.4～0.5	0.5～0.6	0.6～0.7	0.7～0.9	0.8～1.0	0.9～1.2	1.1～1.4	1.2～1.6
开式系统	0.3～0.4	0.4～0.5	0.5～0.6	0.6～0.8	0.7～0.9	0.8～1.0	0.9～1.2	1.1～1.4
管径（mm）	100	125	150	200	250	300	350	400
闭式系统	1.3～1.8	1.5～2.0	1.6～2.2	1.8～2.5	1.8～2.6	1.9～2.9	1.6～2.5	1.8～2.6
开式系统	1.2～1.6	1.4～1.8	1.5～2.0	1.6～2.4	1.7～2.4	1.7～2.4	1.6～2.1	1.8～2.3

注：资料来源：龚光彩等著．流体输配管网，2008。

水系统的管径和单位长度阻力损失　　　　　　　　　表 7-13

钢管直径（mm）	闭式水系统		开式水系统	
	流量（m³/h）	kPa/100m	流量（m³/h）	kPa/100m
15	0～0.5	0～60	—	—
20	0.5～1.0	10～60	—	—
25	1～2	10～60	0～1.3	0～43
32	2～4	10～60	1.3～2.0	10～40
40	4～6	10～60	2～4	10～40

钢管直径/(mm)	闭式水系统		开式水系统	
	流量(m³/h)	kPa/100m	流量(m³/h)	kPa/100m
50	6~11	10~60	4~8	—
65	11~18	10~60	8~14	—
80	18~32	10~60	14~22	—
100	32~65	10~60	22~45	—
125	65~115	10~60	45~82	10~40
150	115~185	10~47	82~130	10~43
200	185~380	10~37	130~200	10~24
250	380~560	9~26	200~340	10~18
300	560~820	8~23	340~470	8~15
350	820~950	8~18	470~610	8~13
400	950~1250	8~17	610~750	7~12
450	1250~1590	8~15	750~1000	7~12
500	1590~2000	8~13	1000~1230	7~11

注：资料来源：龚光彩等著．流体输配管网，2008。

2）水泵的选择

冷冻水循环系统一般采用闭式系统，泵的流量按夏季最大计算冷负荷确定，即：

$$q_m = \frac{\Phi}{c \Delta t} \tag{7-55}$$

式中　q_m——系统环路总流量，kg/s；

　　　Φ——系统环路的计算冷负荷，W；

　　　Δt——供回水温差，℃，一般为 5~6℃；

　　　c——水的比热容，J/(kg·K)。

泵的扬程应能克服冷冻水系统最不利环路的用冷设备、产冷设备、管道、阀门附件等总阻力要求，即：

$$p = \sum (\Delta p_y + \Delta p_j + \Delta p_m) \tag{7-56}$$

式中　p——水泵扬程，Pa；

　　　Δp_y——管段的局部阻力损失，Pa；

　　　Δp_j——管段的局部阻力损失，Pa；

　　　Δp_m——设备阻力损失，Pa。

选择水泵时，流量应附加 10% 的余量，扬程也附加 10% 的余量。

（3）冷却水系统的水力计算

冷却水系统水力计算的任务是根据冷却水流量选择合适的冷却水流速，计算管路系统的沿程阻力损失和局部阻力损失，进而确定冷却水泵的扬程。

冷却塔冷却水量可按下式计算：

$$q_m = \frac{\Phi}{c \Delta t'} \tag{7-57}$$

式中　q_m——冷却塔冷却水量，kg/s；

Φ——冷却塔排走热量，W，压缩式制冷机，取制冷机负荷的 1.3 倍左右；吸收式制冷机，取制冷机负荷的 2.5 倍左右；

$\Delta t'$——冷却塔的进出水温差，℃，压缩式制冷机，取 4～5℃；吸收式制冷机，取 6～9℃；

c——水的比热容，J/(kg·K)。

冷却水泵所需扬程：

$$p=\sum\Delta p_{y}+\sum\Delta p_{j}+\sum\Delta p_{m}+\Delta p_{0}+\Delta p_{h} \tag{7-58}$$

式中　p——冷却水泵的扬程，Pa；

Δp_{y}——冷却水管段的沿程阻力损失，Pa；

Δp_{j}——冷却水管段的局部阻力损失，Pa；

Δp_{m}——冷却水管段中设备的阻力损失，Pa；

Δp_{0}——冷却塔喷嘴喷雾压力，Pa，约等于 49kPa；

Δp_{h}——冷却塔中水提升高度（从冷却塔盛水池到喷嘴的高差）所需的压力，Pa。

7.2.6　空调冷凝水系统

1. 水封的设置

不论空调末端设备的冷凝水盘是位于机组的正压段还是负压段，冷凝水盘出水口处均需设置水封，水封高度应大于冷凝水盘处正压或负压值。在正压段设置水封是为了防止漏风，在负压段设置水封是为了顺利排出冷凝水。

2. 泄水支管

冷凝水盘的泄水支管沿水流方向坡度不宜小于 0.01，冷凝水水平干管不宜过长，其坡度不应小于 0.003，且不允许有积水部位。当冷凝水管道坡度设置有困难时，应减少水平干管长度或中途加设提升泵。

3. 冷凝水管材

冷凝水管处于非满流状态，内壁接触水和空气，不应采用无防锈功能的焊接钢管；冷凝水为无压自流排放，若采用软塑料管会形成中间下垂，影响排放。因此，空调冷凝水管材应采用强度较大和不易生锈的镀锌钢管或排水 PVC 塑料管。

4. 冷凝水水管管径

冷凝水管管径应按冷凝水的流量和管道坡度确定，一般情况下，1kW 冷负荷每小时约产生 0.4～0.8kg 的冷凝水，在此范围内管道最小坡度为 0.003 时的冷凝水管径可按表 7-14 进行估算。

冷凝水管管径选择表　　　　　　　　　　　　　　　表 7-14

冷负荷(kW)	≤42	42～230	231～400	401～1100	1101～2000	2001～3500	3501～15000	>15000
普通公称直径 DN(mm)	25	32	40	50	80	100	125	150

5. 冷凝水的排放

冷凝水排入污水系统时，应有空气隔断措施，冷凝水管不得与室内密闭雨水系统直接连接，以防臭味和雨水从空气处理机组冷凝水盘外溢。为便于定期冲洗、检修，冷凝水水平干管始端应设扫除口。

6. 冷凝水排水系统常遇到的问题及解决办法

（1）由于冷凝水排水管的坡度小，或根本没有坡度而造成的漏水。或由于风机盘管的集水盘安装不平，或盘内排水口堵塞而水外溢。

（2）由于冷水管及阀门的保温质量差，保温层未贴紧冷水管壁，造成管道外壁冷凝水的滴水。还有的集水盘下表面有二次凝结水滴水。

（3）尽可能多地设置垂直冷凝水排水立管，这样可缩短水平排水管的长度。水平排水管的坡度不得小于 1/100。从每个风机盘管引出的排水管尺寸，应不小于 $DN20mm$。而空气处理机组的凝结水管至少应与设备的管口相同。在控制阀和关断阀的下边均应加附加集水盘，而且集水盘下要保温。

7.2.7 水系统的调节

1. 热水供暖系统的调节

一个优良的热水供暖系统应不仅能在设计条件下维持室内温度，在非设计条件下也能保证应有的室内温度。这就不仅需要有正确的设计，还需要对供热网路进行有效的调节。

调节可分为初调节和运行调节两种。

一个热水供暖系统在建成和投入运行时，总会有部分室温不符合要求，这时可以利用预先安装好的阀门，对各支路的流量进行一次调节，这就是供暖系统的初调节。初调节应首先通过各建筑物入口与室外管路连接的阀门进行，使距热源远近不同的建筑物达到平衡，然后再对室内系统各支管进行调节，使各供暖间的室温达到设计值。

在完成初调节后，热水供暖系统还必须根据变温管理的要求和室外气象条件的变化进行调节，使散热器的散热量与实际热负荷的变化相适应，以防止发生过热或过冷现象。这种在运行中为适应条件变化而进行的调节，就称为运行调节。运行调节能提高供暖间室温的精度，并能节约能源。

根据供暖调节地点不同，供暖调节可分为集中调节、局部调节和个体调节三种调节方式。集中调节在热源处进行调节，局部调节在用户入口处调节，而个体调节直接在散热器处进行调节。集中调节容易实施，运行管理方便，是最主要的调节方法。

（1）运行调节的基本公式

当热网在设计条件下运行时，如果不考虑管网热损失，则必定满足下列平衡条件：

$$Q_1' = Q_2' = Q_3' \tag{7-59}$$

式中　Q_1'——建筑物的供暖设计热负荷，kW；

　　　Q_2'——在供暖室外计算温度 t_o' 下，散热器放出的热量，kW；

　　　Q_3'——在供暖室外计算温度 t_o' 下，供暖管网输送的热量，kW。

其中：

$$Q_1' = q'V(t_i' - t_o') \tag{7-60}$$

$$Q_2' = K'F(t_{pj}' - t_i') \tag{7-61}$$

$$Q_3' = G'c(t_g' - t_h') \tag{7-62}$$

式中　q'——建筑物的体积热指标，即建筑物每 1m³ 外部体积在室内外温度差为 1℃时的耗热量，$kW/(m^3 \cdot ℃)$；

V——建筑物的外部体积，m^3；

t'_i，t'_o——供暖室内计算温度与室外计算温度，$℃$；

t'，t'_h——进入供暖用户的供水温度与供暖用户的回水温度，$℃$；

t'_{pj}——散热器内热媒的平均温度，$℃$；

K'——散热器在设计工况下的传热系数，$kW/(m^2 \cdot ℃)$；

F——散热器的散热面积，m^3；

G'——供暖用户的循环水量，kg/s；

c——水的比热容，$c=4.187kJ/(kg \cdot ℃)$。

散热器的放热方式属于自然对流放热，其传热系数 $K'=a(t'_{pj}-t'_i)^b$。对整个供暖系统来说，可以近似地认为：$t'_{pj}=(t'_g-t'_h)/2$，则式（7-61）可改写为：

$$Q'_2=aF\left(\frac{t'_g+t'_h}{2}-t'_i\right)^{1+b} \tag{7-63}$$

同理，在非设计条件的稳定运行状态，也可写出相似的热平衡方程为：

$$Q_1=Q_2=Q_3 \tag{7-64}$$

$$Q_1=qV(t_i-t_o) \tag{7-65}$$

$$Q_2=aF\left(\frac{t_g+t_h}{2}-t_i\right)^{1+b} \tag{7-66}$$

$$Q_3=Gc(t_g-t_h) \tag{7-67}$$

若运行调节时所需的热负荷与设计热负荷之比为相对热负荷 $\overline{Q}$，而称流量之比为相对流量 $\overline{G}$，即：

$$\overline{Q}=\frac{Q_1}{Q'_1}=\frac{Q_2}{Q'_2}=\frac{Q_3}{Q'_3} \tag{7-68}$$

$$\overline{G}=G/G' \tag{7-69}$$

同时，为了便于分析计算，假设供暖热负荷与室内外温差的变化成正比，即把供暖热指标视为常数（$q'=q$）。但实际上，由于室外的风速和风向，特别是太阳辐射热的变化与室内外温差无关，因此这个假设会有一定的误差。如不考虑这一误差影响，则：

$$\overline{Q}=\frac{Q_1}{Q'_1}=\frac{t_i-t_o}{t'_i-t'_o} \tag{7-70}$$

$$\overline{Q}=\frac{Q_2}{Q'_2}=\frac{(t_g+t_h-2t_i)^{1+b}}{(t'_g+t'_h-2t'_i)^{1+b}} \tag{7-71}$$

$$\overline{Q}=\frac{Q_3}{Q'_3}=\overline{G}\,\frac{t_g-t_h}{t'_g-t'_h} \tag{7-72}$$

以上三式是热水供暖系统集中调节的三个基本方程式。式中分母的数值均为设计工况的已知参数。在某一室外温度 t_o 的运行工况下，如要保持室内温度不变，即 $t'_i=t_i$，则应保证有相应的 t_g、t_h、$\overline{Q}$ 和 $\overline{G}$ 的四个未知数，但只有三个联立方程式，因此需要引进补充条件，才能求出四个未知值的解。所谓引进补充条件，就是要选定某种调节方式。

（2）运行调节方式

热水供暖系统的集中调节方式有质调节、分阶段改变流量的质调节及间歇调节等。其选择应根据建筑物的热稳定性、供暖系统的形式及热媒参数进行技术经济比较确定。

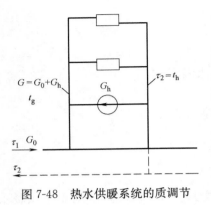

图 7-48　热水供暖系统的质调节

1）质调节

热水供暖系统的循环水量不变（$\bar{G}=1$），而只改变其供水温度的调节称为质调节。对无混合装置的直接连接的热水系统，利用热水供暖系统集中调节的三个基本方程式，可求出质调节的供、回水温度。对有混合装置的直接连接的热水系统（如用户或热力站处设置水喷射器或混合水泵，见图 7-48），网路供水温度 $\tau_1 > t_g$，网路回水温度 $\tau_1 = t_h$，利用混合装置使用户部分回水量 G_h 与网路的循环水量 G_0 混合，从而改变用户的供水温度 t_g。

2）分阶段改变流量的质调节

如果供水温度不变而只改变系统的流量，应称为量调节。由于系统流量的连续变化难以控制，因此一般不采用单纯的量调节，而采用分阶段改变流量的质调节。在整个供暖期，根据室外温度高低分为几个阶段，在室外温度较低的阶段保持较大的流量，而在室外温度较高的阶段保持较小的流量。在每一阶段内可采用维持流量不变而改变网路供水温度的质调节。在中小型热水供暖系统中，一般可选用两台不同规格的循环水泵，其中一台循环水泵的流量和扬程按设计值的 100% 选择，而另一台循环水泵的流量可按设计值的 75%、压头按 56% 选择，后者供室外温度较小时使用。在这种情况下，循环水泵的运行电耗可减到 42% 左右。分阶段改变流量的质调节与单一的质调节相比，可节省电耗，同时两台水泵中的一台还可作为备用水泵。

3）间歇调节

当室外温度升高时，不改变网路的流量和供水温度，而只减少供暖的时数，这种调节称为间歇调节。它主要用在室外温度较高的供暖初期和末期，作为一种辅助调节措施。

2. 冷冻水系统的调节

（1）定流量系统的调节

定流量系统对负荷侧末端设备（风机盘管机组、新风机组等）的能量调节方法，是在该设备上安装电动三通阀，并受室温调节器的控制。

图 7-49 所示为利用电动三通阀进行机组能量调节的原理图。在夏季，当负荷等于设计值时，电动三通阀的直通阀座打开，旁通阀座关闭，冷水全部流经空调末端设备。当负荷减少时，室温调节器使直通阀座关闭、旁通阀开启，冷水旁通流过末端设备，直接进入回水管网。

必须指出，采用电动三通阀进行能量调节的方法，整个水系统循环泵的流量是不变的，它无助于水系统的节能。

（2）变流量系统的调节

1）负荷侧空调末端设备的能量调节方法

变流量系统对风机盘管机组、新风机组等负荷侧末端设备的能量调节方法，是在该设备上安装电动两通调节阀，并受室温控制器的控制。

图 7-50 所示为利用电动两通阀进行机组能量调节的原理图。在夏季，当负荷等于设计值时，电动两通阀开启，冷水流经末端设备。当负荷低于设计值时，室温调节器使电动

两通阀关闭，停止向末端设备供水。反之，当负荷高于设计值时，电动两通阀又重新开启，恢复向末端设备供水。

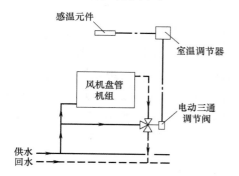

图 7-49　利用电动三通阀进行机组能量调节

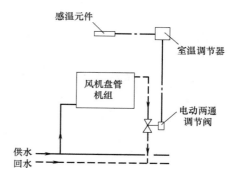

图 7-50　利用电动两通阀进行机组能量调节

冬季时，上述电动三通阀或电动两通阀的动作正好与夏季时相反。

目前，凡是变流量系统，总要在末端设备上安装电动两通阀。整个水系统的流量是变化的，这就意味着可以停开或启动某一台循环泵，以适应水流量变化的情况，达到节能的目的。

2）一次泵变流量系统的控制方法

目前有压差旁通控制法和恒定用户处两通阀前后压差的旁通控制法等。

① 压差旁通控制法，如图 7-51（a）所示。在负荷侧空调末端设备上的电动两通阀，受室温调节器控制。由供、回水总管上的压差控制器输出信号控制旁通管上的电动两通阀（或称旁通调节阀）。旁通调节阀上设有限位开关，用来指示 10% 和 90% 的开启度。当系统处于低负荷时，只启动一台冷水机组和相应的水泵，此时旁通调节阀处于某一调节位置。随着负荷的增大，旁通调节阀趋向关的位置，这时限位开关闭合，自动启动第二台水泵和相应的冷水机组，或者发出警报信号，提醒操作人员手工启动冷水机组和水泵。当负荷继续增加时，可以启动第三台冷水机组和相应的水泵。当负荷减小时，则按与上面相反的方向进行，逐步减掉（关闭）一台冷水机组和水泵。

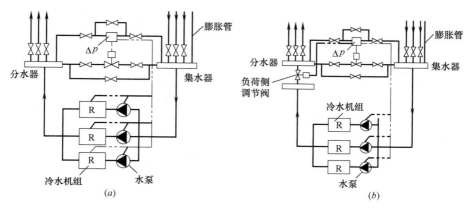

图 7-51　一次泵变流量水系统的控制原理

② 恒定用户处两通阀前后压差的旁通控制法，如图 7-51（b）所示。它与图 7-51（a）控制法的不同之处在于：供、回水总管上的压差控制器，同时控制旁通调节阀和供水总管

上增设的负荷侧调节阀。设置负荷侧调节阀是为了缓解在系统增加或减少水泵运行时，在末端处产生的水力失调和水泵启停的振荡。根据压差控制器发出的信号，改变负荷侧调节阀的开度，从而改变系统阻力，达到稳定压力的目的。

当供、回水总管的压差处于设计工况时，负荷侧调节阀全开，旁通调节阀全关。随着负荷的减小，用户处末端设备上的电动两通阀相继关小，导致供、回水总管的压差增大，此时压差控制器让旁通调节阀逐渐打开，部分水返回冷水机组，同时使负荷侧调节阀动作，以恒定用户处电动两通阀前后的压差。当供、回水总管的压差达到规定的上限值时，可以同时停止一台水泵和冷水机组。反之当用户负荷增大时，供、回水总管的压差也随之降低，旁通调节阀的开度减小，直到压差降低至下限值，又恢复一台冷水机组和一台水泵的工作。

一次泵变流量系统简单、自控装置少、初投资较低、管理方便，因而目前应用广泛。但是，它不能调节水泵的流量，难以节省输送能耗，特别是当各供水分区彼此间的压力损失相差较为悬殊时，这种系统就无法适应。因为循环泵的扬程是按照克服负荷侧最不利环路的阻力来确定的，而对于分区中压力损失较小的环路，显然供水压头有较大富余，只好借助于分水器上该支路的调节阀将其消耗掉，造成能量的浪费，同时也给系统的水力平衡带来一定的难度。

因此，对于系统较小或各环路负荷特性或压力损失相差不大的中小型工程，宜采用一次泵系统。

3）二次泵变流量系统的控制方法

① 二次泵采用压差控制、一次泵采用流量盈亏控制

（a）多台二次泵并联分别投入运行时，若水泵并联后具有陡降型的合成特性曲线，常采用压差控制。当空调负荷变化时，负荷侧所需的水流量也要改变，供、回水管之间的压差随之发生变化。此时，压差控制器将压差信号传给负荷侧调节阀，驱动该阀动作，同时传给程序控制器来控制二次泵的运行台数。

通常利用水泵并联后的合成特性曲线，设定某个压力作为上限，而另一个压力为下限。当负荷减小时，系统所需水量减少，使工作压力超过上限值，原先并联运行的水泵开始减少（关闭）一台泵；当负荷增大时，所需水量增多，其工作压力低于下限值，开始增加（开起）一台泵。在二次泵进行台数控制过程中，负荷侧调节阀始终要参与系统压力的协调工作。

值得一提的是，二次并联水泵应尽量采用相同规格和类型的水泵。如采用不同型号或规格时，则设定压力值会有较大的不同。此时应采用分组开起或关闭泵的上、下限压力值的办法来解决，这样会使系统的控制变得更加复杂。

（b）当负荷侧二次泵系统的流量减少时，一次泵的流量过剩。盈余的水量经旁通管从 A 流向 B 返回一次泵的吸入端（见图 7-52），这种状态称为"盈"。当流过旁通管的流量相当于一次泵单台流量 110%左右时，流量计触头动作，通过程序控制器自动关闭一台水泵和对应的冷水机组。

在一次泵仅部分台数运行的情况下，当要求二次泵系统的流量增大时，就会出现一次泵水量供不应求的情况。这时二次泵将使部分回水经旁通管从 B 流向 A，直接与一次泵输出的水相混合，以满足二次泵系统对水量增大的需要。这种状态称为"亏"。当出现的

水量亏损达到相当于一次泵单台水泵流量的 20％ 左右时，旁通管上的流量开关将动作，将信号输入程序控制器，自动启动一台水泵和对应的冷水机组。

需要说明的是，采用流量盈亏来控制一次泵和冷水机组的运行台数，存在一个水力工况和热力工况的协调问题。因为流量的变化与空调负荷的变化不成线性关系。当流量减少到关闭一台水泵时，实际上并不意味着系统的需冷量也应减少到一台冷水机组的制冷量。这个问题也只有通过冷水机组自身的能量调节系统来解决。

② 二次泵采用流量控制、一次泵采用负荷控制（图 7-53）。当多台二次泵并联分别投入运行时（见图 7-53），若水泵并联后的合成特性曲线较平坦（缓），采用前面提到的压差控制较为困难，此时，二次泵可采用流量控制。流量控制既适用于具有平坦型特性曲线的水泵，也适用于具有陡降型特性曲线的水泵；一次泵采用负荷控制（也称热量控制），它可以较好地解决流量盈亏控制中产生的水力工况和热力工况之间协调的问题。详情参见有关资料。

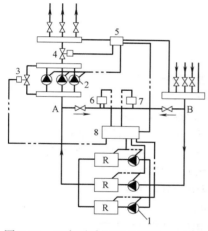

图 7-52　二次泵采用压差控制、一次泵
采用流量盈亏控制的原理图

1——一次泵；2—二次泵；3—旁通调节阀；
4—负荷侧调节阀；5—压差控制器；6—流量计；
7—流量开关；8—程序控制器

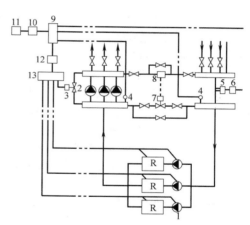

图 7-53　二次泵采用流量控制、一次泵
采用负荷控制的原理图

1——一次泵；2—二次泵；3—旁通调节阀；
4—温度变送器；5—流量检测器；6—流量变送器；
7—旁通调节阀；8—压差控制器；9—热量计算器；
10—积算器；11—显示器；
12—热量调节器；13—程序控制器

二次泵变流量系统较复杂，自控程度较高，初投资大，在节能和灵活性方面具有优点。它可以实现变水量运行工况，节约水系统输送能耗；水系统总压力相对较低；能适应供水分区不同压降的需要。二次泵系统中，设备运行台数的控制是以系统实际运行情况为基础的，它必须通过一系列的检测和计算。因此，设计二次泵系统，必须以相应的自动控制系统来辅助才能发挥其节能的优势。

因此，凡系统较大、阻力较高、各环路负荷特性（例如，不同时使用或负荷高峰出现的时间不同）相差较大，或压力损失相差悬殊（阻力相差 100kPa 以上）时，或环路之间使用功能有重大区别以及区域供冷时，应采用二次泵系统。二次泵宜根据流量需求的变化采用变速变流量调节方式。

参 考 文 献

[1] 马承伟，苗香雯. 农业生物环境工程[M]. 北京：中国农业出版社，2010.

[2] 科学技术部农村技术开发中心组. 设施农业在中国[M]. 北京：中国农业科学技术出版社，2006.

[3] 李建明. 设施农业概论[M]. 北京：化学工业出版社，2010.

[4] 吉红. 自动控制在国外设施农业中的应用[J]. 农业资源与环境学报，2007，24（5）：52-54.

[5] 高 翔，李骅. 我国设施农业的现状与发展对策分析[J].

[6] 安国民，徐世艳，赵化春. 国外设施农业的现状及发展趋势[J]. 安徽农业科学，2007，35（11）：3453-3454.

[7] 周长吉，现代温室工程 [M]. 北京：化学工业出版社，2010.

[8] 薛殿华. 空气调节[M]. 北京：清华大学出版社，1991.

[9] 赵荣义. 空气调节（第四版）[M]. 北京：中国建筑工业出版社，2010.

[10] 黄翔. 空调工程[M]. 北京：机械工业出版社，2008.

[11] 王双喜. 设施农业装备[M]. 北京：中国农业大学出版社，2010.

[12] 贺平，孙刚. 供热工程[M]. 北京：中国建筑工业出版社，1993.

[13] 陆耀庆. 实用供暖通风设计手册[M]. 北京：中国建筑工业出版社，1987.

[14] 龚光彩. 流体输配管网[M]. 北京：机械工业出版社，2008.

[15] 潘云钢. 高层民用建筑空调设计 [M]. 北京：中国建筑工业出版社，1999.

[16] GB 50019—2015 工业建筑供暖通风与空气调节设计规范[S]. 北京：中国计划出版社，2015.

[17] GB 50736—2012 民用建筑供暖通风与空气调节设计规范[S]. 北京：中国建筑工业出版社，2012.

[18] JB/T 10297—2004 温室加热系统设计规范[S]. 北京：机械工业出版社，2014.

[19] NY/T 1451—2007 温室通风设计规范[S]. 北京：中国农业出版社，2007.

[20] JB 10294—2013 湿帘降温装置[S]. 北京：机械工业出版社，2013.

[21] GB/T 18621—2002 温室通风降温设计规范[S]. 北京：中国标准出版社，2002.

[22] NY/T 1755—2009 畜禽舍通风系统技术规程[S]. 北京：中国标准出版社，2009.

[23] NY/T 388—1999 畜禽场环境质量标准[S]. 北京：中国标准出版社，1999.